“十二五”“十三五”国家重点图书出版规划项目

风力发电工程技术丛书

# 海上风电灌浆技术

刘晋超　陈涛　马兆荣　元国凯　编著

·北京·

## 内 容 提 要

本书是《风力发电工程技术丛书》之一，全书共分9章，内容包括灌浆的应用与发展、高强灌浆材料的物理力学性能、灌浆连接段类型、灌浆连接段轴压静力承载力、灌浆连接段抗弯静力承载力、灌浆连接段的疲劳性能、辅助与附属构件、海上风电灌浆施工及验收、既有灌浆连接段的病害及监测等，系统而全面地介绍了海上风电的灌浆技术。

本书的编写是为海上风电场基础灌浆设计提供一个导则，针对灌浆连接的设计以及施工中的问题提供建议和指导。

本书适合从事海上风电场结构设计、海上风电灌浆施工、工程监理等方面工作的技术人员阅读参考，同时也适合作为高等院校相关专业的教学参考用书。

**图书在版编目（CIP）数据**

海上风电灌浆技术 / 刘晋超等编著. -- 北京 : 中国水利水电出版社, 2016.8
（风力发电工程技术丛书）
ISBN 978-7-5170-4740-7

Ⅰ. ①海… Ⅱ. ①刘… Ⅲ. ①风力发电－海上工程－灌浆工程 Ⅳ. ①TM614

中国版本图书馆CIP数据核字(2016)第224162号

| | |
|---|---|
| 书　　名 | 风力发电工程技术丛书<br>**海上风电灌浆技术**<br>HAISHANG FENGDIAN GUANJIANG JISHU |
| 作　　者 | 刘晋超　陈涛　马兆荣　元国凯　编著 |
| 出版发行 | 中国水利水电出版社<br>（北京市海淀区玉渊潭南路1号D座　100038）<br>网址：www.waterpub.com.cn<br>E-mail：sales@waterpub.com.cn<br>电话：(010) 68367658（营销中心） |
| 经　　售 | 北京科水图书销售中心（零售）<br>电话：(010) 88383994、63202643、68545874<br>全国各地新华书店和相关出版物销售网点 |
| 排　　版 | 中国水利水电出版社微机排版中心 |
| 印　　刷 | 北京纪元彩艺印刷有限公司 |
| 规　　格 | 184mm×260mm　16开本　13.25印张　314千字 |
| 版　　次 | 2016年8月第1版　2016年8月第1次印刷 |
| 印　　数 | 0001—3000册 |
| 定　　价 | **65.00**元 |

# 《风力发电工程技术丛书》

## 编 委 会

# 前　言

我国海上风电发展处于示范与产业化探索双重阶段，国家也推行了一些海上风电发展政策促进产业发展。2014年6月，国家发展和改革委员会明确了海上风电的上网电价，使得海上风电的投资效益更加明确。2014年12月，国家能源局发布《关于印发全国海上风电开发建设方案（2014—2016）的通知》，核准超过10.5GW的海上风电项目，“十三五”规划中，更是明确提出未来要重点发展海上风电技术和应用。截至2015年年底，全国海上风电装机容量达到1018MW，借力海上资源和政策扶持，海上风电将成为风力发电行业未来的发展方向，我国有望成为海上风电发展的重要力量。

与此同时，我国海上风电技术也处于稳步发展阶段，海上风机基础的相关技术在不断引进技术、消化吸收与自主创新。从全球来看，单桩基础型式依然是主流，导管架基础逐渐进入市场，高桩承台基础在国内仍具有较好的适用性，其他基础型式也在尝试应用，这些基础与上部结构连接的主要手段是灌浆连接，尤其是单桩基础与导管架基础。灌浆的重要性主要从受力与施工上反映，从受力上，海上风机基础的灌浆连接段是传递风机荷载至地基基础承上启下的关键部位，从施工上，海上风机基础的灌浆是钢管桩沉桩与安装基础承前启后的关键工序，因此，灌浆连接设计与施工对于保证风机正常运行至关重要，其可靠性是确保海上风电机组正常运行的必要条件。

在海上风电灌浆技术的发展过程中，挪威船级社（DNV）与德国劳氏船级社（GL）分别对基础的灌浆连接段开展了一系列研究工作，这两家船级社合并成DNV GL后，仍在灌浆连接段方面继续深入研究，也说明对灌浆连接段受力机理的认识和研究还在不断深入。我国对海上风电灌浆技术的研究处于初级阶段，技术成果的数量与质量均存在不足。纵观国内外，尚未有一本比较完整反映海上风电灌浆技术方面的参考书籍，本书在国内外研究成果的基础上，结合我国海上风电场设计与施工的经验，整理成一本供相关专业技术人员的工程参考用书和高等院校相关专业的教学用书。

全书共分为9章。其中第1章、第7章与第8章由中国能源建设集团广东省电力设计研究院有限公司刘晋超编写；第2章由中国能源建设集团广东省电力设计研究院有限公司马兆荣编写；第3章由中国能源建设集团广东省电力设计研究院有限公司元国凯编写；第4章至第6章、第9章由同济大学赵淇、王衔、陈涛编写。全书由中国能源建设集团广东省电力设计研究院有限公司刘晋超与元国凯负责统稿。

本书编写过程中，高强灌浆材料供应商Basf的张海明先生与Densit的张涌波先生在灌浆材料与灌浆施工方面提供了宝贵资料，密封圈供应商Trelleborg的陈克宁先生提供了一些与密封圈相关的资料，在此对他们的慷慨相助表示诚挚的谢意。

此外，感谢南方海上风电联合开发有限公司、中铁大桥局集团有限公司、中交第三航务工程局有限公司、中交上海三航科学研究院有限公司、中国水利水电出版社对本书的支持。

本书在编写过程中还得到了中国能源建设集团广东省电力设计研究院有限公司汤东升、何小华、徐荣彬、刘东华、廖泽球、毕明君、杨敏冬、张力、李聪等人的帮助，得到了同济大学副校长顾祥林教授的大力支持，在此一并向他们表示感谢。

海上风电灌浆技术还在快速发展，加上编著者水平有限，书中难免有不足之处，恳请广大读者批评指正。

**作者**

2016年2月

# 目　录

# 第1章　灌浆的应用与发展

随着陆上风电发展日益成熟，人们开始将目光转移到风能资源更加丰富的海洋，海上风电逐渐得到积极稳妥地发展，但其发展一定程度上受到技术发展的影响，其中包括海上风电灌浆。目前，海上风机基础与上部结构连接的主要手段是灌浆连接，这种方式最早用于连接海洋石油平台导管架基础与上部结构，该工艺已有超过40年的使用历史。与海洋石油平台的灌浆相比，无论是设计，还是施工，海上风电灌浆都有其自身特点。本章将简述目前已有的海上风机基础型式、海上风电场建设过程中的灌浆材料以及灌浆的工程应用情况。

## 1.1　海上风机基础型式

海上风电最早始于欧洲，1990年，在瑞典Nogersund安装了世界上第一台单机容量为220kW的海上风电机组；1991年，在丹麦Vindeby建设了世界上第一座商业海上风电场；2001年，世界第一座大型海上风电场Horns Rev也在丹麦建成并投入使用。自此，海上风电技术开始大力发展，单机装机容量不断提高，基础型式也不断改进，并涌现出一些新型基础型式与混合基础型式。

海上风机基础型式按结构型式及其安装方法分为桩式基础、重力式基础、吸力式筒形基础和浮式基础等，几种海上风机基础型式如图1-1所示。其中，桩式基础是最常用的基础型式，单桩基础、导管架基础、高桩承台基础等均属桩式基础。

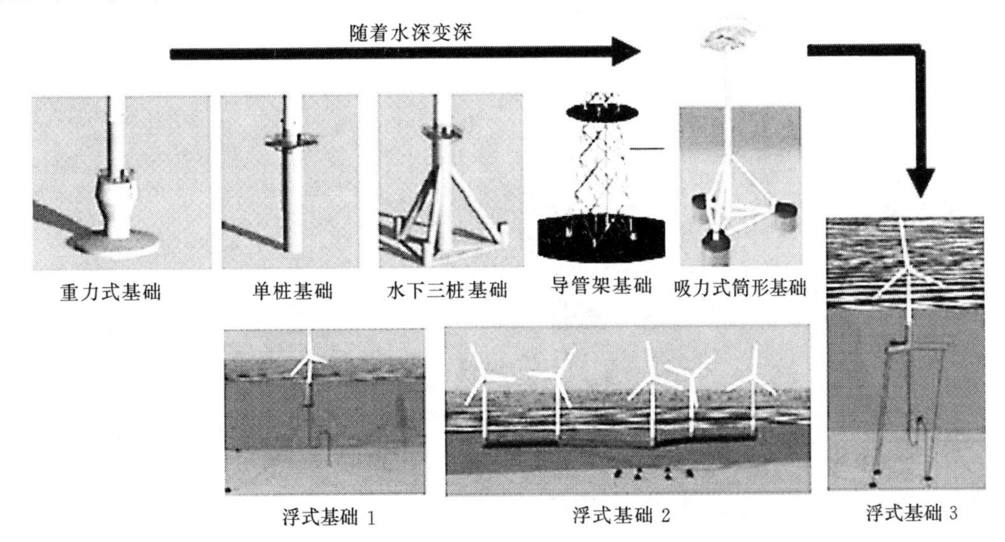


图1-1　几种海上风机基础型式

## 1.1.1　桩式基础

### 1.1.1.1　单桩基础

单桩基础的概念最早于1994年由荷兰莱利公司提出，是海上风电场建设中应用最多的基础型式。单桩基础作为一种简单的桩基型式，具有制造快速、安装简单的优点，风机塔架由单个大直径桩基支承，既可直接用法兰连接，也可通过过渡段灌浆连接，单桩基础型式如图1-2所示。基础施工时，一般采用钻孔或打桩技术将钢管桩打入海床，上部结构再通过过渡段灌浆或直接采用法兰与钢管桩连接。单桩直径一般为4～7m，壁厚约为直径的1/100，插入海床的深度与土壤的强度有关。

单桩基础的优缺点见表1-1。

表1-1　单桩基础的优缺点

| | |
|---|---|
| 优点 | 加工制造简单，运输安装方便；<br>沉桩前无需做海床处理；<br>海上施工速度快，工期较短；<br>结构传力模式简单 |
| 缺点 | 受海底地质条件和水深的限制较大；<br>安装时需要专用的沉桩设备，施工安装费用较高；<br>对冲刷较敏感，基础周围一定范围内的海床，需采取可靠的防冲刷防护措施；<br>遇到嵌岩的情况，钻孔比较困难 |

综上所述，单桩基础主要受限于整体刚度、振动及变形因素，适用于海床表层承载能力高，且平均水深在0～30m的场址。目前，欧洲正在研发10m桩径的超大直径单桩基础，使其应用到海域水深更深、机组容量更大的海上风电场建设中，如此，单桩基础型式在较深海域中也将成为一种合适的选择。

图1-2　单桩基础型式

#### 1.1.1.2 水下多桩基础

三桩基础在水下多桩基础中较为常见，其结构中心为连接塔筒的单立柱，单立柱通过三根斜撑连接桩套管，钢管桩通过三桩基础的三个桩套管固定于海床。桩套筒与桩通常采用灌浆进行连接，水下三桩基础型式如图 1-3 所示。底座宽度和打桩深度由工程海域的海洋水文和工程地质等条件决定。与单桩基础相比，水下多桩基础具有更高的稳定性和抗侧刚度，适合 20～50m 的水深场址条件。水下多桩基础由于桩套筒较长，在浅水海域影响船只的停靠。

图 1-3 水下三桩基础型式

水下多桩基础的优缺点见表 1-2。

**表 1-2 水下多桩基础的优缺点**

| | |
|---|---|
| 优点 | 刚度较大，较大的底盘可提供巨大的抗倾覆弯矩；<br>可用于较深海域，冲刷影响小 |
| 缺点 | 主要受力节点较复杂，疲劳问题突出，同时建造成本高；<br>安装时存在许多困难；<br>不宜用于浅海域 |

水下三桩基础在德国 Alpha Ventus（Borkum West Ⅰ）风电场首次应用，并对该基础型式开展了大量的研究工作，该基础型式后续又推广到 Borkum West Ⅱ 与 Baltic 2 两个项目中，国内的潮间带海上风电场采用过水下六桩基础，如图 1-4 所示。

#### 1.1.1.3 水上三桩基础

水上三桩基础可以看作是对水下三桩基础的演变，最早由德国 BARD 公司在近海风电场项目中应用，并在 2013 年建成了世界上首个以此基础型式为主的海上风电场；很多

图1-4 水下六桩基础型式

人将其与水下三桩基础划分为一类，这种结构安装时先将三根钢管桩精确打入海床，调平后，再安装上部结构，一般通过水上灌浆连接钢管桩与上部结构，使上部结构承担风电机组的荷载，如图1-5所示。依据Det Norske Veritas（DNV）的相关建议，此结构适用于25～40m水深的场址条件。虽然适宜较深的水深，但有人认为此种结构有三根独立桩悬挑于水面以上，重心高，抗侧刚度差，受到风、浪荷载作用反应更加明显，上部结构笨重不利于运输。

图1-5 水上三桩基础型式

因此，水上三桩基础只在少数风电场得到应用，该基础型式造价相对较高，建造比较复杂，但水上三桩基础能有效解决目前海上安装作业时间短和受天气影响大的问题，通过水上灌浆进行快速连接，是一种很好的连接方式。

水上三桩基础的优缺点见表1-3。

**表 1-3　水上三桩基础的优缺点**

| | |
|---|---|
| 优点 | 较大的底盘可提供巨大的抗倾覆弯矩；<br>构件数量较少，结构受力明确；<br>钢管桩桩顶在水面以上，容易调平，灌浆施工便利，其灌浆质量容易控制；<br>水面以下构件少，受波浪作用小 |
| 缺点 | 主要受力节点较复杂，疲劳问题突出，同时建造成本高；<br>桩基悬空长，基础重心高，整体刚度低；<br>对冲刷敏感，基础周围一定范围内的海床，需采取可靠的防冲刷防护措施 |

#### 1.1.1.4　导管架基础

导管架基础由桁架结构作为中间支撑，通过 3～6 根垂直或倾斜的钢管桩固定在海床上。导管架基础通过灌注高强灌浆材料或其他形式与钢管桩连接，导管架顶部通常通过内法兰与风机塔筒连接。这类基础适合水深 10～50m 的场址条件，而且已经在海洋石油和天然气平台中使用了 40 多年。随着水深的增加，这种基础型式的优势更加明显，但由于其节点多且复杂，建造工作量较大。导管架基础适合的场址条件很广，并且到目前为止没有主体结构发生破坏的报告。

导管架基础是目前欧洲海上风电场用得较多的一种基础型式，也是未来发展的趋势。根据打桩的先后顺序，导管架基础分先桩法导管架基础与后桩法导管架基础。后桩法导管架基础与海洋石油平台的导管架基础类似，导管架基础上设置有防沉板与桩靴（又称“桩套管”），先沉放导管架，再将钢管桩从桩靴穿入打入海床，后桩法导管架基础曾应用于英国的 Beatrice 海上风电示范项目中，如图 1-6 所示，以后绝大部分导管架基础均为先桩法，如图 1-7 所示。以四桩先桩法导管架基础为例，首先在海底打入 4 根呈正方形布置的钢管桩，然后进行导管架基础整体吊装。吊装过程通过导向板将基础腿部插入钢桩，再完成导管架基础的定位及调平工作，最后进行水下灌浆施工。

图 1-6　后桩法导管架基础

图1-7 先桩法导管架基础

导管架基础的优缺点见表1-4。

**表1-4 导管架基础的优缺点**

| | |
|---|---|
| 优点 | 较大的根开提供巨大的抗倾覆弯矩，全桁架结构提供较大整体刚度；<br>结构采用小截面的构件，导管架的建造和施工方便；<br>对地质条件要求不高；<br>适用较深的水深 |
| 缺点 | 节点多，疲劳问题突出；<br>过渡段结构复杂，建造工作量较大 |

### 1.1.1.5 高桩承台基础

高桩承台基础由桩和连接桩顶的桩承台（简称承台）组成。一般通过8根呈正八边形布置的内倾钢管桩定位于海底，桩顶通过钢箱梁和钢筋网连接支撑上部承台结构，如图1-8所示。高桩承台基础在国内具有较大优势，主要表现在对施工设备配置要求不高、国内能进行施工的船舶及施工装备资源较多、适合在离岸距离不远的海域施工。此外，高桩承台基础具有承载力高、沉降量小且较均匀的特点，可应用于各种工程地质条件。这类基础适合0～20m的水深场址条件，由于需要在海上现场浇筑大量混凝土，海上施工作业时间长，不宜用于离岸较远的海域。文献［12］中表明由于我国和欧洲国家不同的地质条件和打桩装备的差距，欧洲国家主要选择单桩基础作为近海风电场的基础型式，而我国东部海域则可使用高桩承台基础。我国第一个海上风电场——东海大桥海上风电场就是应用该基础型式。

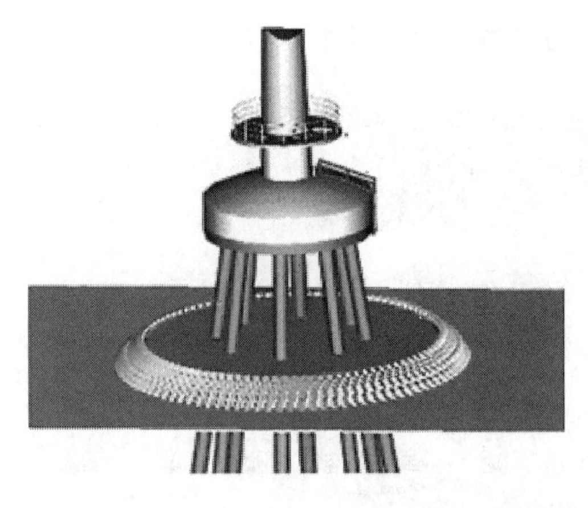

图1-8 高桩承台基础

高桩承台基础的优缺点见表 1-5。

**表 1-5 高桩承台基础的优缺点**

| | |
|---|---|
| 优点 | 国内施工工艺成熟；<br>基础结构整体刚度大；<br>对船只、设备要求低 |
| 缺点 | 海上施工作业时间长，风险较大；<br>打桩的工作量较大；<br>桩基悬空长，基础重心高 |

### 1.1.2 重力式基础

重力式基础由钢筋混凝土或钢质基础结构作为基座坐立于海床面上，通过过渡段或竖井顶法兰与塔筒连接，如图 1-9 所示。该基础型式属于一种混凝土基础结构，施工时可以带或不带小型钢质或混凝土基座，可选用砂石、铁矿石或岩石等来获得足够重力的压载物，将它们填入重力式基础中，可根据实际的地质条件调节底座宽度。重力式基础的底座一般是平板或环板，基础周边需有防冲刷保护。

图 1-9 重力式基础型式

重力式基础是最早应用于海上风电场建设的基础型式，主要依靠自重使塔筒保持垂直，有混凝土重力式基础和钢沉箱基础两种类型，适用于地质较好，水深从 0～25m 的场址条件。由于混凝土的价格远低于钢材，该基础在浅水海域经济性较好。水深大于 20m 时，为保证有足够重量抵抗环境荷载，其尺寸和造价随水深的增加而增大。

现在大多数重力式基础为钢筋混凝土沉箱结构，在风电场附近的码头用钢筋混凝土预制沉箱，然后用气囊助浮、拖轮牵引其漂浮到安装位置，并用砂砾填充基础内部以获得必要的压载，继而将其沉入海底，类似于重力式码头沉箱。

重力式基础的优缺点见表 1-6。

表1-6 重力式基础的优缺点

| | |
|---|---|
| 优点 | 稳定性和可靠性好；<br>在浅海且坚硬地基具有较大优势；<br>结构施工安装便捷，运输、安装成本低 |
| 缺点 | 需要预先进行海床处理；<br>体积大、重量大，结构受波浪载荷大；<br>适用水深范围较小，随着水深的增加，经济性变差；<br>对冲刷敏感，基础周围一定范围内的海床，需采取可靠的防冲刷防护措施；<br>对地层强度要求高 |

### 1.1.3 吸力式筒形基础

吸力式筒形基础（或负压筒形基础，简称吸力筒基础）由倒扣式筒形结构作为基座吸附于海床面，基础下部通过负压贯入海床以下一定深度，上部通过过渡段或钢管顶内法兰与塔筒连接。

吸力式筒形基础是近年来国外逐渐发展起来的一种新型的风机基础。该基础形状为大型圆柱状钢制或混凝土薄壁结构，其顶端封闭，底部开口，并在顶部设有排水抽气口，与桩基础相比，其嵌入深度比较小，但是筒直径一般比桩直径大很多。丹麦在2002年和2009年分别成功地将吸力筒基础应用于位于滩涂的风电机组和海上测风塔。2005年，德国在海上尝试为一台6MW的Enercon风电机组安装一个直径16m的吸力式筒形基础，然而在负压沉贯过程中吸力筒筒壁受到船只的意外撞击而屈曲，最终导致整个沉贯施工失败。尽管目前吸力式筒形基础的技术难度较大并且有失败的教训，但是由于其本身在施工、承载和重复利用等方面有独特的优势，在英国、德国和丹麦受到关注。我国也有单位做了一些有效探索，并成功施工安装了有海上风电机组样机的混凝土吸力筒形基础。常见的两种吸力式筒形基础如图1-10所示。

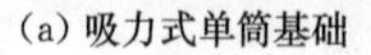

(a) 吸力式单筒基础

(b) 吸力式多筒基础

图1-10 吸力式筒形基础

吸力式筒形基础的优缺点见表 1-7。

**表 1-7 吸力式筒形基础的优缺点**

| | |
|---|---|
| 优点 | 在服役期结束后可以完全移除；<br>安装速度快；<br>节约材料，可重复利用 |
| 缺点 | 需要预先进行海床处理；<br>基础贯入难度大、风险高；<br>适用水深范围较小，随着水深的增加，经济性变差；<br>对冲刷敏感，基础周围一定范围内的海床，需采取可靠的防冲刷防护措施 |

### 1.1.4 浮式基础

在水深超过 50m 的海上风电场，采用桩基础等海上固定式基础已经无法满足经济性的要求，需要一种新的结构型式，而浮式基础可能是这一区域最适合的选择。浮式风电机组使用浮式结构作为海上风机的基础平台，平台再用系泊系统锚定于海床，对地质条件没有较高要求，且容易运输，具有广阔的应用前景。

图 1-11 所示为比较有代表性的浮式基础。这种结构在深海优势明显，且具有便于运输、安装，便于拆除等优势。但这种结构不适用于浅海；其运动特性对机组运行影响较大，与近岸固定式基础型式相比，其技术尚不成熟，投资高。

图 1-11 浮式基础

2009 年 9 月，世界上第一个海上漂浮式风电机组 Hywind 在挪威正式启用，单机容量为 2.3MW，Hywind 风电机组设置在一个柱形浮标上，浮标通过三根缆索与海底固定，里面放入水和岩石当作压舱物。当时挪威国家石油公司（Statoil）计划对其进行为期两年的试验测试后，寻求国际伙伴合作，建造更多的漂浮式风电机组。尽管浮式风电机组的商业化还需很长一段时间，但是目前国际上已经提出了各种不同的浮式平台概念形式，如 Tri-floater、WindSea、Sway、Minifloat、Windfloat、mini TLP 等，并对浮式风电机组进行了大量的模型试验和数值研究工作。

50m以上的深海风电场将是全球未来海上风电发展的重要领域，随着风电场向深海的发展，浮式基础必然有其广阔的应用前景。浮式基础的优点为：对水深不敏感，安装深度可达50m以上，对地质条件没有较高要求。缺点为：稳定性较差；浮式平台与锚泊定位系统的设计有一定难度。

针对实际工程，需根据工程地质特点、水深、风电机组容量、安装设备以及当地特定因素等，选择合适的风机基础型式。为了更好地对比各基础型式及相应的工程应用，表1-8给出了单桩基础、水下三桩基础、水上三桩基础、导管架基础、重力式基础以及高桩承台基础的对比表。

表1-8 桩基础型式对比

| 项目 | 单桩基础 | 水下三桩基础 | 水上三桩基础 | 导管架基础 | 重力式基础 | 高桩承台基础 |
|---|---|---|---|---|---|---|
| 设计型式 | 0～30m | 0～40m | 0～50m | 0～50m | 0～40m | 0～30m |
| 工程案例 | Greater Gabard（英国）、Egmondann Zee（荷兰） | Borkum West（德国）、Alpha Ventus（德国） | Bard Offshore 1（德国） | Beatrice（英国）、Alpha Ventus（德国） | Nysted（丹麦）、Thornton Bank（比利时） | 上海东海大桥海上风电场（中国） |
| 主要优点 | 设计简单；安装方便、快速 | 相比单桩，具有更大的稳定性 | 水上灌浆；刚度较大 | 稳定性好；适用范围广 | 造价便宜；稳定性好 | 施工工艺成熟；船机设备要求不高 |
| 主要缺点 | 随着水深直径逐渐增大；需冲刷保护 | 安装存在困难 | 费用高；节点复杂 | 节点较多；过渡段结构复杂 | 适用范围窄；需要海床预处理；需冲刷保护 | 海上作业时间长；打桩工作量大 |

## 1.2 灌浆材料

目前，风机基础与桩基通常采用灌浆进行连接，一方面减少焊接带来的应力集中；另一方面还可以起到调平的作用。灌浆材料根据灌浆连接段分析结果可选择用普通水泥浆与高强灌浆材料等。

1. 普通水泥浆

普通水泥浆灌浆价格低、材料易得，在海洋石油工程中得到广泛应用，但普通水泥浆体易收缩，抗压强度和黏结强度较低。

2. 高强灌浆材料

与普通水泥浆相比，高强灌浆材料是一种含收缩补偿技术的水泥类灌浆，当与水混合时，可形成均匀、可流动且可泵送的灌浆料。针对海上风机基础灌浆的特殊需求和特殊施工方法，高强灌浆料需要具备大流动性、抗离析可靠性和稳定性、高早期强度、高最终强度、高弹性模量、高体积稳定性、高抗疲劳性能、低水化热等特点。其详细特点

如下所述：

(1) 密度。高强灌浆料的密度一般为2300～2450kg/m³。

(2) 含气率。灌浆料中气体含量一般要求不大于4%。

(3) 零泌水率。高强灌浆料的泌水率要求为零。

(4) 大流动性。流动性反映了灌浆料的施工性能，在无任何冲击的情况下，灌浆料初始流动度大于290mm，30min后的流动度大于260mm，60min后的流动度大于230mm，并且灌浆料无泌水和分层。特殊的级配砂和特别的流动性及低摩擦力可增加泵的输出量，减少泵压力和磨损，缩短安装时间并降低安装成本。

(5) 高早期强度。基础灌浆完成后，为了确保基础在海洋环境作用下不发生偏移，保证灌浆连接的长期稳定性，高早期强度显得十分重要。在20℃的环境下，24h抗压强度可达40MPa及以上，故可快速让设备恢复到运行状态并可拆除临时支撑物。在2℃的环境下，24h强度也大于3MPa，即保证在非常严酷的环境下也能进行灌浆施工。

(6) 超高最终强度。灌浆连接是传力的关键部位，风电机组运行过程中，灌浆材料的最终强度也是一个重要参数。在20℃的环境下，28d抗压强度可达120MPa及以上。

(7) 高抗疲劳性能。抗疲劳性能是指材料抵抗承受循环荷载作用的能力。当材料不断承受加载和卸载时，疲劳逐渐发生，要保证在风电机组运行期内不发生疲劳破坏。

(8) 良好的抗离析性能。灌浆料具有可靠和稳定的抗离析性能，不产生离析或泌水，确保始终如一的物理性能，可靠的抗离析性能可防止泵堵塞，在水下灌浆时浆体不会被冲掉，可进行长距离和大高度泵送。

(9) 高体积稳定性。材料体积的变化会影响基础结构与风电机组的使用寿命。灌浆连接需传递并吸收从上部结构中产生的所有荷载，灌浆料的干收缩率、自收缩率、膨胀或任何其他型式的体积不稳定性都对基础结构与风电机组的寿命有不利影响。

(10) 低水化热。水化热会在浆体内引起较大的温度应力，使浆体表面产生裂缝，严重影响灌浆材料的强度与灌浆连接的性能。因此，高强灌浆材料要求低水化热。

灌浆材料的性能指标很多，除上述指标外，还有凝结时间、弹性模量、竖向膨胀率等。

在实际施工中，浆体是由灌浆干料与水混合搅拌而成，用水量是影响以上各项性能一个非常重要的参数；另外一个影响灌浆材料性能的是温度，实际施工中，在不同温度下，灌浆材料的各项性能指标均有所变化。

海上风电场建设还有其他灌浆材料的使用，如重力式基础的底板灌浆采用低强度灌浆材料，这种灌浆材料与常规的海工水泥砂浆差异不大。

## 1.3 灌浆的工程应用

### 1.3.1 海上风电场的灌浆

海上风机基础与上部结构连接有三种方式，即螺栓连接、锻造连接以及灌浆连接。

1. 螺栓连接方式

螺栓连接主要用在无过渡段的单桩基础上，旨在取消过渡段，在单桩顶部设置法兰，直接与塔筒的法兰进行连接，两个法兰之间通过设置调平构件进行调平，从而避免了采用灌浆方式，但螺栓连接方式对单桩的沉桩精度要求非常高，在打桩过程中法兰处容易被锤击破坏，为避免桩内附属构件在打桩过程中被损坏，桩内附属构件需到海上后安装，这种方式在国内外一些浅海风电场中得到应用，图 1-12 所示为无过渡段单桩基础螺栓连接的法兰盘及剖面图。

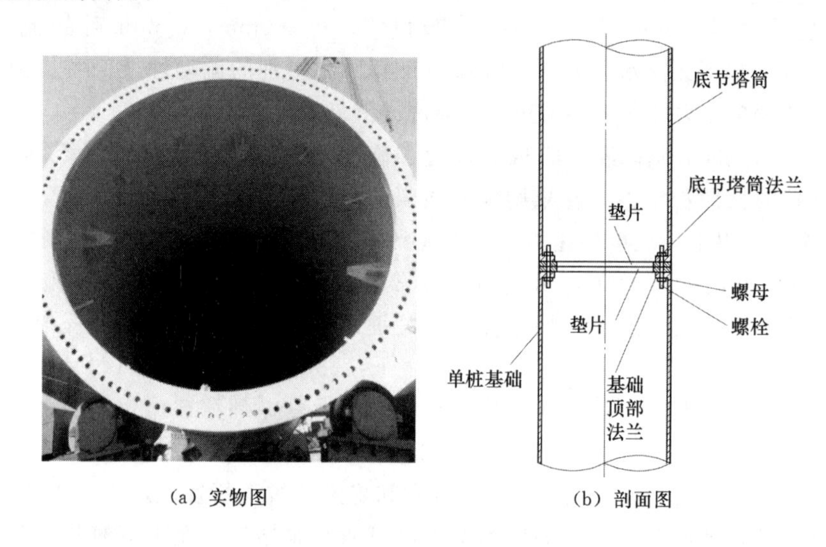


(a) 实物图　　(b) 剖面图

图 1-12　无过渡段单桩基础螺栓连接的法兰盘及剖面图

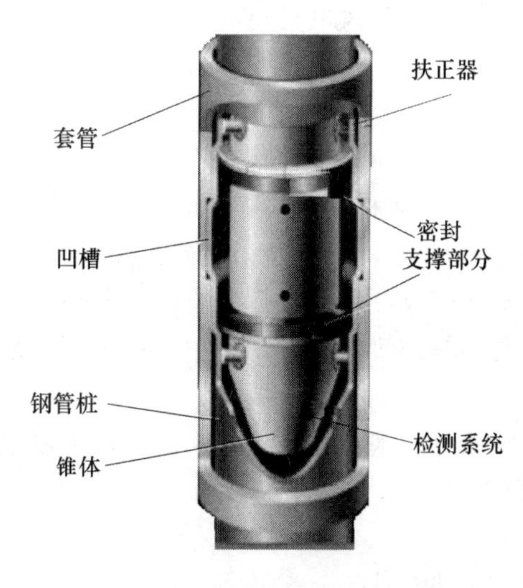


图 1-13　锻造连接的示意图

采用螺栓连接的单桩基础具有一定的应用前景，但它对打桩精度的要求非常苛刻，需要采取有效的调平方法，对打桩偏差过大的情况进行纠偏。同时，打桩过程中要对法兰盘进行保护，以免锤击造成法兰盘的破坏。打桩过程产生的强烈震动会使焊接在钢管桩上的次要结构及其支座产生打桩疲劳，甚至裂缝开裂，局部微裂缝会对运行产生隐患。此外，采用螺栓连接方式的单桩基础的次要结构如 J 型管、靠船构件等需要后续在海上进行安装，一定程度上增加了海上作业的时间，宜采取整体吊装方式。

2. 锻造连接方式

锻造连接是一种利用锻模将钢管桩锻压加工成形的机械连接方式，在英国 Beatrice 示范海上风电场应用过。在该项目中，钢管桩沉桩完毕后，导管架基础下放并调平，确保配套的凸缘是平整的，在钢管桩与导管架套管紧固前，采用一个锻压加工过程，使得钢管桩的一部分完全嵌入到套管的凹槽中，形成紧密的机械连接，如图 1-13 所示。

3. 灌浆连接方式

灌浆连接方式与螺栓连接方式和锻造连接方式相比具有较大的优势，这种连接方式已成功应用于国外很多海上风电场，成为一种使用最为广泛的连接方式。灌浆连接的优点有：①容易控制沉桩及风电机组安装的误差；②最大限度地降低灌浆材料、桩及套筒/连接件的疲劳损伤；③避免法兰连接方案中，由于往复荷载导致的主要构件（如法兰）的疲劳破坏；④灌浆连接避免了水下焊接作业或潜水螺栓作业；灌浆材料一般为水硬性材料，水下施工方便。研究表明，采用灌浆连接方式可以有效地减小钢管的弯曲变形，灌浆材料可有效地防止海水对钢管的腐蚀，增加节点的承载力。

### 1.3.1.1 单桩基础的灌浆

单桩基础与过渡段通过灌浆连接已成功应用到许多海上风电场中，例如 Utgrunden I（瑞士）、Horns Rev（丹麦）、Samsoe（丹麦）、Rhyl Flats（英国）以及 North Hoyle（英国）等，单桩基础及其灌浆连接是目前全球海上风电应用最成熟的基础与连接方式，单桩基础灌浆连接段位置效果图如图 1-14 所示，单桩基础灌浆连接段示意图如图 1-15 所示。

图 1-14　单桩基础灌浆连接段位置效果图

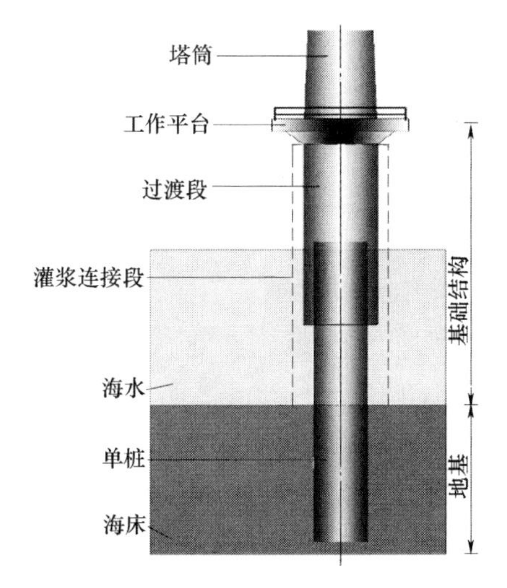

图 1-15　单桩基础灌浆连接段示意图

世界第一座大型海上风电场 Horns Rev Ⅰ及后续的 Horns Rev Ⅱ均采用的是单桩基础和灌浆连接段的方式（图 1-16），Horns Rev Ⅰ项目中的单桩与过渡段重叠部分（灌浆连接段）的长度为 6.0m，环向空间的灌浆厚度为 80mm，过渡段上事先安装好靠船构件、J 型管以及底法兰等，将自升式平台（Jacket-up）紧靠着钢管桩定位，然后在其上进行安装、调整以及灌浆连接过渡段与钢管桩。

Horns Rev Ⅱ海上风电场水深 7～17m，共包含 91 台风电机组单桩基础与 1 座海上生活平台。单桩不仅在过渡段与钢管桩采用的是灌浆连接，过渡段与混凝土平台也是采取灌浆连接。当过渡段建造完成后，起吊混凝土平台放至过渡段的上部，缓慢将该平台插入过渡段内，两者之间形成环向空间，事先在平台设置密封圈，防止浆体泄露，通过灌浆充满环向空间，两者形成紧密的连接。单桩基础采取灌浆连接非常高效，本项目部分基础 12h 即完成所有灌浆施工。

Samsoe 海上风电场位于 Kattegat 海峡的丹麦 Samsoe 区域，本风场建设有 10 台风电机组单桩基础，其灌浆连接段（图 1-17）的长度为 6m，灌浆的环向空间间隙为 110mm。该海域有冰荷载的作用，在水线附近，设置了一个抗冰的锥形体。

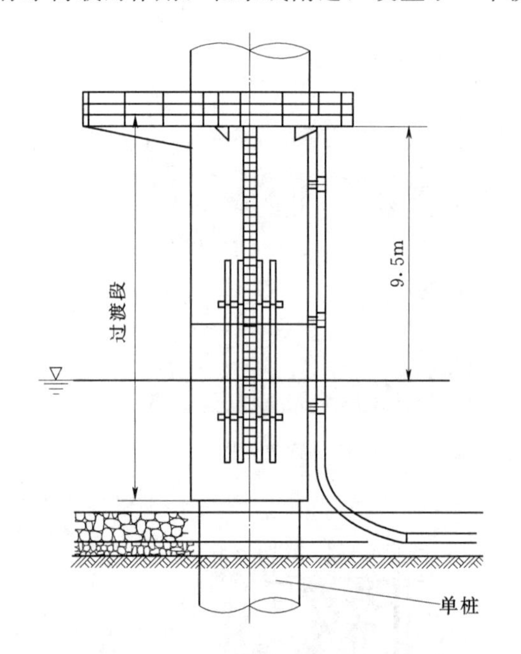


图 1-16　Horns Rev Ⅰ海上风电场灌浆连接段示意图

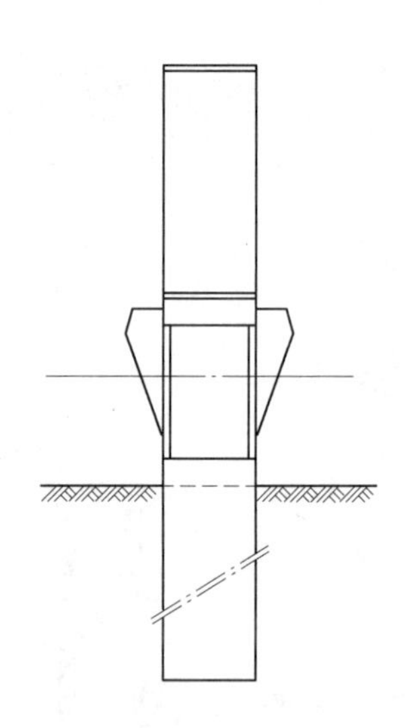

图 1-17　Samsoe 海上风电场灌浆连接段示意图

Gwynty Môr 海上风电场位于爱尔兰海的利物浦湾附近，离北威尔士海岸约 20.92km，共建设有 160 台单桩基础，水深跨越较大，介于 12～28m 之间，是当时欧洲最大的海上风电场项目，建成于 2014 年。本风电场中，灌浆管线的端口位于过渡段的甲板上，在船甲板上通过灌浆的软管将灌浆料输送至主要灌浆管线的端口上进行灌浆，灌浆的混合速率比较高，达到 6m$^3$/h，大大提高了灌浆施工效率。

West of Duddon Sands 海上风电场位于爱尔兰海，总装机容量为 389MW，共 108 台

风电机组，单机容量 3.6MW。灌浆管线固定在过渡段上，在船甲板上，通过一个可伸缩杆，灌浆软管固定其上，将软管与浆接口相连进行灌浆，如图 1-18 所示。本工程部分灌浆非常迅速，包括单桩安装、过渡段调平以及灌浆在内，总时间为 8.8h，灌浆的混合速率更是高达 $12m^3/h$。

图 1-18 单桩基础灌浆施工图

由于单桩基础的灌浆连接段是传力的唯一路径，而且没有冗余度，一旦灌浆连接段出现失效或者缺陷，直接影响风电机组的运行和使用寿命，因此，对单桩基础的灌浆连接设计、施工以及材料都提出很高的要求。

#### 1.3.1.2 导管架基础的灌浆

导管架基础与钢管桩通过灌浆连接也已成功应用在一些海上风电场项目中，导管架基础不仅可作为风电机组的下部基础，在海上升压站的设计中也广泛采用，例如 Alpha Ventus（德国）、Belwind Demo（比利时）、Thornton Bank（比利时）、Walney（英国）以及 Ormonde（英国）等，因其稳定性与可靠性，导管架基础及其灌浆连接也是目前全球海上风电应用比较成熟的基础型式与连接形式，导管架基础的灌浆连接段位置效果如图 1-19 所示。

图 1-19 导管架基础的灌浆连接段位置效果图

导管架基础的灌浆连接段构成与单桩基础圆柱形灌浆连接段类似，但又有一些不同。由于钢管桩和导管架的施工顺序的不同，导管架基础分为后桩法导管架与先桩法导管架，两类导管架基础灌浆位置对比如图1-20所示，同样，其灌浆连接段也存在差异。

先桩法导管架采用安装模架定位后沉桩，然后进行导管架基础整体吊装，吊装前先进行导管架调平，再将导管架支撑腿端部插入钢管桩，或先放下导管架再通过液压手段调平，最后进行水下灌浆，连接导管架和钢管桩。后桩法导管架基础结构型式是在导管架支腿末端设置桩靴，进行海上施工时，先进行导管架吊装，通过桩靴定位把钢管桩打入海床，然后进行灌浆，连接导管架和钢管桩。

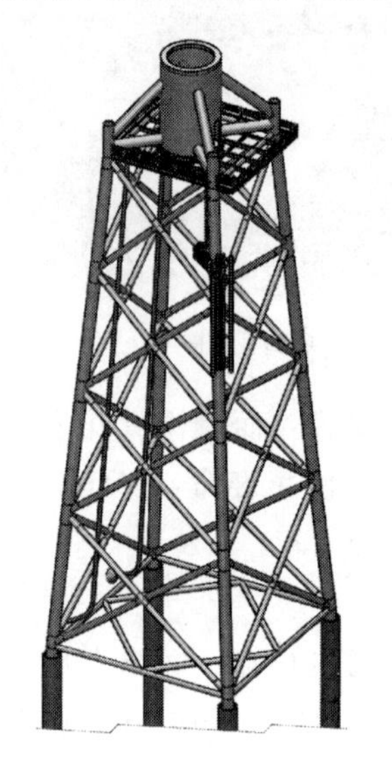

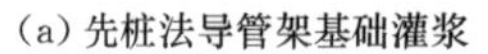

(a) 先桩法导管架基础灌浆　　(b) 后桩法导管架基础灌浆

图1-20　两类导管架基础灌浆位置对比图

Ormonde海上风电场是欧洲第一座采用导管架基础的大型商业化风电场，位于爱尔兰海，总装机容量150MW，单机容量5MW，共30台风电机组，还包括1座海上升压站，其基础型式也为导管架基础，即共有31座四桩导管架基础。所有导管架基础均为先桩法导管架，安装时将4个主腿插入到预先打好的钢管桩内，每个腿上均有1根主要灌浆管线和1根次要灌浆管线，灌浆管线的接口位于过渡段平台上。灌浆施工时，往灌浆管线中灌浆来填充环形空间，同时在钢管桩桩顶观察浆体溢出的情况，至少要比理论灌浆量多灌10%以保证环形空间中灌浆料的质量。本工程的混合与泵送速度为0.3～0.5$m^3$/min。

Thornton Bank海上风电场位于比利时，是比利时北海第一个海上风电场，水深为12～27m。本风电场分三期建设，第一期为6台5MW风电机组重力式基础，后两期为48台6.15MW风电机组导管架基础和1座海上升压站。导管架每条腿上有3根灌浆管线——主要灌浆管线、次要灌浆管线以及三级灌浆管线。前两种灌浆管线位于中间的休息平台上，后面的灌浆管线位于导管架腿柱与钢管桩桩顶接触的位置。在正式灌浆施工前，需在船甲板上摆设好灌浆软管。Thornton Bank 海上风电场灌浆施工如图 1-21 所示。

图 1-21 Thornton Bank 海上风电场灌浆施工

Samsung 的 7MW 风电机组是当时全球单机容量最大的风电机组，工程场址水深 30m，下部基础采用导管架基础型式。该工程的灌浆分两个工作部分：第一部分，由于海底覆盖层浅，钢管桩为嵌岩桩，首先将钢管桩插入 30m 深预先钻好的岩孔里，然后通过灌浆软管往环形空间中灌浆，通过连续的灌浆，确保灌浆质量；第二部分，待嵌岩钢管桩施工完毕后，再对钢管桩与导管架腿柱中间的环形空间进行灌浆，同理，确保灌浆的连续性，通过在桩顶处观察浆体的溢出情况来判断灌浆施工是否结束。

该项目建成后，通过一个栈桥连接陆地，可允许游客登上基础进行参观，栈桥的基础以及连接也采用了灌浆的形式。Samsung 的 7MW 风电机组导管架基础，如图 1-22 所示。

图 1-22 Samsung 的 7MW 风电机组导管架基础

Walney 海上风电场的海上升压站采用四桩导管架基础型式，水深 30m，Walney 海上升压结构如图 1-23 所示。海上升压站导管架基础与海洋石油平台的导管架基础型式相

似，先安装导管架基础，再把钢管桩通过桩套管打入海底。

图 1-23　Walney 海上升压站结构

图 1-24　Walney 海上升压站导管架基础灌浆施工

Walney 海上风电场工程中钢管桩外径 1829mm，桩套管的内径 1990mm，如此形成一个环形的空间，每个环形空间的底部设置一个双层灌浆密封圈，阻止灌浆料的泄露，每个桩套管上设置有主要灌浆管线与次要灌浆管线，通过灌浆管线进行灌浆。Walney 海上升压站导管架基础灌浆施工如图1-24 所示。由于海上升压站结构没有很强的动荷载，主要以重力荷载为主，因此在灌浆材料的选择与搅拌的用水上没有风机基础要求严格，该工程海上升压站导管架基础选择的灌浆材料最终强度将近 80MPa，采用海水进行搅拌。

导管架基础的灌浆连接段是传力的关键路径，与单桩不同的是，其冗余度较高，但是，导管架基础的灌浆连接段都在海床处，不易于巡检，因此，其施工质量不容易得到有效控制，需采取有效的防护措施来进行质量控制，保障结构的耐久性。

#### 1.3.1.3　其他基础的灌浆

除上述单桩基础和导管架基础两种常见与典型的基础灌浆外，水下三桩基础、水上三桩基础以及重力式基础等都存在灌浆连接。

1. 水下三桩基础

水下三桩基础灌浆连接段与后桩法导管架基础灌浆连接段类似，其位置效果图如图 1-25 所示。水下三桩基础的灌浆需要注意：应确保浆体在达到规定强度的时间内，桩顶与桩套管不发生较大的相对位移，这也是保证长期稳定运行的必要条件。

为了测量到灌浆连接段在短期与长期的变形，在 Alpha Ventus 的海上风电场建设中，其中有一台水下三桩基础安装了测量相对位移的设施。水下三桩基础灌浆连接段相对位移测量如图 1-26 所示。

图 1-25 水下三桩基础灌浆连接段位置效果图

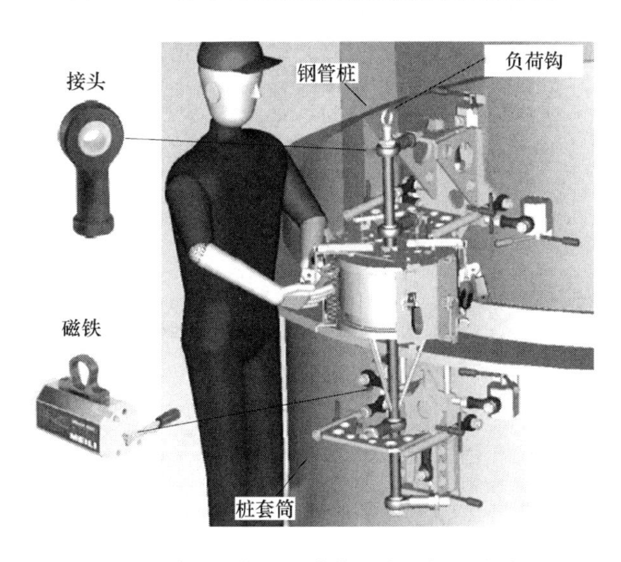


图 1-26 水下三桩基础灌浆连接段相对位移测量

2. 水上三桩基础

水上三桩基础灌浆连接段与先桩法导管架灌浆连接段类似，但它的灌浆部分位于水上，因此便于灌浆的施工与质量控制。

3. 重力式基础

重力式基础分为混凝土沉箱式和重力基座式两类，其在安装过程中都需要采用高强度灌浆料进行灌浆，以保持基础结构在后期运行的稳定性和安全性。

目前，海上风电机组塔筒与重力式基础的连接主要有两种方式：①塔筒插入到重力式基础中；②在预制基础中预埋连接杆，通过法兰将塔筒与基础连接。对于插入式的连接方式，首先将塔筒插入到重力式基础预留孔中，通过调平固定后向塔筒与预留孔之间的环形空间灌浆。对于法兰连接方式，在基础结构放置稳定后，需要对预埋塔筒连接杆件及法兰进行垂直度调节，调平后通过第二次灌浆实现对调平位置的固定。重力式基础在多向复杂荷载作用下会发生应力变形及抗力作用，在通过二次灌浆后对其受力起缓冲作用，结构更加稳定。图1-27所示为重力式基础二次灌浆位置效果图，重力式基础法兰连接灌浆步骤如图1-28所示。根据图1-28所示步骤，预先对法兰调平后再进行灌浆，便可确保风电机组杆塔安装后的垂直度。

图1-27　重力式基础二次灌浆位置效果图

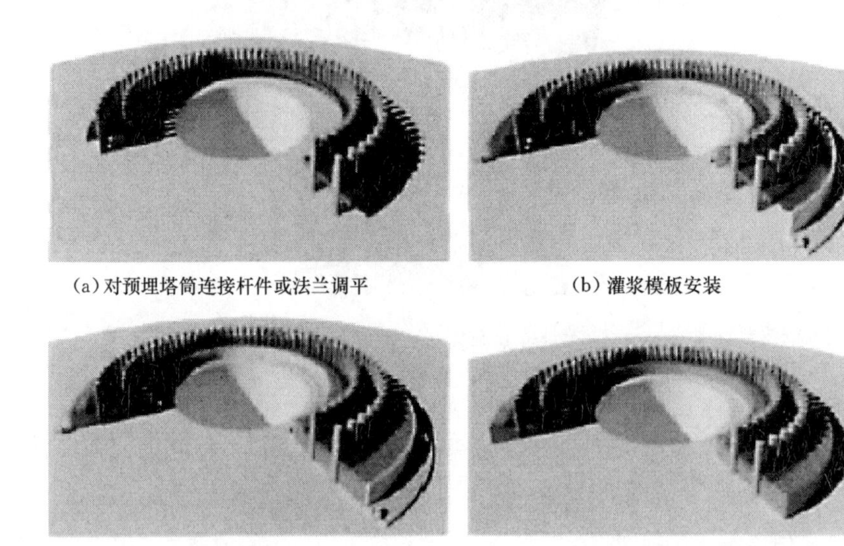


图1-28　重力式基础法兰连接灌浆步骤

重力式基础地基必须有足够的承载力支撑基础结构自重、使用荷载以及波浪和水流荷载，在施工前首先要进行疏浚作业，需将基础安装点的表层土清除至满足设计强度后抛石，再进行地基灌浆作业，并将重力式基础放置于灌浆材料之上进行固定以提高基础的抗滑、抗倾稳定性，然后再对基础进行抛石保护，图1-29所示为地基灌浆施工示意。越来越多重力式基础并不需要这一步灌浆，直接将基础放置在处理好的基础海床地基上，

这取决于具体的重力式基础构造形式。

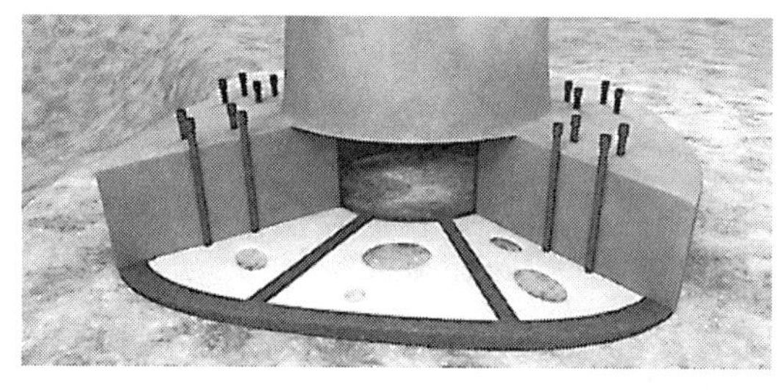

(a) 地基灌浆前

(b) 地基灌浆后

图 1-29 地基灌浆施工示意图

重力式基础在丹麦近海风场的应用比较广泛，表 1-9 为几个典型应用情况。

**表 1-9 重力式基础法的部分工程案例**

| 风电场名称 | 离岸距离/km | 水深/m | 基础类型 |
|---|---|---|---|
| Vindeby | 1.5～3 | 2.5～5 | 混凝土沉箱式 |
| Tuno Knob | 6 | 3～5 | 混凝土沉箱式 |
| Middelgrunden | 2～3 | 4～8 | 混凝土沉箱式 |
| Nysted | 9 | 6～10 | 重力基座式 |
| Lilgrund | 30 | 4～12 | 混凝土沉箱式 |
| Thornton Bank | 5 | 12～25 | 重力基座式 |

图 1-30 给出了几种基础型式的灌浆连接位置。无论是单桩基础还是导管架基础，或是多桩基础以及重力式基础，从传力途径上看，海上风机基础的灌浆连接段是传递风电机组荷载至地基基础承上启下的关键部位，从施工上看，海上风机基础的灌浆是钢管桩

(a)水下三桩基础　(b)拉线式基础　(c)桁架式基础　(d)导管架基础　(e)重力式基础

图 1-30 几种基础型式的灌浆连接位置（圆圈标记处）

沉桩与安装基础承前启后的关键工序，因此，灌浆连接设计与施工对于保证风电机组正常运行至关重要，其可靠性是确保海上风电机组正常运行的必要条件。

### 1.3.2 海洋石油平台的灌浆

海洋石油平台的基础一般为导管架结构，导管架按腿柱对应桩的数目可分为四桩导管架、六桩导管架以及八桩导管架。以八桩导管架为例，一般腿柱与桩的布置呈正方形或矩形。在桩基施工时，腿柱可作为打桩定位和导向，保证打桩精度和质量，并使各单桩有机地连为一体；另外，导管架作为支撑结构的一部分可以增加结构抗倾覆力矩的刚度，提高结构的整体稳定性；而且导管架作为平台与海床的连接通道，一些附属设施，如隔水套管、防腐系统等可以用导管架作为支撑；在导管架结构上安装靠船设备，还可以停靠工作船等。海洋石油平台结构通常在导管架腿柱（或套管）与桩之间的环形空间内进行灌浆，通过灌浆连接将平台荷载传递给钢管桩。某石油平台导管架基础灌浆连接段示意图如图 1-31 所示。

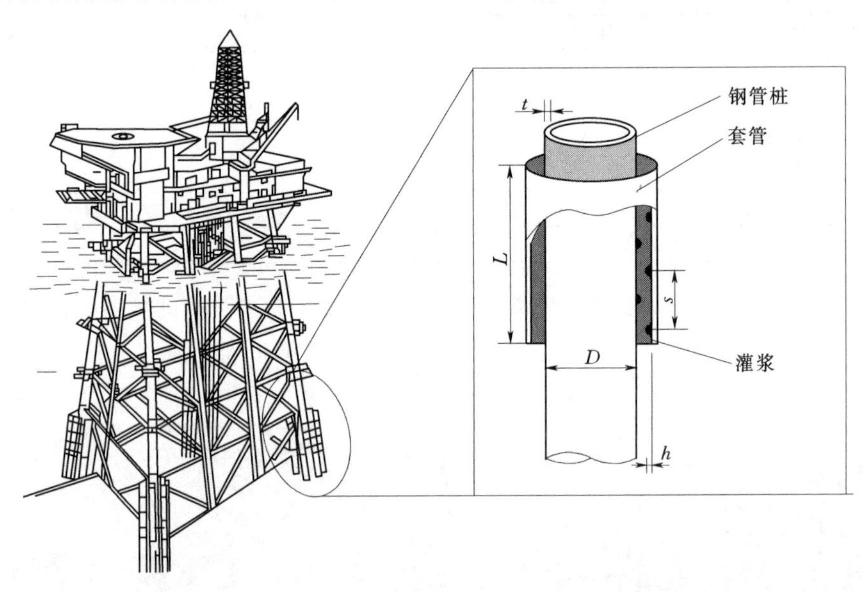


图 1-31 某石油平台导管架基础灌浆连接段示意图

$L$—灌浆段长度；$D$—钢管桩直径；$t$—钢管桩壁厚；$h$—剪力键高度；$s$—剪力键间距

无论是浅水导管架基础，还是深水导管架基础，钢管桩与导管架的桩套管之间都以灌浆进行连接，尤其是我国渤海的石油平台，灌浆连接段往往还会增加结构刚度和抗冰能力。

以我国某海洋石油平台工程为例，在导管架调平以后，要通过在裙桩与套管之间的环向空间灌注水泥浆，把裙桩和导管架永久地连接在一起。导管架灌浆系统包括封隔器组合件、灌浆管线和封隔器气胀控制管线等部件。导管架裙桩与套管之间的环向空间厚度为 50.8mm。为保证桩的垂直度并保护封隔器的气囊，裙桩套管上下两端的内壁各设置 8 块扶正块。根据结构设计规定，水泥浆的设计强度为 34.5MPa，灌浆段长度为 8.7m，套管内壁和桩外壁均焊接一系列环向剪力键。剪力键的高度为 8mm，宽度为 16mm，间距为 300mm。为保证灌浆的均匀性和可靠性，每个裙桩套管上均有主、副灌浆孔，主灌浆孔在正常状态下使用，副灌浆孔为应急备用灌浆孔。

由于灌浆工作在水中进行，水泥浆受海水作用，导致其黏结力要小于陆上的设计强度。根据《海上固定平台规划、设计和建造的推荐作法　工作应力设计法》（API RP 2A -WSD）的规定，水泥浆试样的28d龄期无侧限抗压强度不应小于17.25MPa。因此，海洋石油平台基础中，灌浆材料主要以普通水泥浆为主。但随着裙桩在深水导管架中的广泛应用，为了节省裙桩导管的长度，应尽量采用高强灌浆料。

下面介绍几个采用高强灌浆料的工程案例。

Bubut水下三桩基础平台位于我国南海80m水深海域，离Bubut油田约8km，文莱壳牌石油（BSP）要求给平台的三桩导管架基础进行灌浆，加强三桩结构。该工程先使用水下摄像机确认需要灌浆的位置，然后注入双组份发泡聚氨酯设置一个临时灌浆塞，接着用一种高强灌浆材料进行初步灌浆（计算好用量），并固化24h形成灌浆塞，然后使用另外一种强度更高的高强灌浆材料用于结构灌浆。

2010年10月，TL Offshore Sdn Bhd公司要求给安装在砂捞越外海的四桩导管架灌浆安装，业主为砂捞越壳牌有限公司。该平台设在我国南海水深约为92m的海域。在灌浆工作准备过程中，灌浆专业工程师发现有一根套管上的阀（水下）有泄露，于是专业工程师先在这个位置灌入了高强灌浆料，并固化24h，使之成为一个灌浆塞，然后进行正式的结构灌浆工作。

印度石油天然气公司（Oil Nature Gas Corporation，ONGC）在孟买较远海域进行石油天然气的勘探与开发。作为对该领域重建计划的一部分，Punj Lloyd印度公司签约安装各种采油平台，这些平台大多数是由裙桩支撑的四桩结构。在安装这些平台过程中，有一个平台在打桩过程中遇到阻力，桩上的剪力键并没有达到裙桩的预期深度，由于这部分缺少剪力键，此处的连接就成为了普通的套管连接。按照设计标准计算，采用普通灌浆材料，无法达到所需要的连接强度。为此，采用了高强灌浆产品进行灌浆，以确保连接强度。

### 1.3.3 灌浆的其他应用

灌浆材料在海洋工程的其他领域也应用广泛，例如文献[33]中提到，可将灌浆螺栓套筒夹的形式用于连接两直径相同或相似的钢管，以起到修补或者补强导管架结构的作用。文献[34]同样提到使用在钢管节点中灌浆的方式加强导管架的圆管节点，如图1-32所示。文献[35]则重点研究了用浆体填充补强的圆钢管T形节点的应力强度因子计算问题，图1-33所示为K形节点的灌浆补强。除了通过灌浆修复夹的方式进行补强外，还可直接对导管架基础钢

图1-32　导管架基础撑管灌浆加强实图

管内部填充灌浆材料进行灌浆，如图 1-34 所示。

图 1-33 基础结构节点灌浆补强示意图

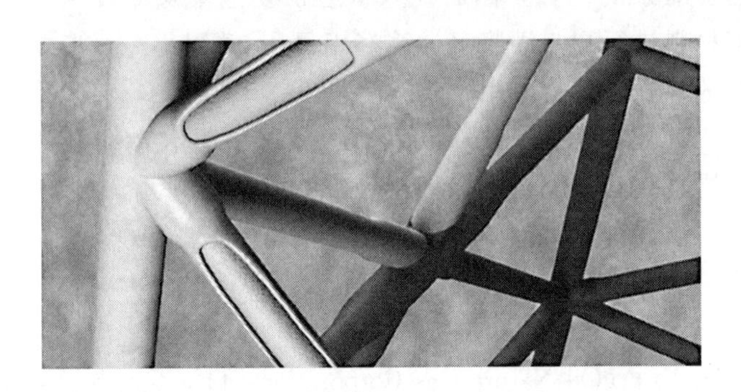

图 1-34 导管架基础钢管灌浆填充加强示意图

另外，文献［36］及文献［37］中都针对运用灌浆套管结构修补输油管道的问题进行了相关的数值模拟。在海底管线的运行过程中，由于海床的变化，部分海底管线会出现悬空，在这种情况下，可通过水下灌浆作为海底管线的支撑（图 1-35），对于深海，灌浆过程还辅以水下机器人（ROV）进行实时监测。同理，海上风电场基础的 J 型管出口处的防冲刷也可以采用水下灌浆对海缆进行固定，防止海缆在水下随水流晃动引起疲劳问题。

同样，在非近海工程领域，灌浆段的应用也十分广泛，最具有代表性的是如文献［38］中所描述的对损伤焊接悬臂钢结构广告牌的修补，文中研究显示采用灌浆连接方式与焊接结构相比疲劳循环次数提高了近 10 倍，证明了灌浆连接方式具有良好的抗疲劳性能。

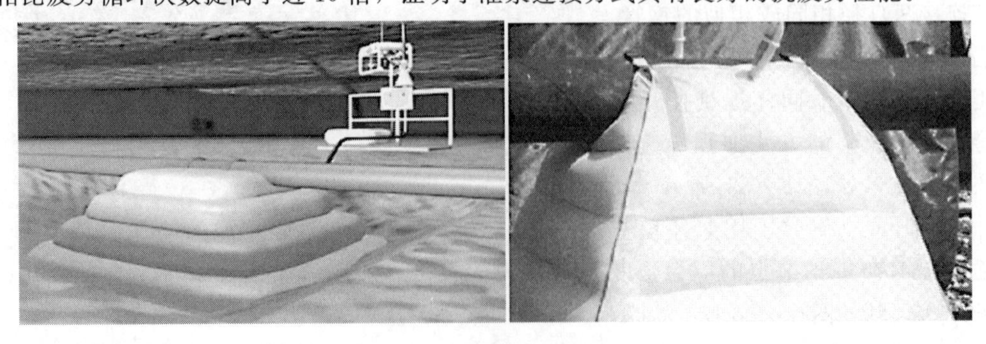

图 1-35 海底管线的灌浆支撑

## 1.4 展　望

本章简述了海上风机基础的型式，灌浆材料的基本情况，重点描述了灌浆在海上风电场与海洋石油平台领域的工程应用，可见欧洲在海上风电领域与海上风电灌浆技术方面均具有较长的历史沉淀与经验积累。

我国近海风力资源十分丰富，具有大规模开发的前提条件，加之环境问题日益突出，能源结构调整势在必行，决定了我国在未来将会大力发展近海风电事业。

目前，我国自主开发和生产的UHPG系列高强灌浆材料已成功应用在国内海上风电场中，对海上风电灌浆技术也展开了深入研究，展望不久的将来，未来人们将更加关注这种高性能灌浆材料完整的力学性能，如完整的应力应变曲线、三维受压下的变形能力及裂缝开展的形式等，继而将会有更加准确的材料本构曲线应用于有限元的模拟当中。更加精准的材料本构关系、正确的荷载工况的选取以及钢材与浆体接触表面的定义，会使有限元模拟的结果更加精确，使得人们可以避免模型试验带来的人力、物力的损耗，得到任意荷载工况下灌浆连接段内部的应力和变形，推动理论模型的发展。

未来研究人员将对灌浆连接段的复杂受力模式下的力学性能提出更加简化并且准确的理论模型，便于工程师的设计验算，会有更多更加明确的可控制变量，并且多种荷载之间的相互影响也会更加明确。设计规范会更加全面和完整，对于疲劳性能的验算也将更加全面，可以对灌浆料和钢管的疲劳性能分别进行预估，并且给出更多控制变量下的灌浆连接段整体 $S-N$ 曲线，对荷载频率、外界湿度、温度等因素进行考虑，以对不同海洋环境下的疲劳性能做出更全面的评估。

未来会有越来越全面的大尺寸模型试验，通过施加多种荷载工况模拟复杂的受力模式，甚至可以模拟海水的冲刷以及风载的随机性；并且试验的周期也将越来越长，用以模拟在25年服役周期内可能多达 $10^8$ 次的超高周疲劳荷载。同时会有越来越多的试验探究偏心、倾斜等安装误差对灌浆连接段力学性能的影响，以考虑施工中的误差带来的影响。

在海上风电的施工方面，更大吨位和先进的施工设备将投入生产，并且对于打桩误差的控制将会越来越精确，配合误差试验中的相关结论，可以把误差给灌浆连接段受力带来的影响降至最低。未来将会有越来越多的设施国产化和标准化，慢慢涌现出一批施工设施先进与经验丰富的施工队伍。未来将在实际安装后的海上风电机组内设置监测设备，对整个服役周期内，灌浆连接段内部应力、变形等进行更加全面的测量，并传回实时数据，使得人们对灌浆连接段的性能有更加深入的理解。

可以预见在不久的将来，无论是材料研发、分析手段、理论与试验水平、施工机械与经验等，我国海上风电的灌浆技术水平将伴随海上风电的发展而取得长足进步，促使我国海上风电灌浆技术在全球行业中占有一席之位。

## 参 考 文 献

[1] DNV-OS-J101 (2014) Design of Offshore Wind Turbine Structures [S]. Norway: Det Norsk

Veritas, 2014.

[2] Seidel M. Substructures for Offshore Wind Turbines Current Trends and Developments [R]. Festschrift Peter Schaumann, Hannover, 2014. doi: 10.2314/GBV: 77999762X.

[3] Belwind Offshore Energy. Belwind Wind Farm in the North Sea Press Information[EB/OL]. http://www.belwind.eu/files/604739_belwind%20persdossier_ENG.pdf.

[4] Forwind, Dogger Bank. Appendix A—Project Description: Preliminary Environmental Information 1 [EB/OL]. [2011-11]. http://www.forwind.de/forwind/index.php? article_id=25&clang=1.

[5] Alpha Ventus. Alpha Ventus—the First German Offshore Wind Farm[EB/OL]. [2014-02-21]. http://www.alpha-ventus.de/index.php? id=80.

[6] 南通蓝岛海洋工程有限公司. 南通蓝岛海洋工程有限公司成功交付6MW海上风电导管架 [EB/OL]. [2013-11-02]. http://www.bioffshore.com/news_detail/newsId=d96c0111-2745-442e-96d3-8acbd9b14361.html.

[7] Saleem Z. Alternatives and Modifications of Monopile Foundation or Its Installation Technique for Noise Mitigation [R]. Delft University of Technology, 2011.

[8] Bard Group. Photos. [EB/OL]. http://www.bard-offshore.de/en/media/photos.html.

[9] Schaumann P, Wilke F. Current Developments of Support Structures for Wind Turbines in Offshore Environment [J]. Advances in Steel Structures, 2005, 2: 1107-1114.

[10] Giese N. Repower Offshore—Turbines and UK Market [R/OL]. http://www.windcomm.de/Downloads/Vortraege_Flyer_Infos/PresentationREpower.pdf.

[11] Alpha Ventus. Brochure Alpha Ventus—the Building of an Offshore Wind Farm[R/OL]. http://www.alpha-ventus.de/fileadmin/user_upload/Broschuere/av_Broschuere_engl_web_bmu.pdf.

[12] Qi W G, Tian J K, Zheng H Y, et al. Bearing Capacity of the High-Rise Pile Cap Foundation for Offshore Wind Turbines [C] //International Conference on Sustainable Development of Critical Infrastructure. 2014.

[13] Arup. Gravity Base Foundations [R/OL]. www.arup.com/~/~/media/Files/PDF/Publications/Brochure/Arup_Gravity_Base_Foundation.

[14] The Danish Wind Industry Association. Unversal Foundation Suction Bucket[R/OL]. http://www.windpower.org/download/1922/14_Universal_Foundation_Suction_Bucket_Henrik_Lundorf.pdf.

[15] European Wind Energy Association. Deep Water[R/OL]. http://www.ewea.org/fileadmin/files/library/publications/ reports/Deep_Water.pdf.

[16] DNV-OS-C502(2012) Offshore Concrete Structures [S]. Norway: Det Norsk Veritas, 2012.

[17] 姜贞强，孙杏建，郇彩云，等. 无过渡段单桩式海上风机基础结构：中国，CN201210114192.X [P/OL]. 2012-08-08[2015-06-25].

[18] National Wind Technology Center (NWTC). The Beatrice Windfarm Demonstrator: Apply Oil and Gas Expertise to Renewables [ROL]. http://wind.nrel.gov/public/SeaCon/Proceedings/Copenhagen.Offshore.Wind.2005/documents/papers/Offshore_WindSynergies/A.MacAskill_DOWNVInd Marryingoilandgasexpertise.pdf.

[19] ITW WindGroup. Foundation of Horns Rev Ⅰ Wind Farm[R/OL]. http://www.itwwind.com/userfiles/files/assetLibrary/Foundation%20of%20Horns%20Rev%20I%20Wind%20Farm%20-%20Ducorit%20D4.pdf.

[20] ITW WindGroup. Foundation of Horns Rev Ⅱ Wind Farm[R/OL]. http://www.itwwind.com/userfiles/files/assetLibrary/Foundation%20of%20Horns%20Rev%20II%20Wind%20Farm%20-%20Ducorit%20S5.pdf.

[21] ITW WindGroup. Foundation of Samsoe Offshore Wind Farm [R/OL]. http://www.itwwind.

com/userfiles/files/assetLibrary/Foundation%20of%20Samsoe%20Offshore%20Wind%20Farm%20 -%20Ducorit%20D4. pdf.

[22] FoundOcean. Gwynt Mor Grouting the 160 Monopiles Offshore Windfarm off the Coast North Wales [R/OL]. http://www. foundocean. com/webpac_content/global/documents/more/Case%20Studies/Case%20Study%20 -%20Gwynt%20y%20M%C3%B4r%20Offshore%20Wind%20Farm%20COMPLETE. pdf.

[23] FoundOcean. West of Duddon Sands Grouting the 108 - Monopile Offshore Wind Farm in the Irish Sea [R/OL]. http://www. foundocean. com/webpac _ content/global/documents/more/Case%20Studies/Case%20Study%20 -%20West%20of%20Duddon%20Sands%20Offshore%20Wind%20Farm2. pdf.

[24] FoundOcean. Ormonde Offshore Wind Farm: Pile Grouting for 31 Four - legged Jacket Foundations in the Irish Sea, 10km off Barrow - In - Furness[R/OL]. http://www. foundocean. com/webpac_content/global/documents/more/Case%20Studies/Case%20Study%20 -%20Extended%20 -%20Ormonde%20Offshore%20Wind%20Farm. pdf.

[25] FoundOcean. Thornton Bank Offshore Wind Farm Grouting 49 Jackets for the First Offshore Wind Farm in the Belgian North Sea [R/OL]. http://www. foundocean. com/webpac_content/global/documents/more/Case%20Studies/Case%20Study%20 -%20Thornton%20Bank%20Offshore%20Wind%20Farm%20 -%20Phases%202%20and%203. pdf.

[26] FoundOcean. Energy Park Fife Grouting the Samsung 7MW Offshore Turbine The world's largest turbine [R/OL]. http://www. foundocean. com/webpac _ content/global/documents/more/Case%20Studies/Case%20Study%20 -%20Energy%20Park%20Fife. pdf.

[27] FoundOcean. Walney Offshore Windfarm: FoundOcean helps DONG Energy Reach a Milestone with the Installation of the Windfarm Substation [R/OL]. http://www. foundocean. com/webpac_content/global/documents/more/Case%20Studies/Case%20Study%20 -%20Extended%20 -%20Walney%20Offshore%20Windfarm%20Substation%20P1. pdf.

[28] Gigawind Life. Ganzheitliches Dimensionierungskonzept für OWEA - Tragstrukturen Anhand Von Messungen im Offshore - Testfeld Alpha Ventus [R/OL]. [2011 - 04]. http://www. gigawind. de/gigawind_av. html? &L=1.

[29] FoundOcean. Underbase Grouting [EB/OL]. http://www. foundocean. com/en/what - we - do/foundation - grouting/underbase - grouting/ # sthash. CnFlA4vn. pdf.

[30] 鲁进亮，张羿，任敏. 海上风电重力式基础结构灌浆工艺 [J]. 电力建设，2012，33 (7)：95 - 98.

[31] American Petroleum Institute. API RP 2A - WSD: Recommended Practice for Planning, Designing and Constructing Fixed Offshore Platforms-Working Stress Design [S]. 2007.

[32] 《海洋石油工程设计指南》编委会. 海洋石油工程平台结构设计 [M]. 北京：石油工业出版社，2007.

[33] Boswell L F, D' Mello C. The Fatigue Strength of Grouted Repaired Tubular Members [C] // Offshore Technology Conference. Offshore Technology Conference, 1986.

[34] Etterdal B, Askheim D, Grigorian H, et al. Strengthening of Offshore Steel Components Using High - Strength Grout: Component Testing and Analytical Methods [C] //Offshore Technology Conference. Offshore Technology Conference, 2001.

[35] Shen W, Choo Y S. Stress Intensity Factor for a Tubular T - joint with Grouted Chord [J]. Engineering Structures, 2012, 35 (1): 37 - 47.

[36] Sum W S, Leong K H. Numerical Study of Annular Flaws/Defects Affecting the Integrity of Grouted Composite Sleeve Repairs on Pipelines [J]. Journal of Reinforced Plastics & Composites, 2014,

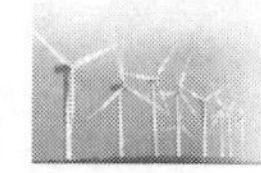


33 (6): 556 - 565.

[37] Leong K H, Leong A Y L, Ramli S H, et al. Testing Grouted Sleeve Connections for Pipelines Repairs [J]. Portugal: IRF, 2009, no. August 2008, 20 - 24.

[38] Sim H B, Uang C M. Repair of Damaged Welded Connections in Cantilevered Steel Sign Structures [J]. Engineering Structures, 2014, 67: 19 - 28.

[39] Found Ocean. Grouted Repair Clamps [EB/OL]. http://www.foundocean.com/en/what - we - do/inspection - repair - maintenance/grouted - repair - clamps/ # sthash.r8hPFaKf.dpuf.

[40] FoundOcean. Free Correction [EB/OL]. http://www.foundocean.com/en/what - we - do/inspection - repair - maintenance/freespan - correction/.

# 第 2 章　高强灌浆材料的物理力学性能

高强灌浆材料是一种水泥基材料，当与水混合时，形成均匀、可流动且可泵送的灌浆料，该灌浆料在凝固后，其内部是致密的，组成比较复杂，主要依靠高强灌浆料中的细骨料（特殊级配）、水泥基及其他添加剂组成的整体来承受外力，因而具有极高的早期强度、最终强度与弹性模量。高强灌浆材料与混凝土的物理力学性能比较相似，也极为复杂，目前暂无对此新材料的数值模拟研究，本章主要从试验角度介绍高强灌浆材料的物理力学性能。

## 2.1　灌浆材料的强度

### 2.1.1　立方体抗压强度

抗压强度是高强灌浆材料的重要力学指标，一般与水灰比、龄期、施工方法以及养护条件等因素有关，试验方法与试件形状尺寸也会影响所测得的强度数值。

国外一般采用 75mm×75mm×75mm 的立方体试件作为高强灌浆材料的标准试件，由标准立方体试件测得的抗压强度，称为标准立方体强度，用 $f_{ck}$ 表示，而我国规定用 150mm×150mm×150mm 的立方体试件作为标准试件，因此，由国外规范得到的数据在国内开展检验与分析时需进行折算。图 2-1 所示为灌浆料 75mm×75mm×75mm 立方体抗压试块与 40mm×40mm×160mm 棱柱体抗折试块。

试验方法对立方体强度有很大的影响。试块在压力机上受压，纵向发生压缩而横向发生鼓胀。当试块与压力机垫板直接接触，试块上下表面与垫板之间有摩擦力存在，使试块无法横向自由扩张，导致灌浆体的抗压能力提高。此时，靠近试块上下表面的区域犹如被箍住一样，试件中部由于摩擦力的影响较小，灌浆体仍可横向鼓胀。随着压力的增加，试件中部先发生纵向裂缝，然后出现同向试件角隅的斜向裂缝。破坏时，中部向外鼓胀的灌浆体向四周剥落，使试件只剩下如图 2-2 所示的角锥体受压破坏形态。

当试件上下表面涂有油脂或垫有某种高分子材料以减少摩擦力时，则所测得的抗压强度较不采取措施者为小，试件破坏时的裂缝为垂直裂缝。为了统一标准，规定在试验中均采用不涂油脂的试件。图 2-3 所示为一组不涂油脂高强灌浆材料立方体试块受压的破坏情况，可以看出，破坏时中间部位都比两端小，或者一端完全被压碎，但中间部位出现角锥体。

若立方体试件尺寸大于 75mm×75mm×75mm，测试时两端摩擦的影响相对较小，测得的强度较低。用非标准尺寸的试件进行试验，其结果应乘以折算系数，换算成标准立方体强度。由于我国混凝土结构设计规范规定立方体标准试件尺寸为 150mm×150mm×150mm，以 150mm×150mm×150mm 为基准，换算成标准立方体强度 200mm×200mm×200mm 的试件，折算系数取 1.05；100mm×100mm×100mm 的试件，折算系数取 0.95。目前按国外 75mm×75mm×75mm 的立方体与国内 150mm×150mm×150mm 的立方体之间的折算系数尚需通过大量试验建立。

图 2-1　立方体抗压试块和棱柱体抗折试块

图 2-2　立方体试块受压破坏形态

图 2-3　一组不涂油脂高强灌浆材料立方体试块受压的破坏情况

试验时，加载速度对强度也有影响，加载速度越快则强度越高。通常的加载速度是每秒压力增加 0.2～0.3N/mm$^2$。

灌浆材料的强度是随着龄期的增长而增长的，开始增长得很快，以后逐渐变慢。此外，温度对灌浆材料的强度影响也非常显著，温度越高，高强灌浆材料凝结越快，相同时间内，强度值也越高，而灌浆材料的抗压强度又直接影响灌浆连接段的轴压承载力，因此，温度是影响高强灌浆材料强度的重要因素之一，需控制在合理的温度范围内。由于灌浆材料在海上风电领域使用的特点，对其 1d 强度（早强强度）与 28d 强度（最终强度）要求很高。高强灌浆材料不同龄期的强度取值应通过试验确定。

图 2-4 所示为不同温度下抗压强度与龄期 $t$ 的对数关系。通常情况下，抗压强度与龄期关系图为某一温度下，使用时间对数 lg$t$ 表示，曲线的开始部分为线性关系，如灌浆

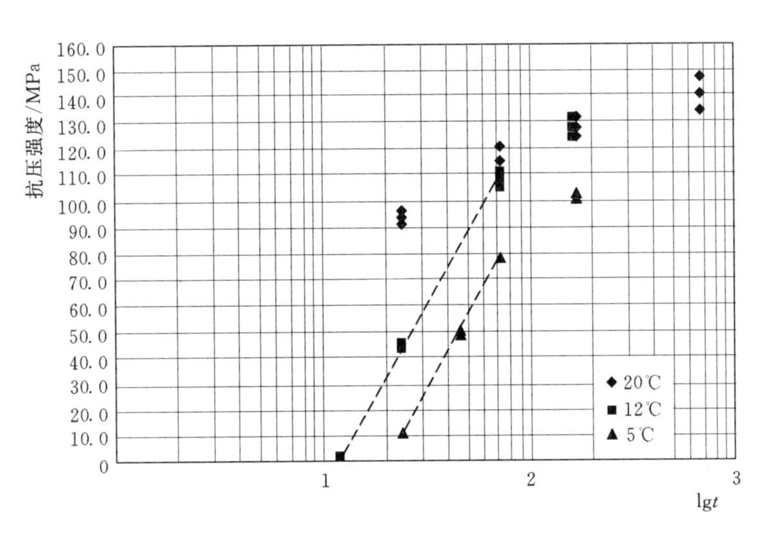


图 2-4　不同温度下抗压强度与龄期 $t$ 的对数关系（Basf 提供）

材料在 12℃和 5℃条件下。在 20℃时，没有足够的更早期数据来确定强度变化趋势，但可以看出，相比 12℃和 5℃条件，更高温度意味着更快速达到早强强度与最终强度。

我国混凝土结构设计规范规定以边长为 150mm 的立方体，在温度为（20±3)℃、相对湿度不小于 90%的条件下养护 28d，用标准试验方法开展试验。对于高强灌浆材料而言，需要特别注意的是，测试环境应满足温度为（20±2)℃，湿度 50%～70%，灌浆料搅拌前需控制灌浆料和水的温度在（20±2)℃。海上风电场所采用的高强灌浆材料抗压强度一般在 110MPa 以上。

## 2.1.2　圆柱体抗压强度

若试件为圆柱体，则所测得的抗压强度称为圆柱体抗压强度，用 $f_{cck}$ 表示，取抗压强度概率分布上 5%分位对应的值，且至少具有 75%的置信度，圆柱体抗压强度可由 $\phi$150mm×300mm 的试件经标准养护后测得，$f_{cck}$ 要低于立方体强度，这是因为当试件高度增大后，两端接触面摩擦力对试件中部的影响逐渐减弱所致，圆柱体试块破坏形态如图 2-5 所示。$f_{cck}$ 随试件高度与宽度之比 $h/b$ 而异，当 $h/b>3$ 时，$f_{cck}$ 趋于稳定。

图 2-5　圆柱体试块破坏形态

对于高强灌浆材料，挪威船级社规范 DNV-OS-J101（2011）《海上风机支撑结构设计》指出，$f_{cck}$ 与 $f_{ck}$ 大致呈线性关系，即

$$f_{ck}=\begin{cases}1.25f_{cck} & (f_{cck}\leqslant 44\text{MPa})\\ f_{cck}+11 & (f_{cck}>44\text{MPa})\end{cases} \quad (2-1)$$

但式（2-1）得到的数据与实际所测得的值有时会相差较大，在规范 DNV-OS-J101（2014）中已

取消了该转换关系式。在钢筋混凝土结构设计中，受压构件的实际长度比它的截面尺寸大得多。因此，圆柱体强度比立方体强度能更好地反映受压构件中混凝土的实际强度。但海上风电机组基础灌浆连接段与钢筋混凝土受压构件不同，实际长度与其截面尺寸相差不大，因此，普遍采用立方体强度作为设计时的强度。

同时，规范 DNV-OS-J101（2014）指出，$f_{cck}$应转换为现场的特征抗压强度 $f_{cn}$，转换关系为

$$f_{cn}=f_{cck}\left(1-\frac{f_{cck}}{600}\right) \tag{2-2}$$

### 2.1.3 轴心抗拉强度

高强灌浆体的轴心抗拉强度 $f_{tk}$定义为直接抗拉强度的平均值，该平均值需至少具有75%的置信度，其值也远小于立方体抗压强度 $f_{ck}$，$f_{tk}$仅相当于 $f_{ck}$的 1/17 左右，当 $f_{ck}$越大时，$f_{tk}/f_{ck}$的比值越低。凡影响抗压强度的因素，一般对抗拉强度也有相应的影响，其中包括温度、龄期、水灰比等。

灌浆材料的抗拉强度测试方法主要有直接受拉法与劈裂法。高强灌浆料主要采用的是直接受拉法，其试件是用钢模浇筑成型的圆柱体试件，两端设有对中变形钢筋。试验机夹紧两端钢筋，使试件受拉，破坏时在试件中部产生断裂。劈裂法在国内外也较常使用，该方法是对圆柱体试件 $\phi$150mm×300mm 通过垫条施加线荷载 $P$，在试件中间的垂直截面上除垫条附近极小部分外，都将产生均匀的拉应力。当拉应力达到高强灌浆材料的抗拉强度 $f_{tk}$时，试件就对半劈裂。根据材料力学可计算出其抗拉强度为

$$f_{tk}=\frac{2P}{\pi d^2} \tag{2-3}$$

式中 $P$——破坏荷载；

$d$——圆柱体直径。

由劈裂法测定的 $f_{tk}$值与直接受拉法测得的值可相互转换，挪威船级社规范 DNV-OS-C502（2012）《海上混凝土结构》指出直接受拉强度等于劈裂强度乘以系数 0.8。规范 DNV-OS-J101（2014）指出直接受拉强度也可以与抗折强度进行转换，即直接受拉强度等于抗折强度乘以系数 0.4，且 $f_{tk}$应转换为现场的特征抗拉强度 $f_{tn}$，转换关系为

$$f_{tn}=f_{tk}\left[1-\left(\frac{f_{tk}}{25}\right)^{0.6}\right] \tag{2-4}$$

### 2.1.4 抗折强度

灌浆连接段作为传递荷载的一个关键部位，不仅传递了竖向载荷，还要传递巨大的弯矩，抗折强度 $f_{cf}$表示的是灌浆材料在承受弯矩时的极限折断应力，又称抗弯强度。对于灌浆材料，其抗压强度由集料骨架的嵌挤和水泥基材料的黏结作用形成，而抗折强度则是依靠水泥基材料与集料界面的结合强度。JTJ 270—1998《水运工程混凝土试验规程》

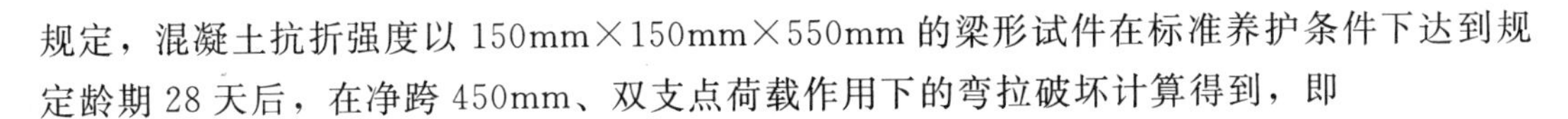

规定，混凝土抗折强度以 150mm×150mm×550mm 的梁形试件在标准养护条件下达到规定龄期 28 天后，在净跨 450mm、双支点荷载作用下的弯拉破坏计算得到，即

$$f_{cf}=\frac{Pl}{bh^2} \tag{2-5}$$

式中 $f_{cf}$——抗折强度；

$P$——破坏荷载；

$l$——支座间距即跨度；

$b$——试件截面宽度；

$h$——试件截面高度。

图 2-6 所示为灌浆材料抗折强度试验，图 2-7 所示为某灌浆材料三批试件在不同温度下的抗折强度。

图 2-6 灌浆材料抗折强度试验

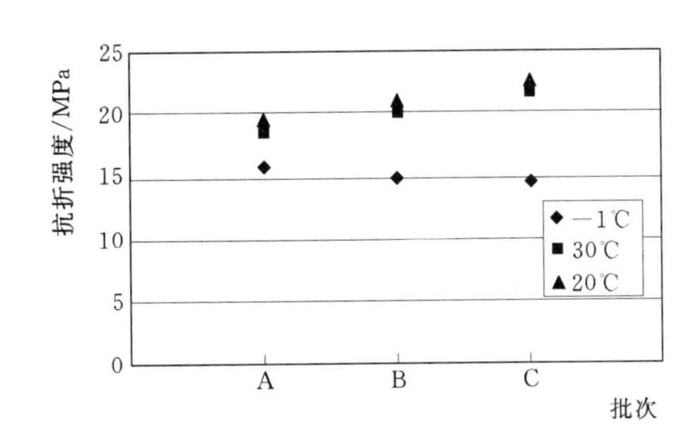


图 2-7 三批试件在不同温度下的抗折强度（Basf 提供）

## 2.1.5 复合应力状态下的灌浆材料强度

抗压强度、抗拉强度与抗折强度均是指单轴受力条件下所得到的灌浆强度。但实际上，灌浆连接段很少处于单向受压或单向受拉状态。与混凝土材料相似，工程上经常遇到的都是一些双向或三向受力的复合应力状态。由于复合应力下的问题比较复杂，即使是使用广泛的混凝土材料也未能建立起完整复合应力状态下的强度理论。

灌浆材料在这方面研究不多，但由于与混凝土材料在受力上的相似性，此处将以混凝土为对象进行描述。复合应力强度试验的试件形状大体可分为空心圆柱体、实心圆柱体、正方形板、立方体等几种，复杂应力作用下的示意图如图 2-8 所示。在空心圆柱体的两端施加纵向压力或拉力，并在其内部或外部施加液压，就可以形成双向受压、双向受拉或一向受压一向受拉；如在两端施加一对扭矩，就可以形成剪压或剪拉；实心圆柱体与立方体则可形成三向受力状态。

根据现有的试验结果，可以得出以下结论：

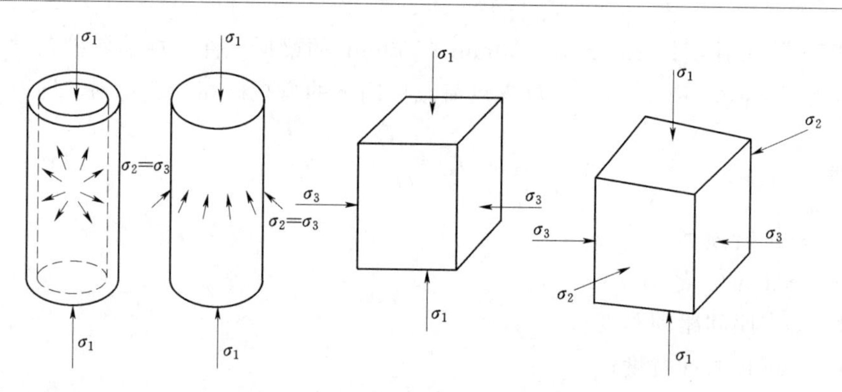


图 2 - 8　复杂应力作用下的示意图

（1）双向受压时，即两个方向的主应力为压应力，第三方向的主应力为零时，混凝土的强度比单向受压的强度高，即一向强度随另一向压应力的增加而增加。

（2）双向受拉时，混凝土一向抗拉强度基本上与另一向拉应力的大小无关，即双向受拉时的混凝土强度与单向受拉强度基本相同。

（3）一向受拉一向受压时，混凝土抗压强度随另一向拉应力的增加而降低，或者说，混凝土的抗拉强度随另一向压应力的增加而降低。

由于复合应力状态下的试验方法不统一，影响强度的因素很多，所得出的试验数据有时相差较大，详细情况可参考钢筋混凝土相关的研究成果和著作。

## 2.2　灌浆材料的变形

灌浆材料的变形有两类：一类是由外荷载作用而产生的变形；另一类是由温度和干湿度变化引起的体积变形。由外荷载产生的变形与加载的方式、荷载作用持续时间及次数有关。

### 2.2.1　应力-应变曲线

实际工程中的灌浆材料很少只沿一个方向受力，即单轴受力，因为灌浆连接段部位都是沿几个方向同时受力的，但一般而言，分析灌浆材料处于单轴受力状态下的应力状态是灌浆连接段强度计算、结构延性计算和有限元分析的基础。

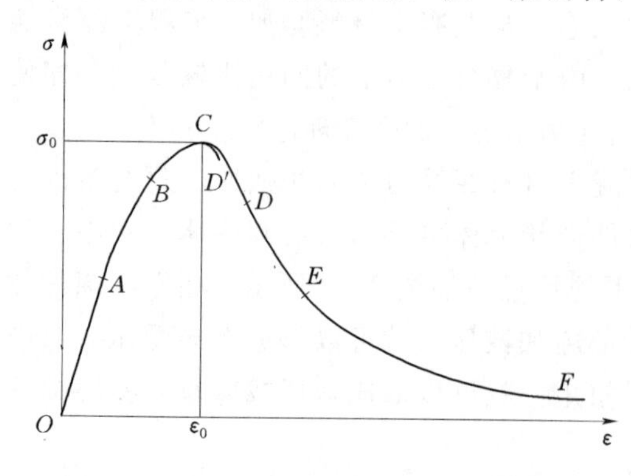


图 2 - 9　典型的混凝土受压应力-应变曲线

根据 Löhning 等人的研究，灌浆材料在单轴受压下的应力-应变曲线与高强混凝土相似，可由短期一次加载的受压试验得出其应力-应变曲线。对于高强混凝土，其下降段很难测出，此处以普通混凝土为例进行说明，图 2 - 9 所示为单轴受压的普通混凝土棱柱体或圆柱体在持续几分钟的试验中得出的典型应力-应变曲线。

从曲线可以看出以下特征：

(1) 曲线从 0（$O$ 点）到大约为抗压强度的一半时（$A$ 点），应力、应变关系几乎都是线性的。

(2) 当应力继续增大，应力应变曲线就逐渐向下弯曲，呈现出非线性。当应力增大到接近极限强度的 85%左右时（$B$ 点），应变就增长得更快。

(3) 当应力达到极限强度时（$C$ 点），试件开始破坏，最大应力 $\sigma_0$ 处的应变 $\varepsilon_0$ 约为 0.002。一般高强混凝土曲线的顶部相对较尖，而低强混凝土曲线的顶部则比较平缓。

(4) 在达到最大应力之后的更大应变时，即使在试件内已经形成了与加载方向平行的可见裂缝，试块仍然能够承受应力。在柔性试验机上试验的试块有时会发生立即崩碎，呈脆性破坏，所得应力-应变曲线如图 2-9 中的 $OABCD'$，但无法得到有规律的下降段（$CD'$），这是因为在最大应力之后，当荷载下降时试块不能吸收试验机释放的应变能所致，要把应力-应变曲线下降段的整个范围探测出来，就需要刚性试验机。

(5) 如果试验机的刚度足够大，使得试验机所储存的变形能得以控制，当试件达到最大应力后，试验机所释放的弹性能还不致试件立即破坏，则可以测出灌浆料的应力-应变全过程曲线，如图 2-9 中的 $OABCDEF$。相应曲线末端的应变称为灌浆料的极限压应变，极限压应变越大，表示灌浆料的塑性变形能力越大，也就是延性越好。但对于高强混凝土，由于其强度很高，一般很难测出下降段，仅能测出曲线中的 $OABCD'$。

影响灌浆料应力-应变曲线形状的因素很多，图 2-9 中 $C$ 点所描述强度的影响，此外，加载速度对应力-应变曲线形状也有所影响。对于高强灌浆材料，由于灌浆连接段处于侧向受到约束，不能自由变形，则灌浆材料的应力-应变曲线的下降段还可有较大延伸，极限压应变会增大很多，大大提高灌浆材料的延性。

由于影响混凝土应力与应变关系的因素复杂，不同的研究人员得出许多不同的结果，提出了各种各样的理论表达式。一般来说，曲线的上升段比较相近，大体可以表示为

$$\sigma=\sigma_0\left[2\frac{\varepsilon}{\varepsilon_0}-\left(\frac{\varepsilon}{\varepsilon_0}\right)^2\right] \tag{2-6}$$

式中　$\sigma_0$——最大应力；

　　$\varepsilon_0$——相应于最大应力时的应变值，一般可取为 0.002。

但曲线的下降段则相差很多，有的假定为一直线段，有的假定为曲线或折线，有的还考虑配筋或约束等影响。

混凝土受拉时的应力、应变关系与受压时相似，但它的极限应变比受压时的极限应变小得多，同时应力-应变曲线的弯曲程度也比受压时小。由于混凝土的抗拉强度低，所以在钢筋混凝土构件强度计算中通常均不考虑受拉的混凝土。但对高强灌浆材料，为了更好地反映材料的真实性能，最好考虑受拉性能，受拉应力-应变曲线可以理想化为抗拉强度为一条直线，在这个范围内受拉的弹性模量可以取与受压时相同。

### 2.2.2 疲劳性能

高强灌浆材料在多次重复荷载作用下的应力-应变性质和短期一次加载作用下的应

力-应变性质有显著不同。由于灌浆材料是弹塑性材料，初次卸载至应力为零时，应变不能全部恢复。可恢复的那一部分称为弹性应变，不可恢复的残余部分称为塑性应变。但随着加载卸载重复次数的增加，残余应变会逐渐减小，经过若干次后，加载和卸载的应力-应变曲线就会越来越闭合并接近一直线，此时灌浆材料如同弹性体一样工作。但应力超过某一限值，经过多次循环加载后，应力应变关系也会成为直线，又会很快重新变弯且应变越来越大，最终浆体破坏，这个限值也就是灌浆料能够抵抗周期重复荷载的疲劳强度。

由于海上风电机组在25年的服役年限内，其荷载循环次数多达$10^8$～$10^9$次，而灌浆连接段也承受相同次数的反复荷载，因此灌浆材料的疲劳性能是一个关键性能。对于灌浆材料疲劳性能的试验研究较少，下面只分析某灌浆料开展疲劳试验的结果。

试件形状采用圆柱体，研究灌浆材料在周期荷载下的行为，试件直径60mm，高120mm。圆柱体试件在20℃模具中保存，直至测试，圆柱体两端在测试前迅速磨平。

在每一个应力水平范围内，首先使用6个试样测量静态抗压强度。然后一次1个，对6个试样进行测试，条件为周期负荷、施加作用力可控、最小作用力为20kN，对应应力为7.1MPa，并且是规定的最大作用力/应力，以恒定频率正弦方式施加。保持周期荷载直至试件破裂，或直至它已经承受大约200万次负荷周期。有些测试是在10Hz频率的空气环境中进行。有些情况下，使用附在样品表面的热电偶测量温度时，会观察到这些试验条件下试件温度明显上升，基于该原因，有些试验选择5Hz的测试条件。另外，在试验的另一部分中，试件被放置在水里，一批试件的试验频率为0.35Hz，相当于实际海浪作用的频率；另一批试件的试验频率为10Hz，目的是与空气中相当应力水平下的试件进行对照。

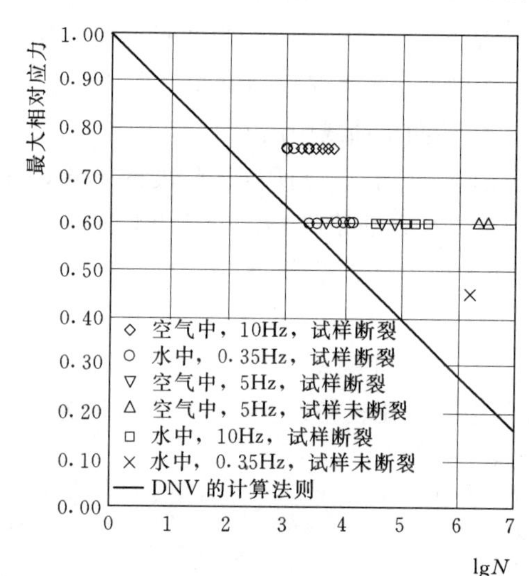


图2-10 疲劳试验结果（Basf提供）

根据DNV-OS-C502（2012），应力在压缩-拉伸范围内变化的水中灌浆料，受到周期应力时，其设计寿命的计算为

$$\lg N=C_1\frac{1-\dfrac{\sigma_{\max}}{c_5 f_{\mathrm{rd}}}}{1-\dfrac{\sigma_{\min}}{c_5 f_{\mathrm{rd}}}} \tag{2-7}$$

式中 $f_{\mathrm{rd}}$——针对试验对象破坏类型的抗压强度；

$\sigma_{\max}$——压力的最大值，取每个压力范围内的平均值；

$\sigma_{\min}$——压力的最小值，取每个压力范围内的平均值；

$C_1$——参数，对于应力在压缩拉伸范围内变化的值取8.0；

$N$——荷载发生次数。

通过式（2-7）的计算，从而得到图2-10所示的结果。

### 2.2.3 弹性模量与泊松比

对于弹性材料，应力应变为线性关系，弹性模量为一常量。但对灌浆料而言，应力应变关系实际为一曲线，需通过试验确定出灌浆料的弹性模量，弹性模量随龄期发生动态变化，如图2-11所示，一般高强灌浆材料的最终弹性模量在45～55GPa。

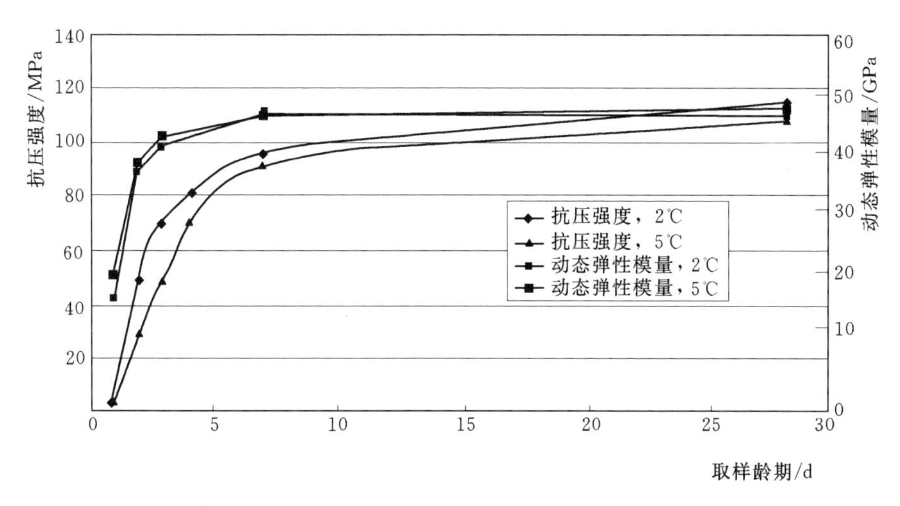


图2-11　2℃与5℃下的抗压强度与动态弹性模量（Basf提供）

泊松比是指灌浆材料在单向受拉或受压时，横向正应变与轴向正应变绝对值的比值，反映材料横向变形的参数，灌浆料的泊松比随应力大小而变化，并非一常值，可通过试验加以确定。

弹性模量与泊松比的测试方法参考欧洲混凝土标准EN 13412，试件大小为$\phi$150mm×300mm。在每个圆柱体表面安装了6个应变片，3个为纵向，3个为环向，位置为圆柱体中部，与圆柱体轴平行，间隔120°，纵向测量弹性模量，加上横向应变片共同测量泊松比，圆柱体试块应变片粘贴方式如图2-12所示。

图2-12　圆柱体试块应变片粘贴方式

试验方法：首先，在试件上施加大约0.5MPa的应力载荷，经过60s的等待时间后，记录3个应变片上的应变。然后以0.27MPa/s的速率增加载荷，直到应力达到约等于抗压强度的1/3结束。再等待60s，记录3个应变片上的应变，检查测量的3个应变值偏差都没有超过它们平均值的10%。然后卸去载荷，重复两个荷载周期。然后使用最后一个荷载周期的结果计算弹性模量，用两个荷载步骤之间的应力差除以相应应变平均值差。

测量泊松比时，3个应变片安装在3个弹性模量应变片之间，位置与之垂直。这些应变测量与其他应变测量同时进行。然后计算泊松比，采用环向应变片的应变平均值除以轴向应变片的应变平均值。

### 2.2.4　收缩与徐变

当灌浆料在凝结期间蒸发而失去水分时就将产生收缩。收缩一般分为塑性收缩、自收缩、干燥收缩以及碳化收缩。收缩应变与浆体的应力状态无关。如果灌浆料受到约束，收缩应变就能引起开裂。Burrows等人认为早期裂缝主要由干燥收缩和自收缩引起，对于高强灌浆材料，主要考察其自收缩与干燥收缩。自收缩是指灌浆料在与外界无物质交换的条件下，其水化反应引起毛细孔负压和内部相对湿度降低而导致的宏观体积减小。这种收缩是由化学作用引起的，不包括因自身物质增减、温度变化、外部加载或约束而引起的体积变化。而干燥收缩是指处于空气中的灌浆料当内部水分丧失时引起的体积收缩，简称干缩。

图2-13所示为丹麦Aalborg大学设计的测量自收缩的测试装置，灌浆搅拌后，在20℃条件下养护，使用3个波纹塑料管，大约长410mm、直径30mm，注满浆体，然后在管的每一端用塑料塞密封，并放入20℃恒温室中。在终凝后，使用测微计测量每个试样的长度随时间的关系。

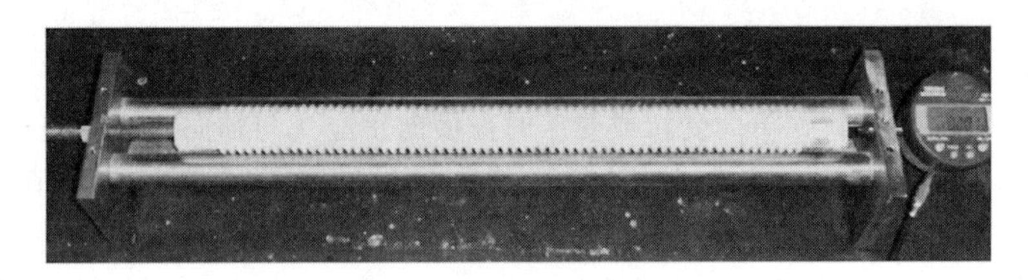

图2-13　测量自收缩的测试装置

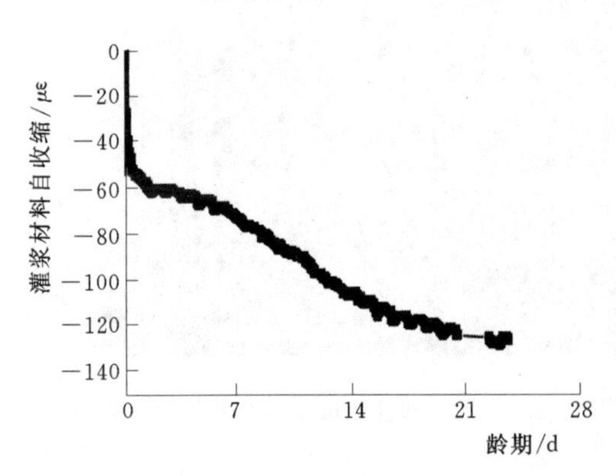


图2-14　灌浆材料自收缩试验结果（Basf提供）

灌浆材料自收缩试验结果如图2-14所示，所测试的这种灌浆材料的体积稳定性很好，7d自收缩73个微应变（1微应变=1$\mu\varepsilon$=0.0001%）、28d自收缩128$\mu\varepsilon$。可见灌浆材料自收缩量非常小。

图2-15所示为测量灌浆料干燥收缩的试件及试验装置，使用40mm×40mm×160mm的棱柱体试件，端部预埋不锈钢测头，试件成型后，标准湿气养护［(20±1)℃、相对湿度大于90%］1d后拆模，立即测初始长度，再在恒温恒湿控制箱中养护，干燥收缩$\varepsilon_{ds}$的计算式为

$$\varepsilon_{ds}=\frac{L_0-L_t}{160}\times 100\% \qquad (2-8)$$

式中 $L_0$——初始长度；

$L_t$——各龄期试件测量长度。

图 2-16 所示为灌浆料干燥收缩的试验结果，养护初始，灌浆浆体不断收缩，收缩较快，后续逐渐变缓，龄期 20d 左右，收缩趋于稳定，最终的收缩 250$\mu\varepsilon$，收缩量依然比较小。

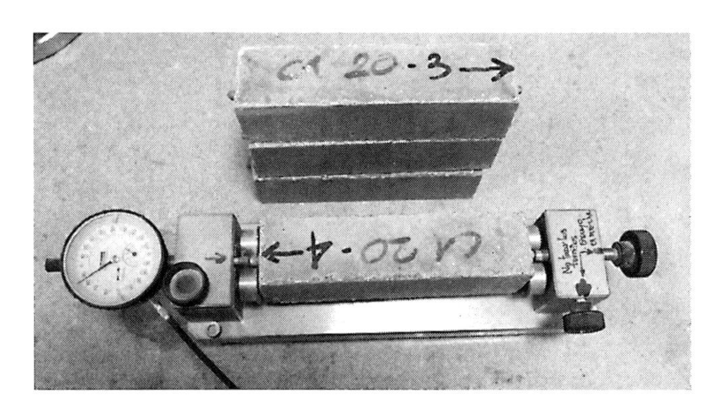


图 2-15 测量灌浆料干燥收缩的试件及试验装置

收缩是在混凝土凝结时期产生的变形，灌浆料在荷载长期持续作用下，应力不变，变形也会随着时间而增加，这种现象称为灌浆料的徐变，它指的是混凝土或浆体内部因承受长期荷载而产生的相对变形，因而收缩与徐变发生的时期不同。在加载的瞬间，试件就有一个变形，这个变形称为初始瞬时应变 $\varepsilon_0$，当荷载保持不变并持续作用时，应变会随时间增长，最终的徐变应变可能是初始弹性应变的好几倍。通常，徐变对结构强度几乎没有影响，但是它将引起灌浆连接段结构在使用荷载下的应力重分布。有些情况下的徐变变形是有利的，受拉徐变可以延缓灌浆料的收缩开裂。

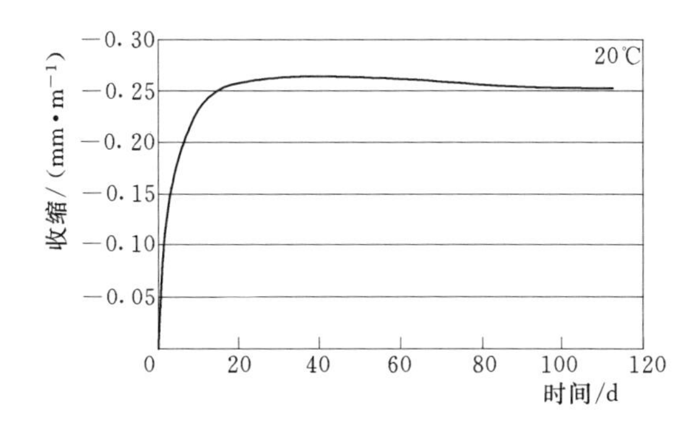


图 2-16 灌浆料的干燥收缩试验结果（Basf 提供）

图 2-17 灌浆料徐变测量装置

图 2-17 所示为灌浆料徐变测量装置，采用 $\phi$150mm×300mm 的圆柱体试件，在

20℃的环境下养护 28d 后，对试件施加荷载，荷载值约为 40%灌浆料强度对应的荷载，在整个试验期间，荷载保持恒定，试件两端有螺帽限制。

灌浆料综变与收缩测量结果如图 2-18 所示，可以发现，前一周的徐变基本呈线性增长，7d 之后，灌浆料徐变增长变缓，但总体仍然是逐渐增加的趋势，相比收缩，其微应变要大得多。对于灌浆连接段结构，由于灌浆料受钢管约束而无法自由变形，因此，一定程度上减小了灌浆料的徐变与收缩。

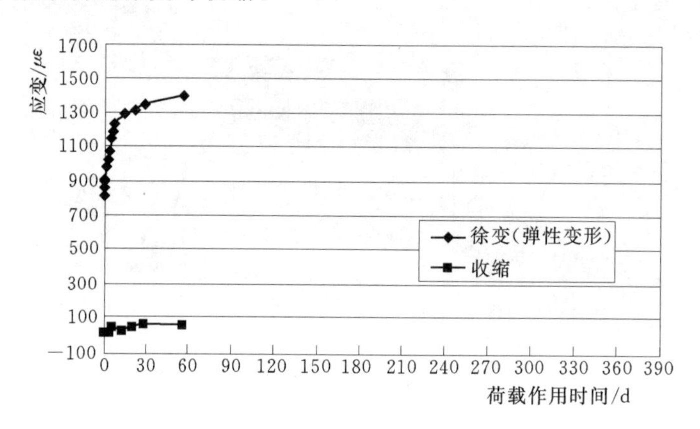


图 2-18　灌浆料徐变与收缩的测量结果（Basf 提供）

## 2.3　灌浆材料的其他性能

### 2.3.1　流动度

流动度是灌浆材料流动性的一种量度，在一定的水量下，流动度取决于灌浆材料的需水性，以灌浆材料在流动桌上扩展的平均直径表示。灌浆料流动度测量如图 2-19 所示。流动度直接关系到灌浆料在高温和低温环境下的施工性能，会直接影响可施工的时间窗口，因此，要求高强灌浆料具备优异的工作性和良好的可泵送性能，可以通过橡胶管线压力泵送施工。灌浆料一般具有抗离析的可靠性和稳定性，灌浆料初始流动度一般大于 280mm，在 5～30℃条件下具备 2～3h 的可工作时间，因此，一般要测试 3 次灌浆料的流动度测试，分别为初始、0.5h、1h 的流动度。

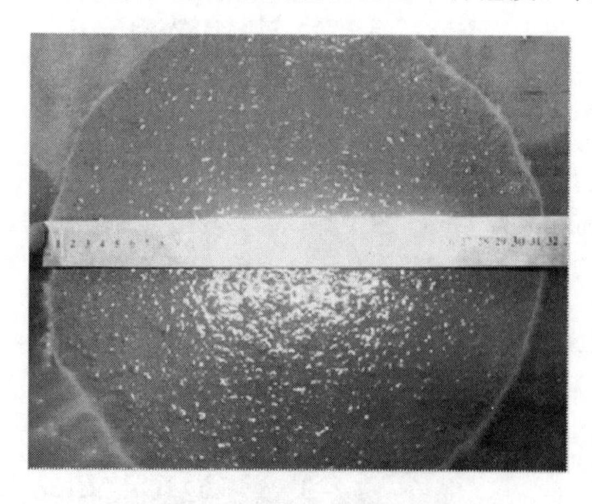

图 2-19　灌浆料流动度测量

根据试验情况，灌浆材料的用水量为固体材料的 7.0%～8.0%，试验在 20℃条件下，采用混凝土卧轴搅拌机搅拌，测得用水量 7.0%时的灌浆料性能指标见表 2-1。

**表 2-1 灌浆料性能指标试验结果**

| 试验温度/℃ | 凝结时间/(h min) | | 含气量/% | 容重/(kg·m$^{-3}$) | 流动度/mm | | |
|---|---|---|---|---|---|---|---|
| | 初凝 | 终凝 | | | 初始 | 0.5h | 1.0h |
| 20 | 3 55 | 4 35 | 1.9～2.2 | 2383～2394 | 280 | 240 | 220 |

图 2-20 所示为灌浆材料搅拌时间对流动度的影响，随着搅拌时间的延长，流动度先增大后减小。搅拌时间 6～8min 时灌浆材料的流动度最大。不过可能与试验过程中搅拌机内灌浆材料的残留量不多有关，按正常的影响估计适当延长灌浆材料的搅拌时间，灌浆材料的流动度会有所改善，流动度有所增加。

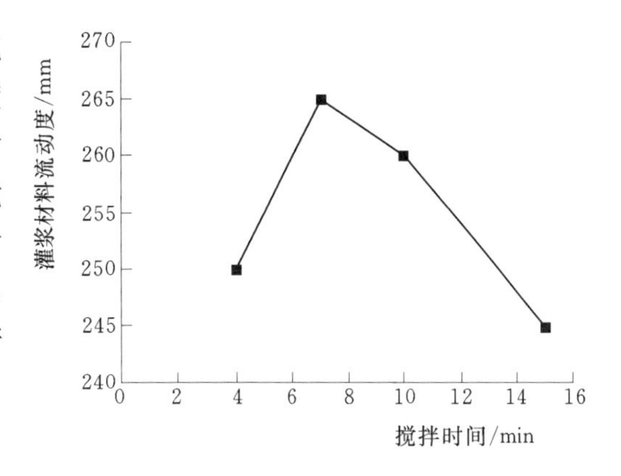


图 2-20 灌浆材料搅拌时间对流动度影响

## 2.3.2 抗裂性

抗裂性以试件侧面的开裂程度进行判定，试件侧面裂缝宽度越小，开裂出现的时间越晚，灌浆料的抗裂性能越好，它表示灌浆浆体抵抗开裂的能力。目前工程开裂成为施工过程中与正常使用过程中一个重要问题。测量抗裂性较为常用的有力学性能判定法、收缩判定法、平板法以及抗裂环法。图 2-21 所示为灌浆料开裂环法的应变片粘贴。

图 2-21 灌浆料开裂环法的应变片粘贴

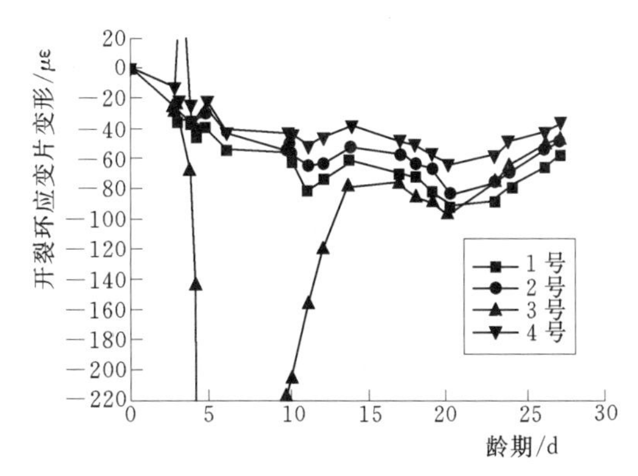


图 2-22 灌浆料开裂环微应变试验结果（Basf 提供）

根据灌浆料开裂环微应变试验结果（图 2-22 及表 2-2）可见，灌浆料环向收缩较小，抗裂性也较好。但从图 2-22 可见，在这个开裂环试件中 3 号应变片在 5～10d 存在很大的应变突变，后面又恢复正常变形规律，但在 3 号应变片附近并未发现裂缝。说明在 3 号应变片附近位置在 5～10d 龄期可能出现微裂缝，而之后裂缝又逐渐愈合。

表 2-2　开裂环微应变测试结果

| 时间/h | 1 号 | 2 号 | 3 号 | 4 号 | 平均值 |
|---|---|---|---|---|---|
| 0.00 | 0.00 | 0.00 | 0.00 | 0.00 | 0.00 |
| 2.73 | −26.00 | −24.00 | −23.00 | −12.00 | −20.67 |
| 3.04 | −35.00 | 105.00 | −25.00 | −21.00 | 16.33 |
| 3.74 | −38.00 | −36.00 | −69.00 | −24.00 | −32.67 |
| 4.04 | −45.00 | −40.00 | −144.00 | −34.00 | −39.67 |
| 4.73 | −38.00 | −29.00 | −443.00 | −21.00 | −29.33 |
| 5.94 | −54.00 | −43.00 | −513.00 | −40.00 | −45.67 |
| 9.73 | −55.00 | −53.00 | −219.00 | −41.00 | 0.33 |
| 10.04 | −62.00 | −57.00 | −206.00 | −43.00 | −4.00 |
| 11.04 | −80.00 | −64.00 | −157.00 | −51.00 | −15.00 |
| 12.04 | −72.00 | −63.00 | −120.00 | −45.00 | −10.00 |
| 13.75 | −59.00 | −52.00 | −78.00 | −37.00 | 0.67 |
| 16.92 | −69.00 | −56.00 | −74.00 | −47.00 | −7.33 |
| 17.92 | −71.00 | −62.00 | −83.00 | −50.00 | −11.00 |
| 18.96 | −80.00 | −65.00 | −86.00 | −56.00 | −17.00 |
| 20.00 | −91.00 | −83.00 | −96.00 | −63.00 | −29.00 |
| 23.00 | −87.00 | −75.00 | −75.00 | −56.00 | −22.67 |
| 23.73 | −76.00 | −69.00 | −64.00 | −46.00 | −13.67 |
| 26.04 | −62.00 | −51.00 | −47.00 | −41.00 | −1.33 |
| 27.04 | −55.00 | −47.00 | −45.00 | −33.00 | 5.00 |

**注：** 平均应变的测试结果为 1 号、2 号和 4 号应变片的测试结果平均，剔除 3 号应变片。

## 2.3.3　耐久性

灌浆料的耐久性是指在实际使用条件下抵抗各种破坏因素作用，长期保持强度和外观完整性的能力。耐久性越好，材料的使用寿命越长。一般而言，混凝土材料的耐久性指标一般包括抗渗性、抗冻性、抗侵蚀性、碱集料反应等。

对于抗渗性与抗冻性，灌浆料 28d 强度不小于 60MPa，根据 GB/T 50448—2008《水泥基灌浆材料应用技术规范》，属高强致密的混凝土，抗渗性与抗冻性均较好。

碱集料反应（AAR）是骨料含有碱活性的硅质矿物（常温活性二氧化硅），在混凝土硬化后，缓慢地与水泥石孔隙溶液中的钠、钾离子反应，产生碱-硅凝胶，凝胶吸水会产生膨胀，膨胀压力达到一定程度会使混凝土开裂。AAR 破坏一般是在混凝土浇筑两三年后，乃至十几年后发生。碱-集料反应中的碱是指钠和钾，以当量氧化钠计算（当量氧化钠＝当量氧化钠＋0.658×当量氧化钾）。碱-集料反应发生和产生破坏作用有以下必要条件：

（1）混凝土使用的骨料含有碱活性矿物，即属于碱活性骨料。

（2）混凝土含有过量的当量氧化钠，一般超过 3.0kg/m³。

（3）环境潮湿，能提供碱-硅凝胶膨胀的水源。

AAR 主要是用于检验混凝土或浆体骨料是否合格的控制指标，即用于选择骨料。由于灌浆料的骨料体积并不大，所以其含碱量对灌浆连接段结构的影响非常有限。

因此，高强灌浆料的耐久性都比较优异，但对于实际工程，可根据工程特点开展相关的检测试验。

# 参 考 文 献


[1] GB 50010—2010 混凝土结构设计规范 [S]. 北京：中国建筑工业出版社，2010.

[2] JTJ 270—1998 水运工程混凝土试验规程 [S]. 北京：人民交通出版社，1998.

[3] DNV-OS-J101（2011） Design of Offshore Wind Turbine Structures [S]. Norway: Det Norsk Veritas, 2011.

[4] DNV-OS-J101（2014） Design of Offshore Wind Turbine Structures [S]. Norway: Det Norsk Veritas, 2014.

[5] DNV-OS-C502（2012） Offshore Concrete Structures [S]. Norway: Det Norsk Veritas, 2012.

[6] Löhning T, Voßbeck M, Kelm M. Analysis of Grouted Connections for Offshore Wind Turbines [J]. Proceedings of the ICE-Energy, 2013, 166 (4): 153-161.

[7] Sørensen E. Fatigue Life of High Performance Grout in Dry and Wet Environment for Wind Turbine Grouted Connections [J]. Nordic Concrete Research, 2011: 1-10.

[8] Lamport W B, Jirsa J O, Yura J A. Grouted Pile-to-sleeve Connection Tests [C] //19th Offshore Technology Conference, Houston, Texas. 1987: 27-30.

[9] Burrows R W, Kepler W F, Hurcomb D, et al. Three Simple Tests for Selecting Low-crack Cement [J]. Cement and Concrete Composites, 2004, 26 (5): 509-519.

[10] Jensen O M, Hansen P F. A Dilatometer for Measuring Autogenous Deformation in Hardening Portland Cement Paste [J]. Materials & Structures, 1995, 28 (7): 406-409.

# 第3章　灌浆连接段类型

灌浆连接段根据不同的分类标准可分为不同的类型，当以有无剪力键作为区分标准时，可分为带剪力键灌浆连接段与无剪力键灌浆连接段。当以灌浆连接段的形状为区别标准时，可分为圆柱形灌浆连接段、圆锥形灌浆连接段和其他类型的灌浆连接段。

最初的海上风机基础结构中，灌浆连接段多为无剪力键圆柱形，随着海上风电技术的发展和研究进展，以及对现有风机基础的运维监测情况分析，大直径单桩基础的灌浆连接段形式由无剪力键圆柱形慢慢转变为圆锥形的连接形式或者带剪力键圆柱形的连接形式。

## 3.1　单桩基础灌浆连接段

作为应用最广泛的基础型式之一，研究者对单桩基础的研究与创新做了很多工作，在传统圆柱形单桩灌浆连接段的基础上开发出了圆锥形灌浆段。因此，对于单桩基础灌浆连接段，主要有两种形式，即圆柱形与圆锥形，如图 3-1 所示。圆柱形灌浆连接段有一些辅助的支撑系统，如支撑板、螺栓连接等，而圆锥形灌浆连接段一般不设置剪力键，如图 3-2 所示。

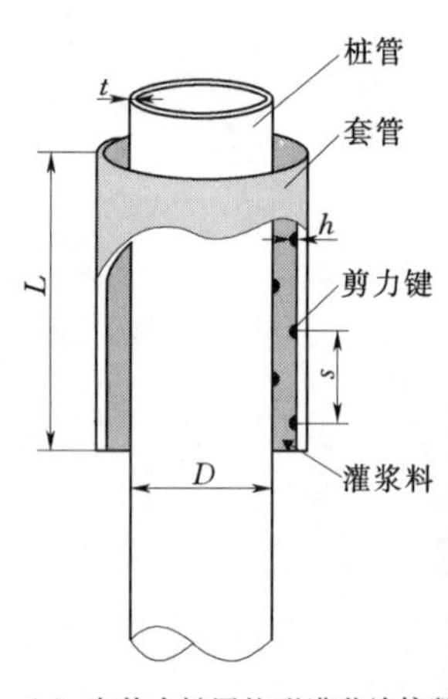


(a) 有剪力键圆柱形灌浆连接段

(b) 圆锥形灌浆连接段

图 3-1　圆柱形和圆锥形灌浆连接段示意图

$L$—灌浆段长度；$D$—钢管桩直径；$t$—钢管桩壁厚；$h$—剪力键高度；$s$—剪力键间距

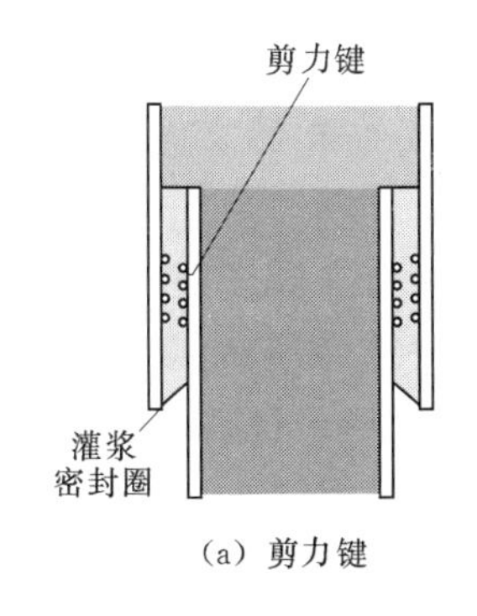


(a) 剪力键

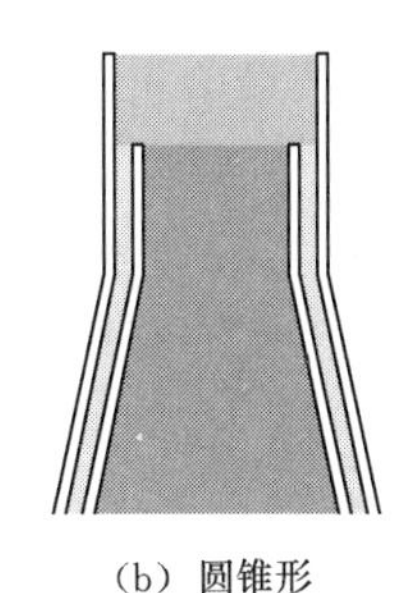

(b) 圆锥形

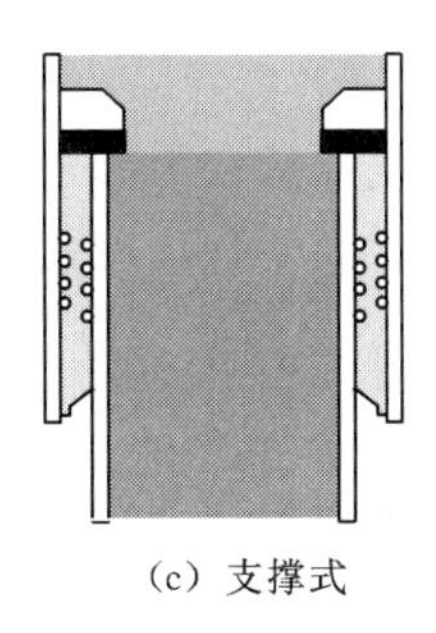

(c) 支撑式

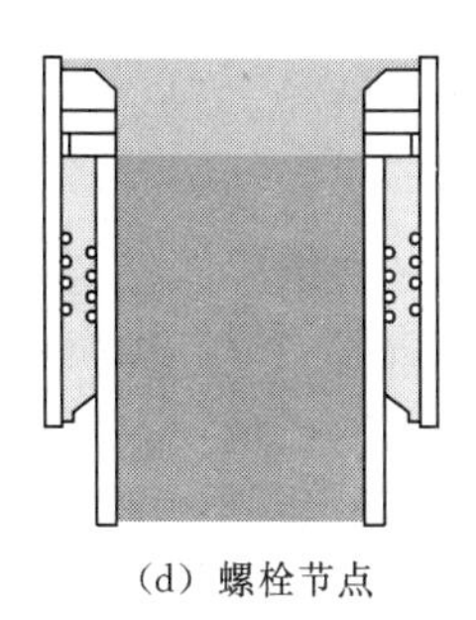

(d) 螺栓节点

图 3-2 不同单桩基础灌浆连接段类型

## 3.1.1 圆柱形灌浆连接段

圆柱形单桩灌浆连接段是目前工艺最成熟的连接形式之一，是对海洋石油平台导管架灌浆连接段的一种沿用，对于导管架灌浆段的研究最早可以追溯到20世纪70年代，对该连接类型的研究有着比较丰富的经验；但是由于受力形式的改变，使得单桩基础灌浆连接段受力性能的研究仍有许多值得拓展的空间。

圆形的单桩基础可分为有剪力键型和无剪力键型，典型的有剪力键圆柱形单桩基础灌浆连接段如图 3-1 (a) 所示。剪力键能明显增加灌浆连接段的轴向承载能力，但由于剪力键附近明显的应力集中现象，对灌浆连接段的疲劳性能有不利影响。在 2009 年之前的一系列设计规范都未明确规定是否需要使用剪力键，可由设计人员自行决定；但此举为 2009 年以来大量出现的已建成海上风机基础无剪力键的灌浆连接段滑移沉降的病害埋下了隐患。因此，2014 年发布的挪威船级社（DNV）规范 DNV-OS-J101（2014）《海上风机支撑结构设计》已经明确传递轴力的灌浆连接段必需设计成带有剪力键灌浆连接段或者圆锥形灌浆连接段的。而且该规范还明确了不可在做成圆锥形的同时使用剪力键，明确了剪力键的分布只限于灌浆连接段中间 1/2 有效长度的区域内，如图 3-3 所示。

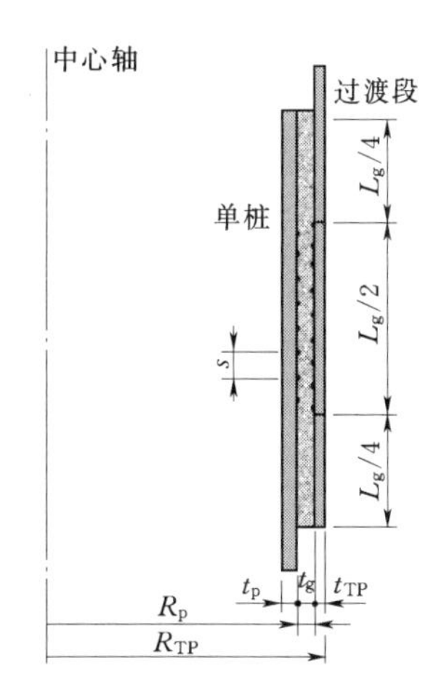


图 3-3 单桩基础灌浆连接段剪力键布置

$R_p$—钢管桩半径；$t_p$—钢管桩壁厚；
$R_{TP}$—过渡段半径；$t_{TP}$—过渡段壁厚；
$L_g$—灌浆长度；$t_g$—灌浆厚度；
$s$—剪力键间距

在 2009 年以前，业界普遍认为轴向的承载力可以由钢管与浆体间界面的摩擦作用承担，但是由于单桩基础灌浆连接段受到反复弯矩荷载作用，荷载循环次数高达 $10^9$ 次，反复弯矩作用下可能出现钢管与浆体界面失效的情况。随着风电机组容量的增加，钢管桩直径越来越大，带来径厚比值的增加，使得钢管向薄壁结构方向靠拢，由此使得设计人员对轴向承载力的估计过大，从而导致了上述滑移事故的发生，正如 DNV 在 2009 年 11 月的规范变更说明中所述：DNV 已经明确现有的规范不能完全反映实际灌浆连接段的物理状态，会高估其轴向承载力；DNV 已经完成了一系列试验研究，研究成果已包含在最新版本的规范中。

DNV-OS-J101（2014）已经结合最新试验结果给出了剪力键分布在灌浆连接段中部的单桩基础灌浆连接段抗弯承载力的近似理论模型。

在扭矩荷载的作用下，灌浆连接段通过灌浆体与钢材表面的摩擦力来形成抵抗力矩，分析时一般假定摩阻力沿着表面均匀分布，力臂长度为钢构件的半径。一般而言，单桩基础的扭矩较大，故在DNV-OS-J101（2014）中，在圆柱形带剪力键单桩基础灌浆连接段增加了竖向剪力键以承担扭矩的作用，单桩基础灌浆连接段竖向剪力键布置如图3-4所示，根据扭矩的大小，可在过渡段与钢管桩上设置1根、2根或者4根竖向剪力键。

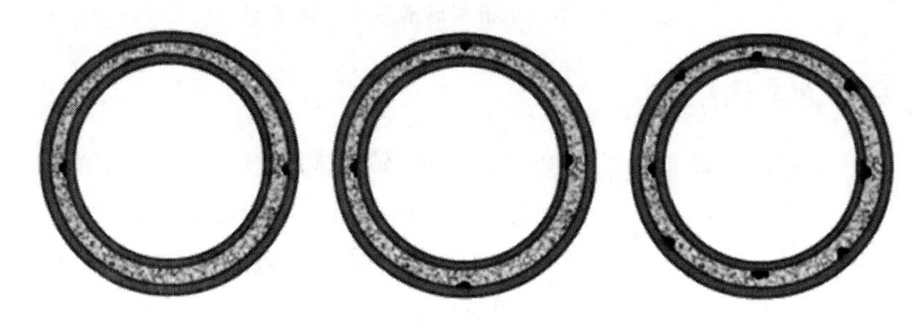

图3-4　单桩基础灌浆连接段竖向剪力键布置

目前已有的共识是在灌浆连接段布置适当的剪力键。常见的剪力键形式为焊接矩形截面的钢条、圆形钢筋或者连续的焊道，如图3-5所示。

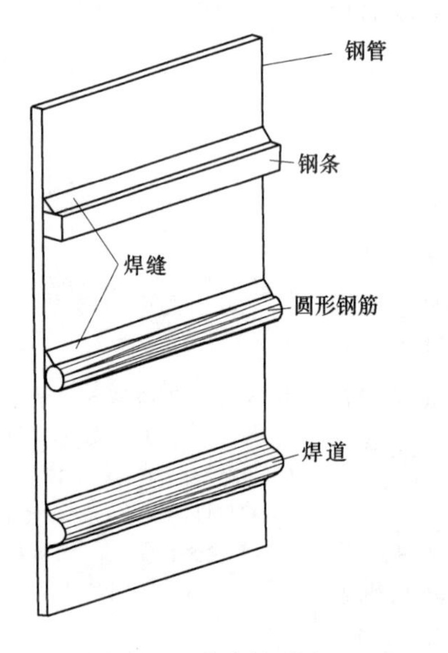


图3-5　剪力键形式

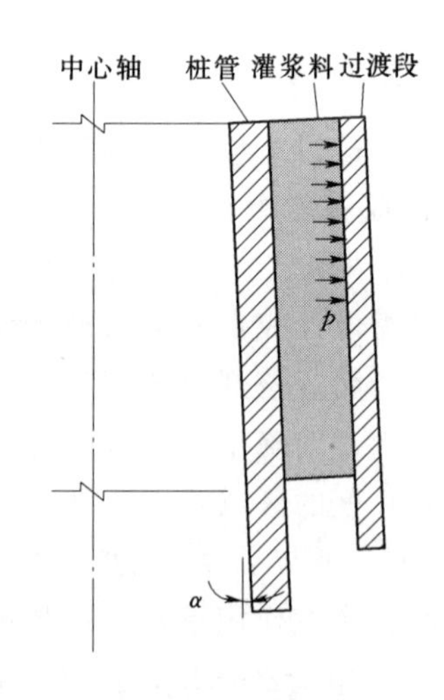


图3-6　典型圆锥形灌浆连接段示意图
$p$—接触压力；$\alpha$—倾斜角

## 3.1.2　圆锥形灌浆连接段

2009年以来出现的圆柱形无剪力键灌浆连接段的滑移事故促使DNV于2009年秋季至

2011年1月开展了节点性能的专项研究，提出了圆锥形灌浆连接段的设计方案，如图3-6所示。

圆锥灌浆连接段在海洋工程最早应用是在荷兰的一项工程中，荷兰某风电机组制造商首次在岸上风电工程中使用了锥形的滑移连接段。但是此工程中的运用是将两个直径不同的钢管做成一定角度后套在一起，形成锥形的滑移连接。应当注意的是虽然称为锥形连接，但是钢管在竖直方向的倾斜角一般都小于4°，分析算例中的倾斜角仅为0.5°，也可认为这种锥形连接亦是圆台形连接。所谓滑移是在圆锥形的连接段安装后由于自身重力作用，两钢管之间会发生相对的竖向滑移。这种滑移可以增加两钢管之间的接触压力，从而增加摩擦力，加强轴向承载力，并阻止进一步滑移的发生。据当时的报告记载，直径为2.2m的两钢管，在连接段长度为3m时，安装后的8年内相对滑移不超过5cm。这种理念亦在文献[7]对损伤焊接悬臂广告牌的修补中得到了应用，利用此锥形连接段代替原有焊接节点，可以提高节点疲劳寿命超过10倍以上，在200万次循环下并未出现疲劳破坏，疲劳性能超过焊接修补。

综上所述，锥形连接段有其独有的优势，故而DNV将上述纯钢管锥形连接段和灌浆连接段组合在一起后得到如图3-6所示的圆锥形灌浆连接段。在2014年（文献[8]），有研究者指出这种结构由于存在一定的滑移，是一种可控制破坏的工程结构，在长期作用下的稳定性仍然是不确定的；另一位研究者（文献[9]）也指出这种灌浆连接段只能在承受单向轴力荷载作用的结构中使用，无法像圆柱形灌浆连接段那样广泛应用。

DNV-OS-J101（2014）规定在需要承担轴向力的灌浆连接段必须做成带有剪力键的圆柱形或无剪力键的圆锥形，但是不可同时做成圆锥形又带有剪力键，这是由于圆锥形灌浆连接段允许一定的结构沉降及末端浆体的压碎，以增大钢管与浆体接触面的摩擦力；而剪力键处易产生应力集中，会加速浆体的碎裂现象，这对灌浆连接段的长期稳定性不利，故而两者不可同时运用，并且规定圆锥形灌浆连接段钢管的竖向倾斜角度不可超过4°。

由于上述对于倾斜角的规定，使得无剪力键圆锥形和无剪力键圆柱形灌浆连接段在弯矩作用下的受力模式几乎相同，规范将这两者在弯矩作用下的验算放在一起说明。然而两者在轴力与扭矩作用下的受力模式则不尽相同：如前所述，DNV-OS-J101（2014）考虑到长期作用下钢管与浆体界面的磨损，不考虑无剪力键圆柱形灌浆连接段具有轴向承载力；而对扭矩的承载力，无剪力键圆柱形的计算方法如3.1.1“圆柱形灌浆连接段”所述；无剪力键圆锥形灌浆连接段需要考虑上部结构的竖向位移和钢管浆体接触面相对位移间的关系，得到相应的接触压力计算结果，具体计算过程可参见DNV-OS-J101（2014），而具体公式的推导过程可参见2010年DNV关于无剪力键灌浆连接段性能专项研究的研究报告（文献[5]）。

## 3.2　导管架基础灌浆连接段

导管架基础在欧洲海上风电场得到了广泛应用，该基础十分适用于海水深度在10～

50m的海域。导管架基础有两种不同的结构型式，即先桩法导管架基础和后桩法导管架基础。先桩法导管架基础灌浆连接段与后桩法导管架基础灌浆连接段的区别仅仅在于桩管为外管还是内管。

### 3.2.1　先桩法导管架基础灌浆连接段

对于先桩法灌浆连接段，钢管桩先被打入海床，再将腿柱插入钢管桩中用灌浆进行连接。

先桩法导管架基础的灌浆连接段是钢管桩在外，导管架腿柱在内，一般在导管架腿柱上设置灌浆管线及灌浆孔，往内外管形成的环向空间中灌注灌浆料，如图3-7所示。在灌浆前，需对基础进行调平，调平方式有多种，既可采用液压顶升也可设置垫板进行调平。由于先桩法导管架的灌浆连接段本身具有支撑板，根据调平的角度计算垫板的厚度，导管架安装前，直接将选择的垫板焊接在支撑板下部，整个过程无需顶升系统，只要保证灌浆施工及凝期要求的海况在适当范围内即可。图3-8所示为国外某工程先桩法导管架基础灌浆连接段实图。

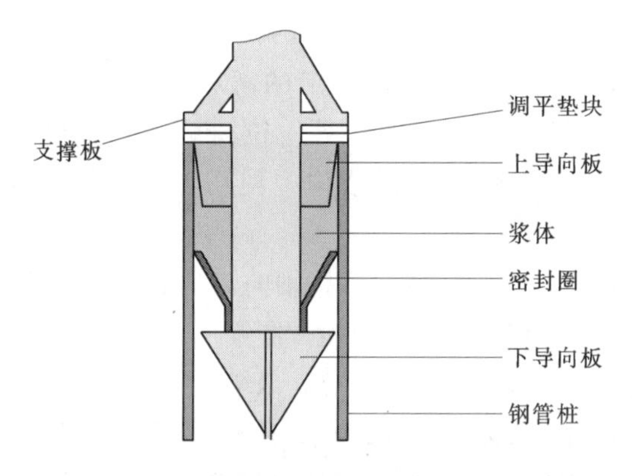


图3-7　先桩法导管架基础灌浆连接段示意图

图3-8　某工程先桩法导管架基础灌浆连接段实图

图 3-9 所示为钢管桩-导管架腿柱灌浆连接段剖面，对于设计导管架圆柱形灌浆连接段，重要的是要避免往复循环荷载引起的开裂，荷载只在一个方向，或轴向荷载主要沿着某一方向时，裂缝仍可以传递荷载。如果轴力作用在一个方向上，假设剪力键上发生部分荷载的重新分布，作用在剪力键上的荷载为均布荷载，那么，可以推导出荷载效应；如果轴力不仅仅作用在一个方向上，如荷载反向加载可引起相反方向上较小的轴力，此时，要确保在相反方向上不发生由较小轴力引起的开裂。

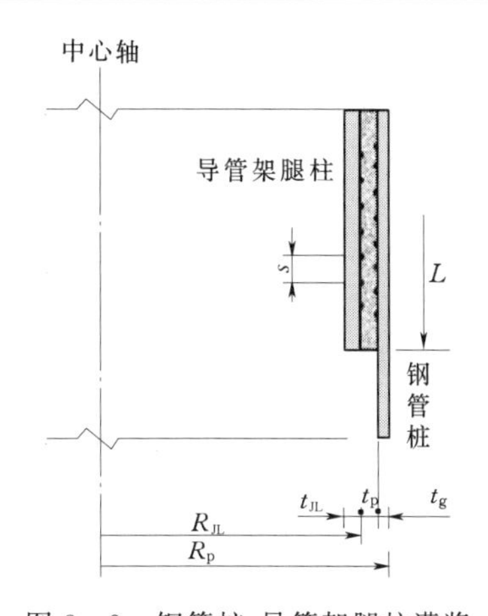


图 3-9 钢管桩-导管架腿柱灌浆连接段剖面

$R_p$—钢管桩半径；$t_p$—钢管桩壁厚；$R_{JL}$—导管架腿柱半径；$t_{JL}$—导管架腿柱壁厚；$L$—灌浆长度；$t_g$—灌浆厚度；$s$—剪力键间距

在先桩法导管架基础灌浆连接段中，从灌浆连接段最底部往上至一半弹性长度范围内，受弯矩影响不大，而从灌浆连接段最顶部向下至一半弹性长度范围内，受弯矩影响很大，为了避免由于剪力键在这部分区域引起初始裂纹，尽量不要在此范围内布置剪力键。

导管架腿柱的弹性长度为

$$l_e=\sqrt[4]{\frac{4EI_{JL}}{k_{rD}}} \tag{3-1}$$

其中

$$k_{rD}=\frac{4ER_{JL}}{\frac{R_{JL}^2}{t_{JL}}+\frac{R_p^2}{t_p}+t_g m} \tag{3-2}$$

式中 $I_{JL}$——导管架腿柱的惯性矩；

$k_{rD}$——支撑弹性刚度，定义为径向弹簧刚度乘以导管架腿柱的直径；

$m$——钢材与灌浆材料的弹性模量比值，当浆体的弹性模量无法得知时，$m$ 默认为 18；

其余各参数详见图 3-9。

### 3.2.2 后桩法导管架基础灌浆连接段

先桩法导管架基础和后桩法导管架基础仅在打桩的先后和腿柱与桩管的连接上有不同，后桩法导管架基础灌浆连接段与海洋石油平台的类似，与先桩法导管架灌浆连接段完全相反，套管在外，钢管桩在内，安装时先通过套管定位，再将钢管桩打入其中，如图 3-10 所示。在 DNV-OS-J101（2014）中，先桩法与后桩法这两种导管架基础灌浆连接段的设计公式在本质上一致。

图 3-11 所示为后桩法导管架基础灌浆连接段内部详细情况，其中包含了剪力键、上导向板、下导向板以及灌浆密封圈等，其原理与先桩法导管架基础灌浆连接段的类似。

在后桩法导管架基础灌浆连接段中，从灌浆连接段顶部以下至一半弹性长度范围内，受弯矩影响不大，而从灌浆连接段底部以上至一半弹性长度范围内，受弯矩影响很大，为了避免由于剪力键在这部分区域引起初始裂纹，最好不要在此范围内布置剪力键。钢管桩的弹性长度的计算式同式（3－1）。

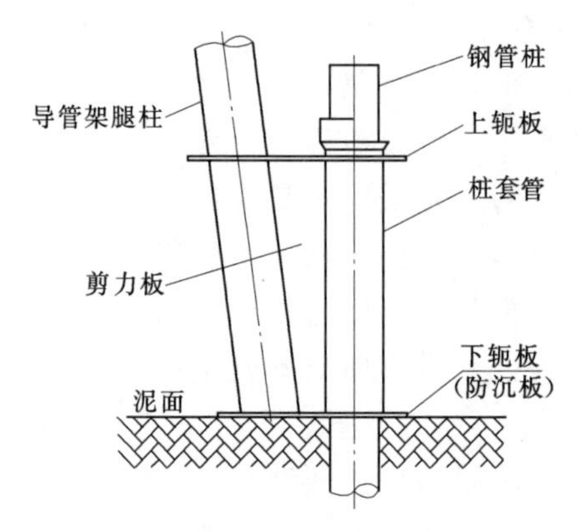


图3－10　后桩法导管架基础灌浆连接段示意图

后桩法导管架的套管上一般设置有灌浆管线及灌浆孔，通过往内外管形成的环向空间中灌注灌浆料来连接钢管桩。在灌浆前，需对基础进行顶升并调平，在灌浆过程中，要保持基础相对稳定，待浆体强度发展到一定程度后，再拆卸顶升。钢管桩-套管灌浆连接段剖面如图3－12所示。

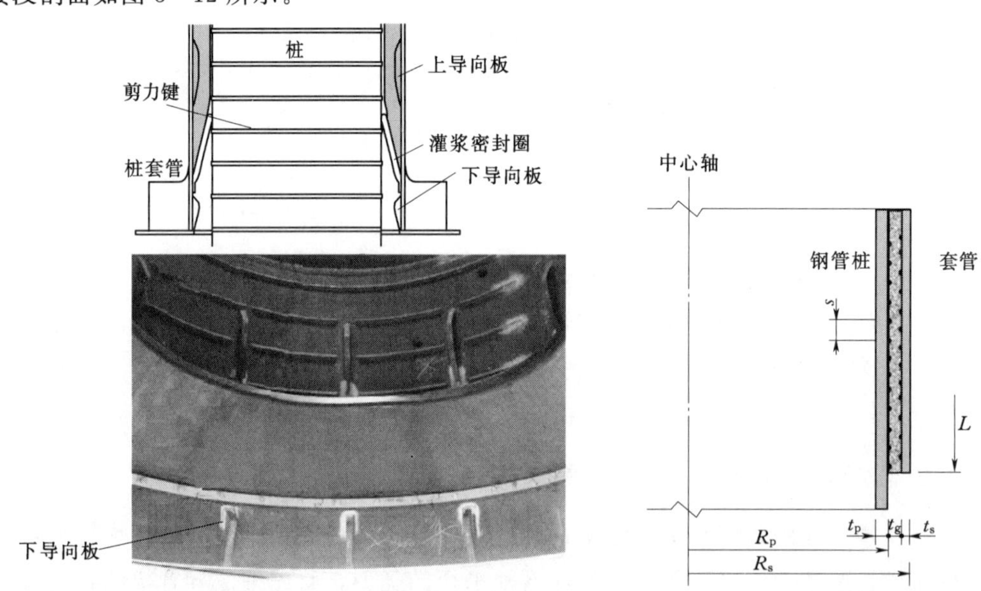


图3－11　后桩法导管架基础灌浆连接段内部　　　图3－12　钢管桩-套管灌浆连接段剖面图

常见的水下三桩基础灌浆连接段与后桩法导管架基础灌浆连接段的非常相似，而水上三桩基础灌浆连接段与先桩法导管架基础灌浆连接段的受力与构造类似，这两类基础型式的灌浆连接段可归类于导管架基础灌浆连接段中。值得一提的是，由于与先桩法导管架相比，后桩法导管架基础无论是建造还是施工，在灌浆连接段这部分增加不少工程量，这也是先桩法导管架基础在海上风电场中得到广泛运用的原因之一。

## 3.3 其他连接段类型

除了传统的以高强灌浆材料连接的灌浆连接段外，最近有研究者提出新型的“三明治”型连接段，即在套管与桩之间增加一种内部填充复合材料或灌浆材料的连接段，如图 3-13 所示。有机构已开展了相关试验研究工作，其静力试验如图 3-14 所示。

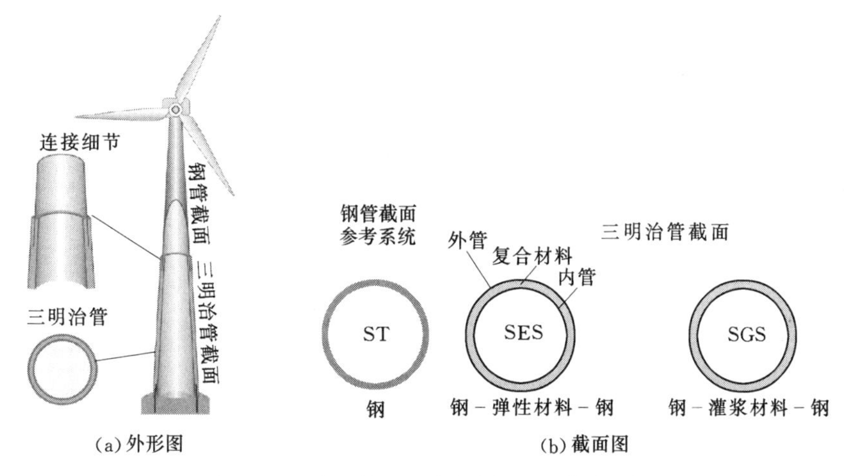


图 3-13 “三明治”型连接段（文献 [10]）

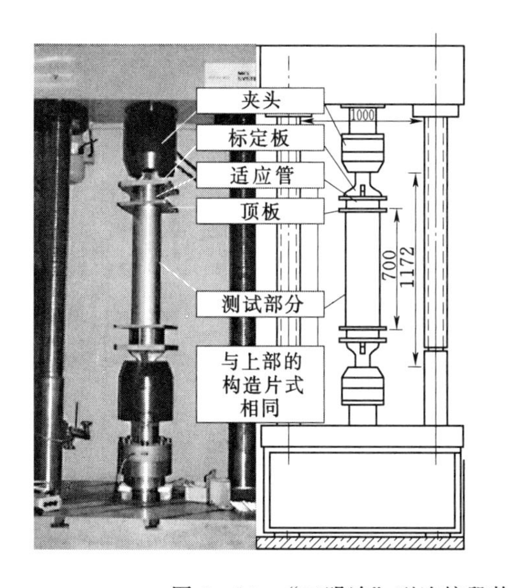


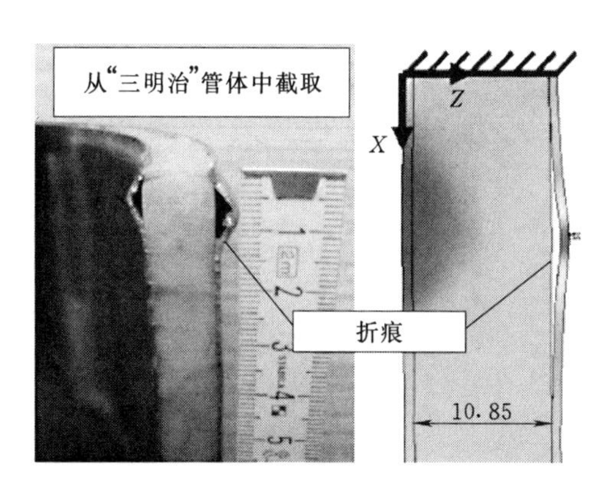


图 3-14 “三明治”型连接段静力试验（文献 [10]）（单位：mm）

## 参 考 文 献

[1] Klose M, Mittelstaedt M, Mulve A. Grouted Connections - Offshore Standards Driven By the Wind Industry [C] //The Twenty - second International Offshore and Polar Engineering Conference. In-

ternational Society of Offshore and Polar Engineers, 2012.

[2] DNV-OS-J101 (2014) Offshore Standard. Design of Offshore Wind Turbine Structures [S]. 2014.

[3] Qi W G, Tian J K, Zheng H Y, et al. Bearing Capacity of the High-Rise Pile Cap Foundation for Offshore Wind Turbines [C] //International Conference on Sustainable Development of Critical Infrastructure. 2014.

[4] DNV-OS-J101 (2009) Design of Offshore Wind Turbine Structures [S]. Norway: Det Norsk Veritas, 2009.

[5] Lotsberg I. Summary Report from the JIP on the Capacity of Grouted Connections in Offshore Wind Turbine Structures [R]. Det Norske Veritas. Technical Report Joint Industry Project, Report, 2010 (2010-1053).

[6] Van der Tempel J and Lutje Schipholt B 2003 DOWEC report-F1W2-JvdT-03-093/01-P: The Slip-Joint Connection, Alternative connection between pile and tower (Dutch Offshore Wind Energy Converter project 2003) Delft University of Technology.

[7] Sim H B, Uang C M. Repair of damaged welded connections in cantilevered steel sign structures [J]. Engineering Structures, 2014, 67: 19-28.

[8] Golightly C R. The Future for Monopile & Jacket Pile Connections-Developer & History of Monopile Connections [C]. 2014.

[9] Wilke F. Load Bearing Behaviour of Grouted Joints Subjected to Predominant Bending [M]. Shaker, 2013.

[10] Keindorf C, Schaumann P. Sandwichtürme für Windenergieanlagen mit höherfesten Stahl-und Verbundwerkstoffen [J]. Stahlbau, 2010, 79 (9): 648-659.

# 第4章 灌浆连接段轴压静力承载力

作用在灌浆连接段上的荷载基本类型包括四类，即轴向荷载（竖向荷载）、弯矩荷载、扭矩荷载和剪力荷载。在实际工程中，不同的海上风电支撑结构上的灌浆连接段的实际受力为上述四种荷载的组合。因此，应根据不同的海上风电支撑结构的型式来考虑灌浆连接段上的设计荷载。

DNV-OS-J101（2014）《海上风机支撑结构设计》建议，在单桩支撑结构中，当灌浆连接段未设置剪力键时，由于在反复弯矩作用下可能出现界面失效，故不考虑其轴向承载力，因此需考虑剪力和弯矩的共同作用，扭矩单独考虑；而当灌浆连接段设置剪力键时，需考虑弯矩和轴力的共同作用，扭矩单独考虑。该规范同时建议，在导管架支撑结构中，灌浆连接段设计应具有剪力键，并考虑可将剪力和弯矩、轴力以及扭矩单独考虑，但此举可能过高估计灌浆连接段的承载力，带来不安全因素。

## 4.1 灌浆连接段轴压承载力机理

### 4.1.1 概述

典型的无剪力键灌浆连接段受轴压的荷载-位移曲线如图4-1所示。横坐标为内管与外管的轴向相对位移，纵坐标为所加的荷载。从图中SSN 1号试件的加载曲线可以看出，在到达屈服荷载前，连接段的荷载-位移基本保持线性关系。在峰值荷载出现后，试件内外钢管出现了一个较大的滑移，并且在曲线的下降段观察到黏滑现象。

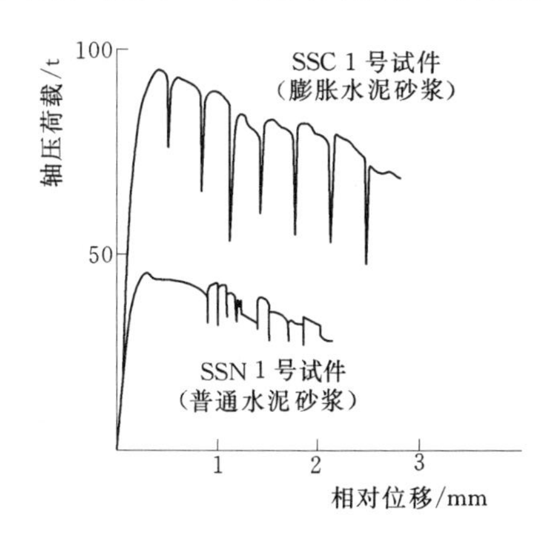


图4-1 无剪力键灌浆连接段受轴压的荷载-位移曲线

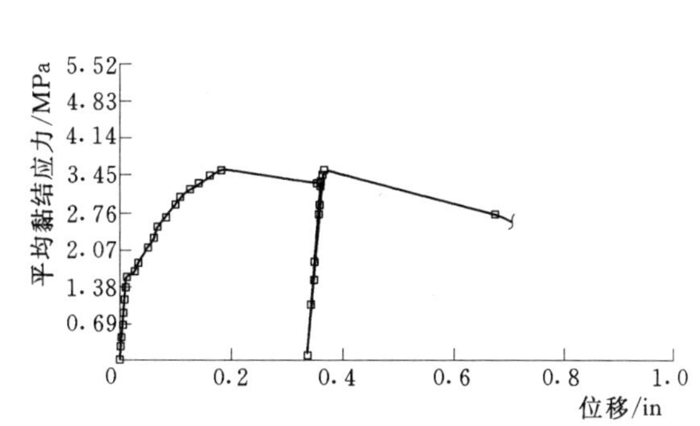


图4-2 带剪力键灌浆连接段受轴压的荷载-位移曲线

（注：1in=2.54cm）

典型的带剪力键灌浆连接段受轴压的荷载-位移曲线如图4-2所示（荷载位移曲线来

源于 Lamport 1987 年的试验数据)。横坐标为加载点的位移，纵坐标为平均黏结应力。从图 4-2 中可以发现，带剪力键灌浆连接段的破坏模式为延性的破坏模式。在加载达到峰值荷载后，试件突然出现较大的滑移，承载力迅速降低。但对试件进行卸载后重新加载发现，试件的刚度和峰值承载力并未降低。但加载到峰值荷载处，试件突然出现更大的滑移，承载力下降得更加显著。

试验结束后，为观察灌浆连接段试件灌浆材料的破坏情况，将试件的钢管部分剖开，将灌浆材料暴露出来进行观察。灌浆材料的破坏形态如图 4-3 所示。剪力键位置处的灌浆材料被压碎，并且灌浆材料被贯通的裂缝分割成多个受压短柱。试验现象表明，剪力键并非是缓和其对灌浆材料的应力，相反，由于剪力键尖端的应力集中作用，灌浆材料反而更容易被压坏。剪力键的真正作用使得轴力在整个连接段其他剪力键之间重新分布。Aritenang 等学者也观察到类似的破坏形态。

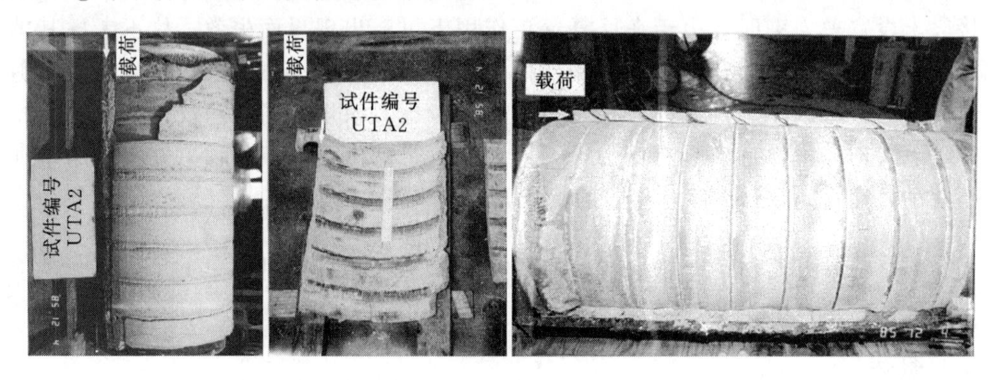


图 4-3　带剪力键的灌浆连接段灌浆材料的破坏形态

## 4.1.2　无剪力键灌浆连接段受静力轴压机理

在轴向力作用下，无剪力键灌浆连接段的破坏模式通常表现为钢管与灌浆材料的相对滑移，并且该破坏通常出现在内钢管与灌浆材料的接触面上。

无剪力键灌浆连接段的受力变形大致可分为两个阶段，轴力作用下连接段的不同受力阶段如图 4-4 所示，图中 $\delta$ 为制造误差。由于在制造和运输过程中，钢管表面不可能保持绝对的平整，容易出现凸起和凹陷，这样的凸起和凹陷被称为制造误差。第一阶段，灌浆材料与钢材表面相连接，不存在相互间的滑移，此阶段为设计的预期阶段。在第一阶段，荷载主要由钢管与灌浆材料界面上的黏结力承担。第二阶段，随着轴向力的逐步增大，灌浆体与钢管表面的黏结强度低于轴向力产生的剪应力，此时两者之间产生相对滑移。在第二阶段，荷载主要由两个部分承担：①灌浆材料与钢管表面的摩擦力；②由于制造误差引起的钢管与灌浆材料的挤压力。

从尺寸方面上来看，无剪力键灌浆连接段的承载力由三个部分提供，如图 4-5 所示。宏观上，表现为钢管的制造误差和运输过程中碰撞产生的表面不规则引起的接触压力；细观上，表现为钢管与灌浆材料接触面的粗糙引起的摩擦力；微观上，表现为钢管与灌浆材料的化学黏结力。其中，表面不规则引起的接触压力对灌浆连接段的承载力贡献最

大，接触面的粗糙引起的摩擦力贡献次之，而化学黏结力在加载的初期就可能失效，并且可能由于灌浆材料的收缩被破坏。因此，建议在设计时不考虑化学黏结力的贡献。

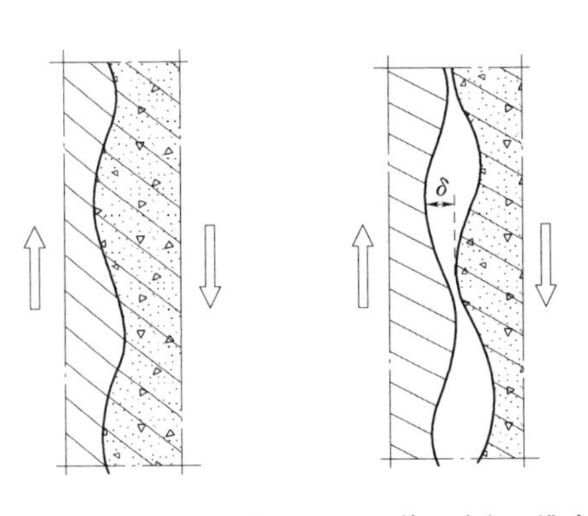


(a) 第一阶段（紧密接触） (b) 第二阶段（错动）

图 4-4 轴力作用下连接段的不同受力阶段

δ—制造误差

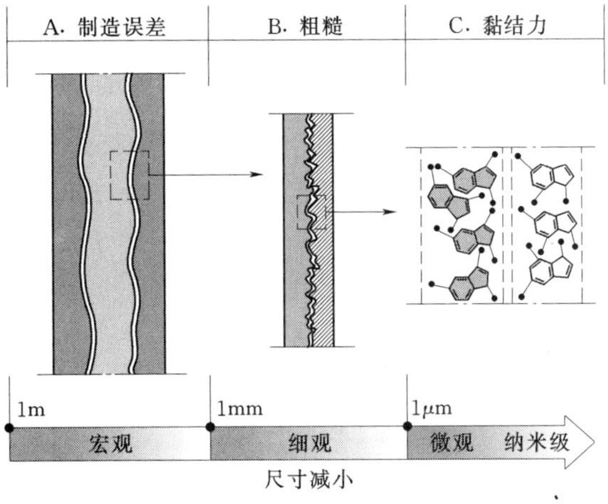

A. 制造误差 B. 粗糙 C. 黏结力

1m 1mm 1μm

宏观 细观 微观 纳米级

尺寸减小

图 4-5 无剪力键灌浆连接段的承载力组成

## 4.1.3 带剪力键灌浆连接段受静力轴压机理

Fabian Wilke 对带剪力键灌浆连接段和无剪力键灌浆连接段进行轴压试验。试件加载的荷载-位移曲线如图 4-6 所示。结合荷载-位移曲线和浆体破坏模式，Fabian Wilke 认为，带剪力键灌浆连接段的受力破坏过程分为三个阶段。在滑移出现前，灌浆连接段的荷载位移曲线保持线性。在滑移出现后，灌浆连接段的荷载传递机理才开始发展。

（1）第一阶段，内管和外管的端部的浆体受剪出现裂缝。根据 Lamport 的研究，裂缝的角度与灌浆材料的强度有关，而与剪力键的间距无关。在剪力键位置处，灌浆材料受到剪力键的挤压，灌浆材料处于三向复杂应力状态下，其应力值已经超过了灌浆材料的多轴强度，该阶段如图 4-7（a）所示。

（2）第二阶段，荷载不断增大，在剪力键位置处的浆体材料楔形体被压碎破坏。被

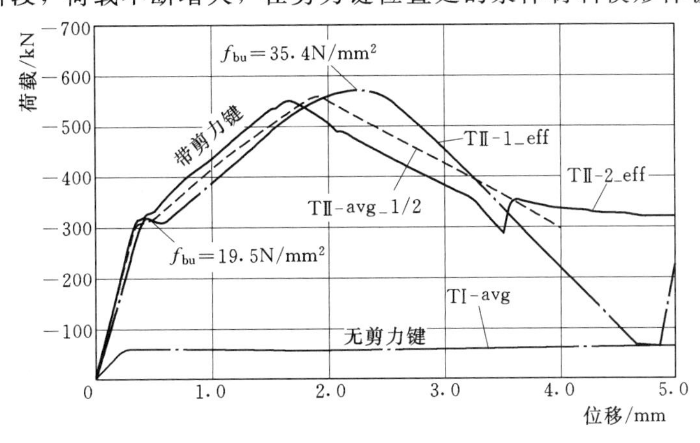


图 4-6 灌浆连接段受轴压荷载-位移曲线

压碎的浆体材料起到了弹塑性弹簧的作用，并使得内力重分布出现在全部剪力键上。由于内力重分布的作用，灌浆材料受压短柱的倾斜角度基本相同。在此阶段，灌浆连接段的荷载位移曲线斜率不断减小，该阶段如图 4－7（b）所示。

（3）第三阶段，随着荷载继续增大，一个连续的受剪区域出现，该区域包括第一个剪力键到最后一个剪力键的范围。并且，一条灌浆材料受剪裂缝产生，该裂缝贯穿数个灌浆材料受压短柱，并引起内力的重新分布，该阶段如图 4－7（c）所示。

综上所述，带剪力键灌浆连接段的破坏模式是一种延性的破坏模式。轴向承载力由两个部分提供：第一部分为灌浆材料与钢管之间的黏结力和摩擦力；第二部分为成对剪力键之间灌浆材料形成的斜压短柱提供的轴向承载力。

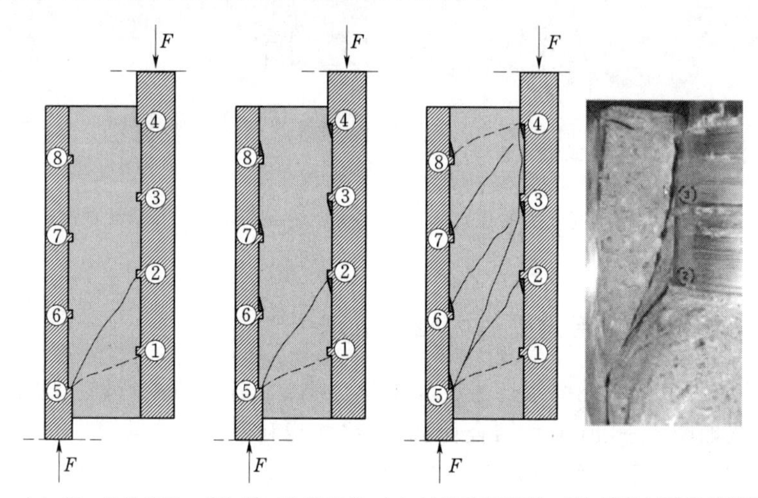


（a）第一阶段理想破坏发展模式　（b）第二阶段理想破坏发展模式　（c）最终破坏机理　（d）灌浆材料受压短柱

图 4－7　带剪力键灌浆连接段受轴压破坏过程

①～⑧—剪力键编号，顺序为从内管到外管，从下到上

## 4.2　影响灌浆连接段轴压承载力的参数

### 4.2.1　概述

现有的研究成果表明，影响灌浆连接段的轴向承载力的因素可以分成三类：第一类为灌浆连接段的几何参数；第二类为灌浆材料的力学性能；第三类为灌浆材料与钢管的接触面状态。第一类几何参数包括灌浆连接段的径向刚度系数 $k$；灌浆连接段的剪力键参数，包括剪力键高度 $h$、剪力键间距 $s$ 和剪力键形状、灌浆连接段的长度系数 $L/D$；第二类灌浆材料的力学性能参数包括灌浆材料的抗压强度 $f_c$、灌浆材料的弹性模量 $E_c$、灌浆材料的收缩；第三类灌浆材料与钢管的界面状态参数包括接触面的摩擦系数 $\mu$、接触面的粗糙程度 $\delta$。

### 4.2.2　灌浆连接段的径向刚度

对于无剪力键的灌浆连接段，连接段的竖向承载力主要由钢管表面的不规则以及摩擦力提供。由图 4-4 可以看出，由于钢管与灌浆材料表面的不规则，对于任意的滑移 $\Delta u_r$，将引起内外钢管和灌浆材料在径向方向的变形，产生钢管对灌浆材料的压力 $p$。压力 $p$ 将会使得钢管与灌浆材料的接触面间的压力增大，使接触面间的摩擦力增大，从而提高无剪力键灌浆连接段的轴压承载力。因此，灌浆连接段的径向刚度系数 $k$ 对灌浆连接段的影响是巨大的。

Billington、Aritenang 等多名研究者对灌浆连接段的径向刚度系数 $k$ 对轴向承载力的影响进行了研究。

在 Billington 的研究中，径向刚度系数 $k$ 为

$$k=\frac{1}{\frac{D_p}{t_p}+\frac{D_s}{t_s}}+\frac{\frac{E_g}{E}}{\frac{D_g}{t_g}}$$

式中 $D_p$——桩管外直径；

$t_p$——桩管厚度；

$D_s$——套管外直径；

$t_s$——套管厚度；

$E_g$——浆体材料弹性模量；

$E$——钢管弹性模量；

$D_g$——灌浆材料外直径；

$t_g$——灌浆厚度。

图 4-8 所示为 Billington 研究的灌浆连接段黏结强度与径向刚度系数之间的关系。横坐标为灌浆连接段的径向刚度系数 $k$，纵坐标为灌浆连接段的折算名义黏结强度 $F_{bu}$，$F_{bu}$将使用不同强度的灌浆材料灌浆连接段的名义黏结强度换算成同一强度的灌浆材料灌浆连接段的名义黏结强度，使得不同的试验结果具有可比性。图 4-8 表明，灌浆连接段的极限黏结强度 $F_{bu}$与连接段的径向刚度系数 $k$ 成正比。

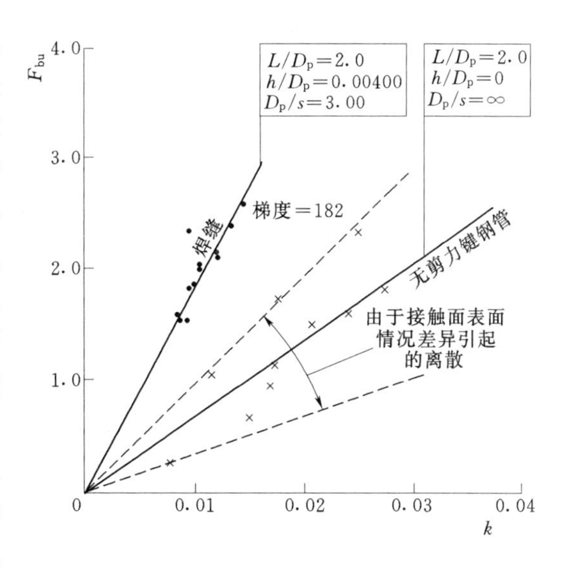


图 4-8 灌浆连接段黏结强度与径向刚度系数之间的关系

从图 4-8 中可以发现，径向刚度系数 $k$ 对带剪力键灌浆连接段黏结强度的影响比无剪力键灌浆连接段的影响更显著。无剪力键灌浆连接段的数据点比带剪力键灌浆连接段的数据点更为离散。

Aritenang 的试验结果也证实了径向刚度的提高有助于提升灌浆连接段的轴向承载力。

## 4.2.3　灌浆连接段的剪力键参数

### 4.2.3.1　剪力键高度对灌浆连接段轴压承载力的影响

在灌浆连接段内外钢管与浆体材料接触面的表面设置剪力键能改变灌浆连接段的受力机理，使灌浆连接段在受轴向力作用的时候能更好地发挥灌浆材料的受压能力。剪力键的几何参数包括剪力键的高度、间距和形状。

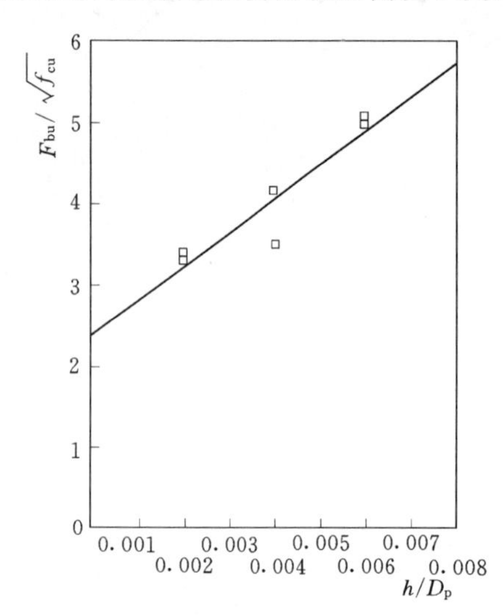


图 4-9　灌浆连接段折算名义黏结强度与剪力键高度之间的关系

剪力键的高度有一定的限值范围，剪力键的最小高度为 $h=0$，也就是不带剪力键的灌浆连接段；而剪力键高度的最大值在理论上是灌浆材料厚度的一半，而实际工程中一般小于该值。Wimpey 实验室对三组不同的 $h/D_p$ 值的试件进行了试验。图 4-9 所示为灌浆连接段折算名义黏结强度与剪力键高度之间的关系。坐标轴横轴为剪力键高度 $h$ 与桩管直径 $D_p$ 的比值，坐标轴纵轴为折算名义黏结强度 $F_{bu}$ 与灌浆材料强度 $f_{cu}$ 平方根的比值，该比值将使用不同强度的灌浆材料灌浆连接段的折算名义黏结强度换算成同一强度的灌浆材料灌浆连接段的折算名义黏结强度，使得不同的试验结果具有可比性。从图 4-9 中可以看出，灌浆连接段的折算名义黏结强度 $F_{bu}$ 与 $h/D_p$ 成正比。这是由于在其他参数不变的情况下，随着剪力键高度的增大，剪力键承压的面积增大，剪力键处灌浆材料的应力相应地减小，并且，在破坏前形成的剪力键位置处的灌浆材料楔形体尺寸也随之增大。但是，Lamport 也指出，在其他参数保持不变的情况下，随着剪力键高度的增大，内管与外管剪力键之间灌浆材料受压短柱所受的剪应力将增大。剪应力会使灌浆材料的抗压强度降低，灌浆材料受压短柱将首先发生破坏，从而减小灌浆连接段的轴力承载力。

Billington 比较了 5 个不同灌浆连接段试件的折算名义黏结强度 $F_{bu}$ 与 $h/D_p$ 的关系，也得到了相同的结果。

### 4.2.3.2　剪力键间距对灌浆连接段轴压承载力的影响

假如剪力键的间距减小，但其他参数保持不变，由于内外管剪力键之间的灌浆材料受压短柱数量增加，带剪力键的灌浆连接段的轴向承载能力增大。Wimpey 实验室对 6 个不同剪力键间距的试件进行试验，灌浆连接段折算名义黏结强度与剪力键间距之间的关系如图 4-10 所示。坐标轴横轴为桩管直径 $D_p$ 与剪力键间距 $s$ 的比值，坐标轴纵轴为 $F_{bu}$ 与灌浆材料强度 $f_{cu}$ 平方根的比值。从图 4-10 中可以得到，灌浆连接段的折算名义黏结强度 $F_{bu}$ 与 $D_p/s$ 成正比。随着剪力键间距 $s$ 的减小，灌浆连接段的承载力不断提高。但是，这个提高并非是无限制的提高，当 $s$ 减小到一定程度时，灌浆连接段的破坏模式就会发生改变，轴向承载力反而会减小。

Krahl 等学者提出，对于不同的剪力键间距，灌浆连接段将出现不同的破坏模式。对于一个 $h/s$ 比值适中的情况来说，灌浆材料首先产生剪力键端部位置处的压碎破坏，而后产生灌浆材料与钢管之间的滑移破坏，经典破坏模式如图 4-11（a）所示。对于 $h/s$ 比值接近于 0 的灌浆连接段，其受轴向力作用时的受力机理就与不带剪力键的灌浆连接段相似，将发生灌浆材料与钢管接触面之间的滑移破坏，无剪力键灌浆连接段破坏形态 1 如图 4-11（b）所示。而对于 $h/s$ 比值接近于∞，即剪力键间距很小的情况，由于剪力键很密集，就可以看作一个钢管圆柱面。此时，灌浆连接段的滑移破坏出现在新的滑移面上。新的滑移面延伸过各剪力键的头部，无剪力键灌浆连接段破坏形态 2 如图 4-11（c）所示。

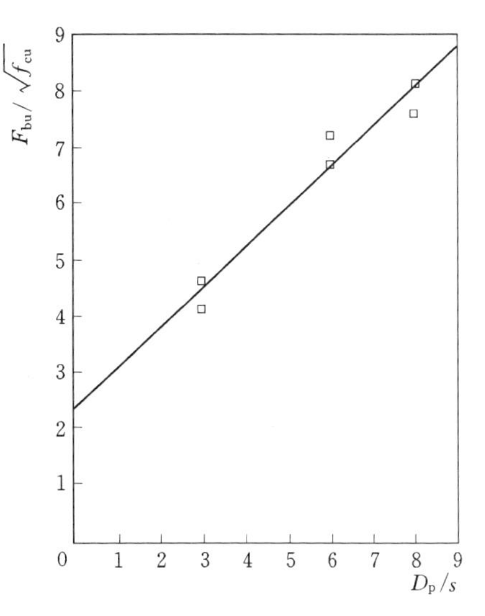


图 4-10 灌浆连接段折算名义黏结强度与剪力键间距之间的关系

Billington 研究了剪力键高度与剪力键间距的比值 $h/s$ 与灌浆连接段轴压承载力之间的关系，其研究结果如图 4-12 所示。坐标轴横轴为剪力键高度与剪力键间距的比值 $h/s$，坐标轴纵轴为灌浆连接段的折算名义黏结强度 $F_{bu}$ 与径向刚度系数 $k$ 和长度系数 $C_L$ 的比值。该值消除了各个试件不同的灌浆材料强度、不同的径向刚度系数 $k$ 和不同的灌浆长度对灌浆连接段黏结强度的影响，使得不同的灌浆连接段的试验结果具有可比性。从图 4-12 中可得，剪力键高度与间距的比值 $h/s$ 与 $F_{bu}/(KC_L)$ 呈线性关系。随着 $h/s$ 比值的增大，灌浆连接段的折算名义黏结强度也随之增大。但其试验结果具有一定的局限性，具体表现在 $h/s$ 试验参数的范围比较小；而且数据不仅在 $h/s=0$ 处，而且在其他值处的离散性均较大。究其原因，可能在于 $h/s=0$ 时无剪力键灌浆连接段承载力受钢管的表面不规则影响很大，而不同批次的钢管表面不规则程度并不相同；在其他 $h/s$ 值处出现的离散性可

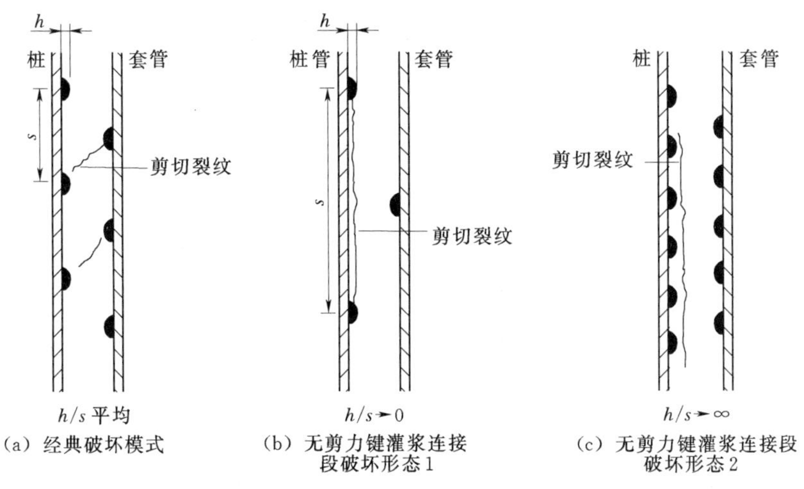


图 4-11 带剪力键灌浆连接段不同的破坏形态

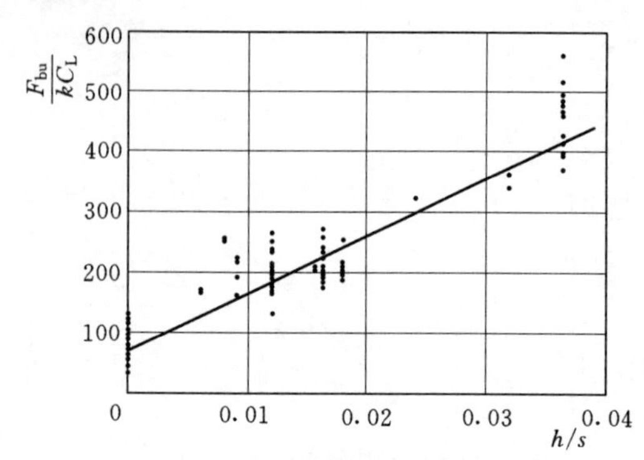


图4-12 剪力键高度与剪力键间距的比值 $h/s$ 与灌浆连接段轴压承载力之间的关系

能是由灌浆连接段的折算公式引起的，不同的灌浆连接段的强度不能用简单的比值来进行转化。

Forsyth 等学者提出，$h/s$ 有一个最优值使得灌浆连接段极限黏结强度最大，而且与灌浆连接段钢管和灌浆材料的径向刚度相关。Forsyth 的研究成果即灌浆连接段折算名义黏结强度与剪力键高度与剪力键间距比值之间的关系如图4-13所示，坐标轴横轴为剪力键高度与剪力键间距的比值 $h/s$，坐标轴纵轴为灌浆连接段的折算名义黏结强度 $F_{bu}$。从图4-13中可以得到，在 $h/s=0.075$ 附近，灌浆连接段的折算名义黏结强度 $F_{bu}$ 有一个极大值。当 $h/s$ 的比值小于0.075时，随着 $h/s$ 比值的增大，灌浆连接段的名义黏结强度随之增大，而当比值大于0.075时，$h/s$ 比值的增大对灌浆连接段的名义黏结强度有不利的影响。

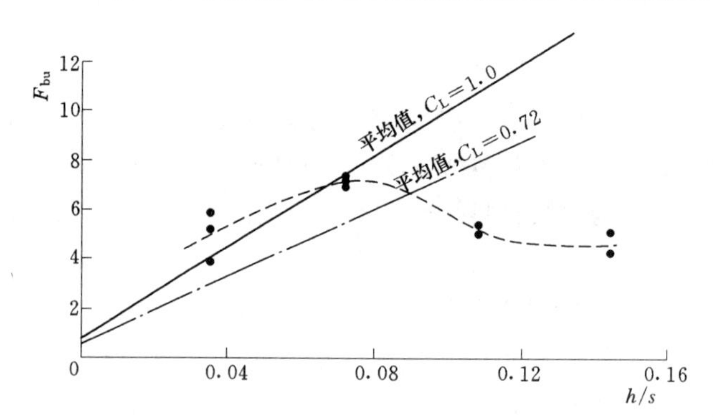


图4-13 灌浆连接段折算名义黏结强度与剪力键高度与剪力键间距比值之间的关系

#### 4.2.3.3 剪力键形状对灌浆连接段轴压承载力的影响

Boswell 对比了三角形、半圆形和矩形剪力键对灌浆连接段极限黏结强度的影响，结果发现，三角形剪力键略优于其他两种剪力键形状，和矩形剪力键结果相差不多，优势并不明显，结果如图4-14所示。

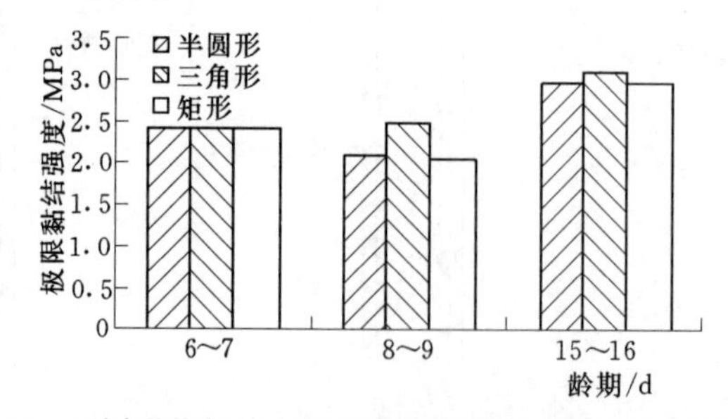


图4-14 不同形状的剪力键对灌浆连接段极限黏结强度的影响

一般认为剪力键的宽度不会对灌浆连接段的黏结强度产生影响。

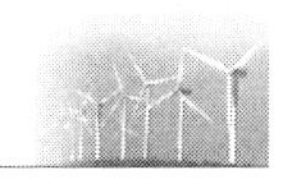

## 4.2.4 灌浆连接段的长度系数

Yamasaki 在文献［2］中研究了无剪力键灌浆连接段受轴力作用时的剪应力在灌浆长度上的分布，结果如图 4－15 所示。从图中可以看出，无剪力键灌浆连接段端部的剪应力 $\tau_x$ 大于中部的剪应力。

Billington 等研究者对连接段长度对带剪力键灌浆连接段极限黏结强度的影响进行了研究，灌浆连接段黏结强度与灌浆段长度之间的关系如图 4－16 所示。图中的横轴为连接段长度 $L$ 与桩管直径 $D_p$ 的比值；纵轴为各试件的折算名义黏结强度 $F_{bu}$ 与 $L/D_p=2$ 时的灌浆连接段折算名义黏结强度 $F_{bu}$（$L/D_p=2$）的比值。图 4－16 中的虚线和实线分别代表不同截面尺寸的灌浆连接段，从图中可以看出，对于不同截面的灌浆连接段，$L/D_p$ 与灌浆连接段名义黏结强度 $F_{bu}$ 之间没有一个固定的关系。但是，可以得出，在 $2.0<L/D_p<4.0$ 时，连接段的折算名义黏结强度 $F_{bu}$ 有极大值。并且，当 $L/D_p>4.0$ 时，灌浆连接段的折算名义黏结强度 $F_{bu}$ 不断减小。

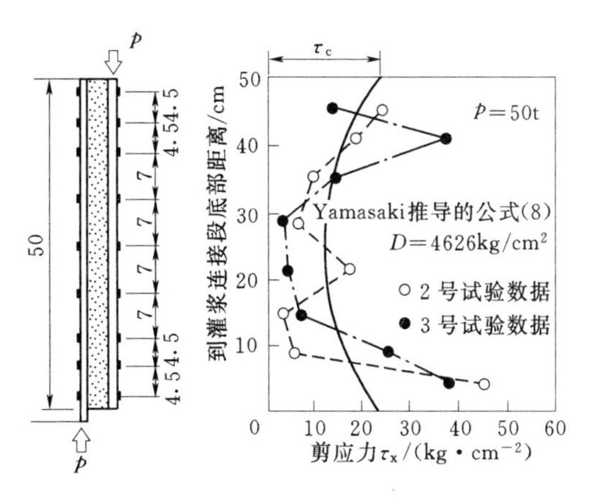


图 4－15 无剪力键灌浆连接段受轴力作用时的剪应力在灌浆长度上的分布

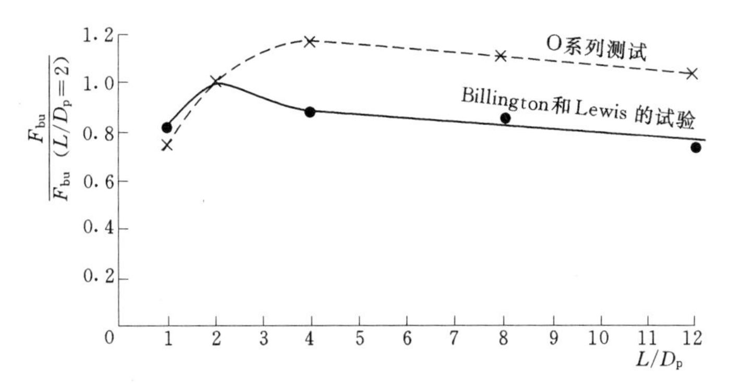


图 4－16 灌浆连接段折算名义黏结强度与灌浆连接段长度之间的关系

Yamasaki 在文献［2］中对灌浆连接段长度对无剪力键灌浆连接段轴向承载力的影响进行过研究。图 4－17 所示为无剪力键灌浆连接段轴向承载力与灌浆连接段长度的关系。坐标轴横轴为灌浆连接段长度 $L$，纵轴为荷载 $p_u$。从图中可得，无剪力键灌浆连接段轴向承载力随着灌浆连接段长度的增大而增大。但是轴向承载力并非无限制地增大，当灌浆连接段长度到达一定值后，轴向承载力增加就变得不那么明显。这个规律在大小试件中都能观察到。

图 4－18 所示为无剪力键灌浆连接段黏结强度与灌浆段长度之间的关系。坐标轴横轴为灌浆连接段长度 $L$，坐标轴纵轴为名义黏结强度 $\tau_u$。从图 4－18 中可得，随着灌浆连接

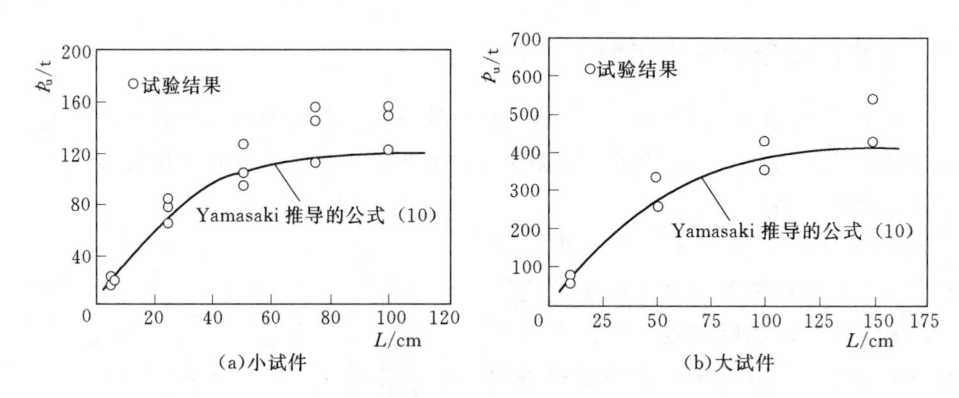


图4-17　无剪力键灌浆连接段轴向承载力与灌浆连接段长度之间的关系

段长度的增大，灌浆连接段的名义黏结强度不断减小，并且，大直径试件的极限黏结强度低于小试件的极限黏结强度。

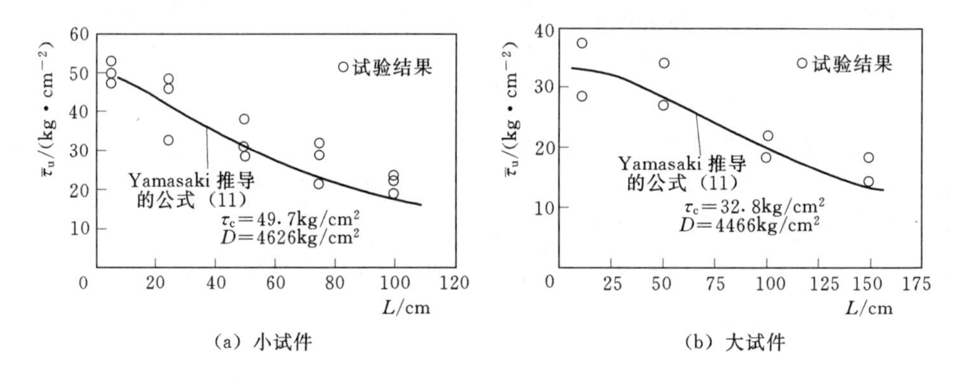


图4-18　无剪力键灌浆连接段黏结强度与灌浆连接段长度之间的关系

根据无剪力键灌浆连接段受轴力作用时的受力特点，灌浆连接段端部由轴力引起的剪应力大于灌浆连接段的中部。随着荷载不断增大，端部的剪应力超过灌浆连接段局部的黏结强度时，灌浆材料和钢管将发生局部的滑移。该滑移有利于剪应力向灌浆连接段中部重新分布。灌浆连接段长度越长，连接段端部的峰值剪应力值就越大，但是，局部滑移量是一定的，因此应力的重新分布也是有限的。灌浆长度越长，提升的灌浆连接段轴向承载力就越不明显，而钢管和浆体的接触面积则是线性增长。如果比较灌浆连接段的折算名义黏结强度，即轴向承载力与钢管和浆体接触面积的比值，就会出现灌浆连接段长度越长，灌浆连接段折算名义黏结强度反而下降的现象。

## 4.2.5　灌浆材料的力学性能参数

### 4.2.5.1　灌浆材料的抗压强度对灌浆连接段轴压承载力的影响

无剪力键灌浆连接段的破坏模式主要是钢管与灌浆材料之间的黏结失效引起的滑移破坏，灌浆材料本身并未发生破坏。无剪力键灌浆连接段的承载力受灌浆材料强度的影响很小。对于剪力键间距适中的灌浆连接段，它的破坏模式为剪力键位置处的灌浆材料被压碎，伴随着钢管与灌浆材料的滑移，灌浆材料的抗压强度对带剪力键灌浆连接段承

载力的影响比无剪力键灌浆连接段要显著。

Billington 等研究了灌浆材料的抗压强度对无剪力键灌浆连接段和带剪力键灌浆连接段承载力的影响。图 4－19（a）所示为无剪力键灌浆连接段极限黏结强度 $f_{bu}$ 与灌浆材料抗压强度 $f_{cu}$ 之间的关系。从图 4－19 中可得，对于无剪力键灌浆连接段，当 $f_{cu}<50$MPa 时，无剪力键灌浆连接段的极限黏结强度 $f_{bu}$ 与灌浆材料强度的 0.5 次方 $f_{cu}^{0.5}$ 成正比，可以表示成 $f_{bu}\propto f_{cu}^{0.5}$。但当 $f_{cu}>50$MPa 时，灌浆连接段的极限黏结强度就不再随着灌浆材料强度的增大有明显的变化。而且，由于表面粗糙程度和钢管的不规则，无剪力键灌浆连接段的结果离散性较大。相似的结果可以从 Krahl 的文章中找到，无剪力键灌浆连接段极限黏结强度与灌浆材料抗压强度之间的关系如图 4－20 所示。

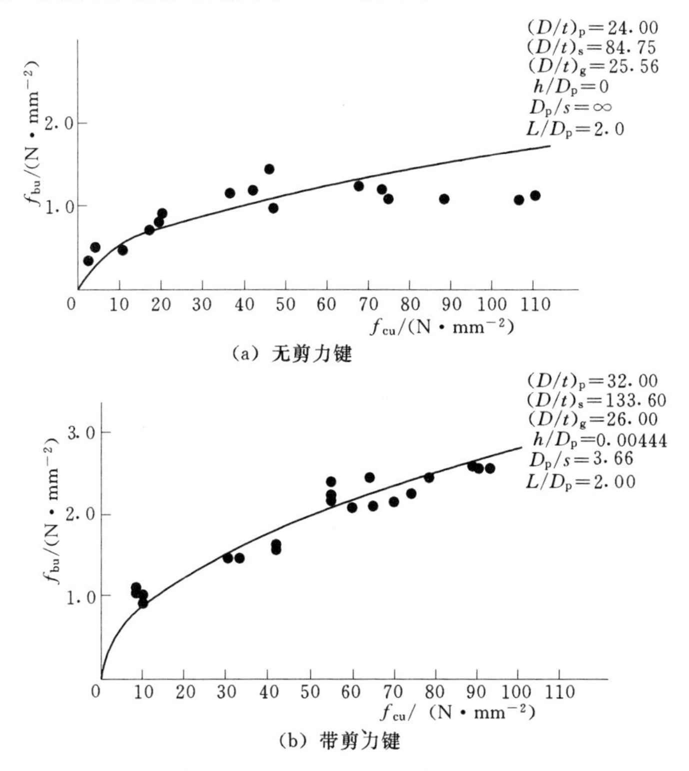


图 4－19 灌浆连接段极限黏结强度与灌浆材料抗压强度之间的关系

图 4－19（b）所示为带剪力键灌浆连接段极限黏结强度 $f_{bu}$ 与灌浆材料抗压强度 $f_{cu}$ 之间的关系。对于带剪力键的灌浆连接段，Billington 认为，灌浆连接段的极限黏结强度与立方体抗压强度的 0.5 次方成正比，可以表示成 $f_{bu}\propto f_{cu}^{0.5}$。

Billington 认为，可以利用该规律将不同灌浆材料强度的灌浆连接段名义黏结强度进行归一化以研究其他的参数。一个无量纲的折算名义黏结强度可以定义为

$$F_{bu}=\frac{f_{bu}}{1.105}\left(\frac{50}{f_{cu}}\right)^{0.5}$$

式中 $f_{bu}$——名义黏结强度，MPa；

$f_{cu}$——灌浆材料立方体的抗压强度，MPa。

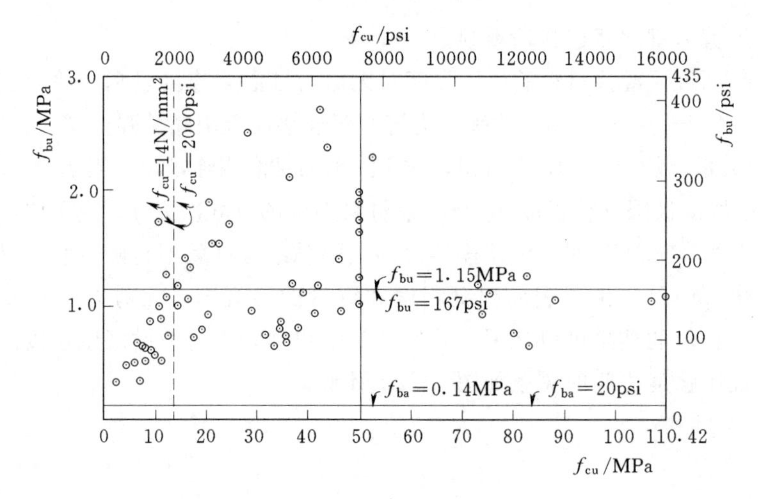


图 4-20 无剪力键灌浆连接段极限黏结强度与灌浆材料抗压强度之间的关系

（注：1MPa=145psi）

1.105 MPa 为 6 倍的极限状态下灌浆材料强度为 50MPa 时的灌浆连接段设计黏结强度（该黏结强度为美国石油学会标准 API RP2AWSD（2007）《海上固定平台规划、设计和建造的推荐做法 工作应力设计法》推荐，并假设了一个 6.0 的安全系数）。

在 DNV-OS-J101（2014）中，对于剪切破坏模式，带剪力键灌浆连接段的极限黏结强度 $f_{bu} \propto f_{cu}^{0.3}$；而对于灌浆材料破坏模式，带剪力键灌浆连接段的极限黏结强度 $f_{bu} \propto f_{cu}^{0.5}$。

**4.2.5.2 灌浆材料的收缩对灌浆连接段轴压承载力的影响**

无剪力键灌浆连接段的承载力主要依靠灌浆材料与钢管之间的摩擦以及钢管表面不规则引起的灌浆材料与钢管之间的机械咬合力。灌浆材料的收缩使得这两种效应减小，降低不带剪力键灌浆连接段的承载力。而对于带剪力键灌浆连接段来说，带剪力键灌浆连接段主要靠灌浆材料与剪力键挤压以及灌浆材料与钢管之间的摩擦来承受轴向力，径向收缩相对于剪力键的高度很小，即使摩擦承担的部分会由于灌浆材料收缩减小，但剪力键承担的部分会相应的增大，因此，总的来看，收缩不会对带剪力键灌浆连接段的承载力产生影响。因此，灌浆材料的收缩对带剪力键的灌浆连接段几乎没有影响。

Sele 的试验结果表明，对于普通水泥，当灌浆材料环的厚度为 30～50mm 时，灌浆材料环的收缩仅为 0.01mm。

Billington 的试验结果表明，对于无剪力键灌浆连接段，灌浆材料的立方体抗压强度上升了 61%，但是由于灌浆材料收缩，灌浆连接段的极限黏结强度却下降了 42%。

**4.2.5.3 灌浆材料的泊松比和弹性模量对灌浆连接段轴压承载力的影响**

灌浆材料的材料参数中，灌浆材料的泊松比对灌浆连接段黏结强度的影响最为显著。由于泊松比决定灌浆材料受力时体积的变化，影响钢管对灌浆材料约束压力的大小，从而影响钢管与灌浆材料之间的摩擦力，进而对灌浆连接段的强度有影响。Lamport 研究发现，对于灌浆材料，泊松比在 0.2～0.23 这么小的范围内变化时，黏结强度的变化也接近 20%。

弹性模量的变化对灌浆连接段的承载力影响很小。Lamport 的研究结果表明，灌浆材料的弹性模量变化 50%仅引起黏结强度变化 7%。

### 4.2.6 接触面不规则和粗糙程度

#### 4.2.6.1 接触面不规则对灌浆连接段轴压承载力的影响

灌浆连接段的钢管普遍存在一定程度的不规则，这是由钢管的生产工艺决定的。对于大直径的钢管，工程上采用卷板机把钢板卷成钢管，后焊接而成。卷板过程将使得钢管的表面产生一定程度的不规则，此不规则与钢板的厚度无关。根据灌浆连接段的轴向力承载机理，接触面的平整情况对无剪力键灌浆连接段的承载力有着显著影响，而对于带剪力键的灌浆连接段，影响并不明显。在 Sele 的研究中，钢管的不规则程度 $\delta$ 与钢管半径 $r$ 的比值定义为 $\delta/r=0.25\times10^{-3}$，得到的计算结果与试验结果吻合良好，偏差仅为 0.13。而在 DNV－OS－J101（2014）中，这个比值被定义为 $\delta/r=0.37\times10^{-3}$。在实验研究中应该考虑钢管不规则对灌浆连接段轴压强度的影响。

#### 4.2.6.2 接触面粗糙程度对灌浆连接段轴压承载力的影响

接触面的粗糙程度对无剪力键灌浆连接段有着重大的影响。钢管与灌浆材料的接触面越粗糙，摩擦力就越大，无剪力键灌浆连接段承载力就越高。Billington 通过对有不同的接触面粗糙程度的无剪力键灌浆连接段进行静力轴向加载，试验结果如图 4－21 所示。坐标轴横轴为灌浆材料的抗压强度 $f_{cu}$，坐标轴纵轴为名义黏结强度 $f_{bu}$。从图 4－21 中可得，钢管与灌浆材料的接触面越粗糙，连接段的承载力越高。有着环氧树脂涂层的灌浆连接段的黏结强度比喷丸处理的连接段小了 81%。类似的结果也可以从文献［2］中找到。

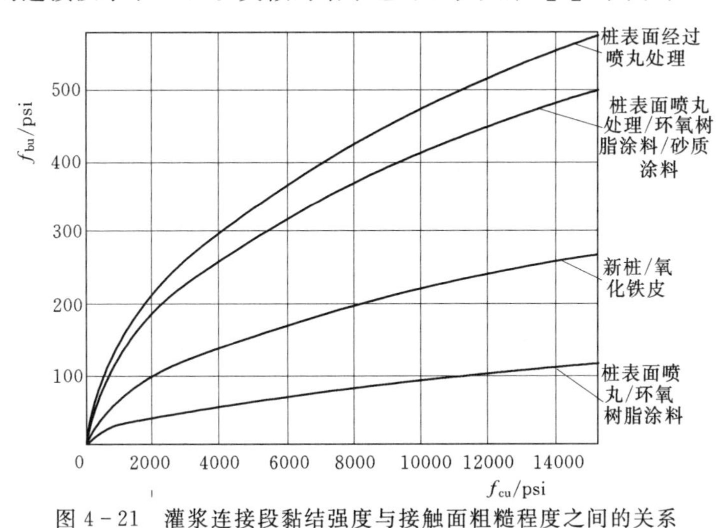


图 4－21 灌浆连接段黏结强度与接触面粗糙程度之间的关系

（注：1MPa=145psi）

## 4.3 灌浆连接段轴向承载力的规范公式

### 4.3.1 概述

常用的规范有规范 DNV－OS－J101（2014）《海上风机支撑结构设计》、挪威石油工业技术规范 NORSOK－N－004（2013）《钢结构设计》［简称为 NORSOK（2013）］、美国石油协会规范 API RP2A - WSD（2007）《海上固定平台规划、设计和建造的推荐做法　工作应力设计法》[简称为 API RP2A（2007）]、英国健康与安全执行局《桩与套管的连接》[简称为 HSE（2002）] 以及国际标准化组织（ISO）《石油与天然气工业：海上固定钢结构》[简称为 ISO（2007）]。本章将对常用的规范条款和公式进行说明。

各规范考虑的荷载以及对灌浆连接段几何尺寸的限制条件见表 4 - 1。

**表 4 - 1　灌浆连接段设计规范适用范围比较**

| 参数 | HSE（2002） | API RP2A（2007） | ISO（2007） | NORSOK（2013） | DNV - OS - J101（2014） |
|---|---|---|---|---|---|
| 考虑荷载种类 | 轴力 | 轴力 | 轴力＋扭矩 | 轴力＋扭矩 | 轴力 |
| 桩管径厚比 | $24 \leqslant D_p/t_p \leqslant 40$ | $D_p/t_p \leqslant 40$ | $20 \leqslant D_p/t_p \leqslant 40$ | $20 \leqslant D_p/t_p \leqslant 40$ | $10 \leqslant D_p/t_p \leqslant 30$ |
| 套管径厚比 | $50 \leqslant D_s/t_s \leqslant 140$ | $D_s/t_s \leqslant 80$ | $30 \leqslant D_s/t_s \leqslant 140$ | $30 \leqslant D_s/t_s \leqslant 140$ | $15 \leqslant D_s/t_s \leqslant 70$ |
| 灌浆材料环径厚比 | $10 \leqslant D_g/t_g \leqslant 45$ | $7 \leqslant D_g/t_g \leqslant 45$ | $10 \leqslant D_g/t_g \leqslant 45$ | $10 \leqslant D_g/t_g \leqslant 45$ | $10 \leqslant D_g/t_g \leqslant 45$ |
| | | $t_g \geqslant 38mm$ | $t_g \geqslant 40mm$ | | |
| 灌浆材料强度 | — | $17.25MPa \leqslant f_{cu} \leqslant 110MPa$ | $20MPa \leqslant f_{cu} \leqslant 80MPa$ | $20MPa \leqslant f_{cu} \leqslant 80MPa$ | — |
| | | $f_{cu}h/s \leqslant 5.5MPa$ | | | |
| 灌浆连接段长度 | $L/D_p \geqslant 2$ | — | $1 \leqslant L_e/D_p \leqslant 10$ | $1 \leqslant L_e/D_p \leqslant 10$ | $1 \leqslant L_e/D_p \leqslant 10$ |
| 剪力键几何参数 | $0 \leqslant h/D_p \leqslant 0.006$ | — | $0 \leqslant h/D_p \leqslant 0.012$ | $0 \leqslant h/D_p \leqslant 0.012$ | $h \geqslant 5mm$ |
| | $0 \leqslant D_p/s \leqslant 8$ | $D_p/s \leqslant 8$ | $D_p/s \leqslant 16$ | $D_p/s \leqslant 16$ | $s \geqslant \min(0.8\sqrt{R_p t_p}, 0.8\sqrt{R_s t_s})$ |
| | $0 \leqslant h/s \leqslant 0.04$ | $h/s \leqslant 0.1$ | $0 \leqslant h/s \leqslant 0.1$ | $0 \leqslant h/s \leqslant 0.1$ | $h/s \leqslant 0.1$ |
| | $1.5 \leqslant w/s \leqslant 3$ | $1.5 \leqslant w/s \leqslant 3$ | $1.5 \leqslant w/s \leqslant 3$ | — | $1.5 \leqslant w/s \leqslant 3$ |

## 4.3.2　DNV - OS - J101（2014）

DNV - OS - J101（2014）认为，单桩基础上带剪力键的灌浆连接段所受轴力较小，仅考虑在连接段抗弯设计中加入轴力对抗弯承载力的影响。

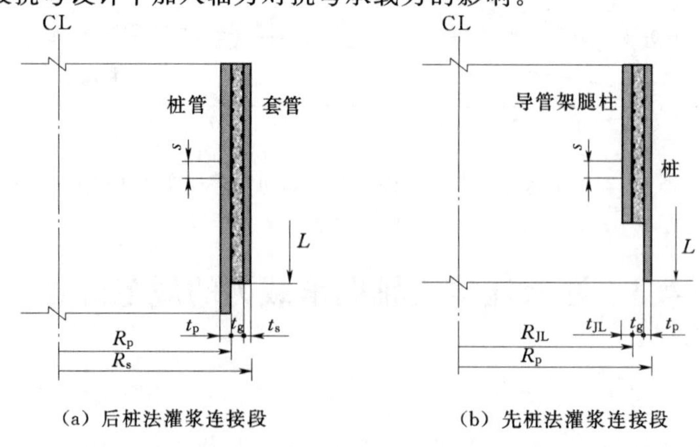


(a) 后桩法灌浆连接段　　(b) 先桩法灌浆连接段

图 4 - 22　导管架基础灌浆连接段几何尺寸

DNV-OS-J101（2014）规定，在考虑灌浆连接段传递轴向力时，圆柱形的灌浆连接段一定要在钢管与灌浆材料的接触面上设置剪力键。导管架基础的灌浆连接段根据施工工艺的不同，可以分成先桩法灌浆连接段和后桩法灌浆连接段两种型式，如图4-22所示。先桩法灌浆连接段与后桩法灌浆连接段的区别主要在于桩管在内还是桩管在外。在DNV-OS-J101（2014）中，先桩法灌浆连接段和后桩法灌浆连接段的设计公式形式上完全相同，仅把后桩法中的桩管外半径 $R_p$ 替换成了先桩法灌浆连接段的腿柱管外半径 $R_{JL}$；把后桩法中的套管外半径 $R_s$ 替换成了先桩法灌浆连接段的桩管外半径 $R_p$。

DNV-OS-J101（2014）认为，带剪力键灌浆连接段受轴力作用时，轴向力引起的单个剪力键上的压力是均匀分布的，即作用在每个剪力键上的力相同。单个剪力键环向单位长度上的作用荷载为

$$F_{V1Shk}=\frac{P_{a,d}}{2\pi R_p n} \tag{4-1}$$

式中 $R_p$——钢管桩外半径；

$P_{a,d}$——作用在灌浆连接段上的轴向设计荷载值。

带剪力键灌浆连接段的钢管与灌浆材料的界面抗剪强度 $f_{bk}$ 为

$$f_{bk}=\left[\frac{800}{D_p}+140\left(\frac{h}{s}\right)^{0.8}\right]k^{0.6}f_{ck}^{0.3} \tag{4-2}$$

$$k=\left(\frac{2R_p}{t_p}+\frac{2R_s}{t_s}\right)^{-1}+\frac{E_g}{E}\left(\frac{2R_s-2t_s}{t_g}\right)^{-1}$$

式中 $h$——剪力键高度，mm；

$D_p$——桩管直径，mm；

$f_{ck}$——75mm立方体特征抗压强度，MPa；

$s$——剪力键中心距，mm；

$k$——径向刚度系数；

$E_g$——灌浆材料的弹性模量，MPa；

$R_s$——套管外半径，mm；

$t_s$——套管厚度，mm。

钢管与灌浆材料的界面抗剪强度 $f_{bk}$ 不能超过一定值，这个值是由灌浆材料的破坏决定的，可以表示成

$$f_{bk}=\left[0.75-1.4\left(\frac{h}{s}\right)\right]f_{ck}^{0.5} \tag{4-3}$$

因此，单个剪力键环向单位长度上能承受的轴向力，可以表示成

$$F_{V1Shkcap}=f_{bk}s \tag{4-4}$$

单个剪力键单位长度上的设计承载力，可以表示成

$$F_{V1Shkcap,d}=\frac{F_{V1Shkcap}}{\gamma_m} \tag{4-5}$$

式中 $\gamma_m$——材料参数，$\gamma_m=2.0$。

带剪力键灌浆连接段设计需满足

$$F_{V1Shk} \leqslant F_{V1Shkcap,d} \tag{4-6}$$

### 4.3.3　NORSOK(2013) 规范

NORSOK(2013) 规范对后桩法导管架基础的灌浆连接段设计进行了说明，后桩法导管架基础灌浆连接段几何尺寸如图 4-23 所示。

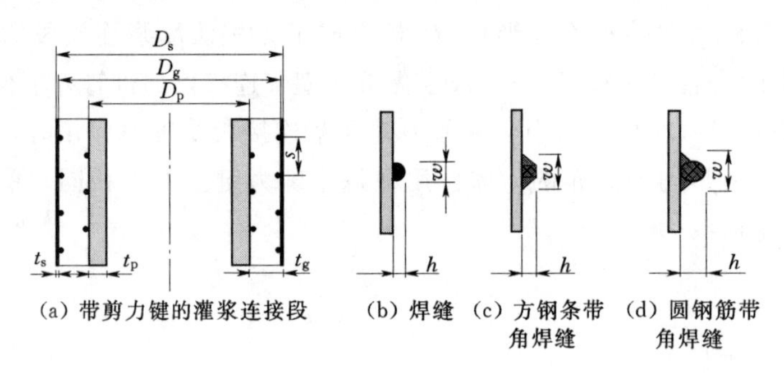


图 4-23　后桩法导管架基础灌浆连接段几何尺寸

NORSOK (2013) 规范认为，当灌浆连接段受到轴向力和扭矩作用时，接触面上的剪应力需要考虑轴向力和扭矩引起的剪应力在内管与灌浆材料接触面上的耦合。

由轴向力引起的内管与灌浆材料接触面上的剪应力可以定义为

$$\tau_{ba,Sd} = \frac{N_{Sd}}{\pi D_p L_e} \tag{4-7}$$

式中　$N_{Sd}$——设计轴向力，N；

$D_p$——桩管外径，mm；

$L_e$——有效灌浆连接段长度，mm。

灌浆连接段有效长度 $L_e$ 为总的灌浆连接段长度中除去非结构长度的那一部分。非结构长度的部分包括以下部分：

(1) 使用灌浆塞进行灌浆连接段密封时，灌浆塞长度应被视为非结构长度。

(2) 考虑到可能出现的低强度接触面区域，灌浆材料坍落等情况。在灌浆长度的两端，两个长度的较大值应被视为非结构长度：①两倍的灌浆体厚度，即 $2t_g$；②如果使用剪力键，剪力键间距 $s$。

(3) 如果有一段灌浆长度不确定对灌浆连接段强度有所贡献，该长度的灌浆连接段应被视为非结构长度。(工程上可能出现这种情况对于带剪力键的灌浆连接段，沉桩太高或者太低引起的桩管位置与套管相对位置的变化有可能导致灌浆连接段有效剪力键对个数减少。)

(4) 对于弯矩较大的灌浆连接段，下轭板上下 $\sqrt{D_p t_p}$ 范围内不应该设置剪力键。由扭矩引起的内管与灌浆材料界面上的剪应力可以定义为

$$\tau_{bt,Sd} = \frac{2M_{t,Sd}}{\pi D_p^2 L_e} \tag{4-8}$$

式中　$M_{t,Sd}$——灌浆连接段上的设计扭矩，N·mm。

由轴向力和扭矩引起的剪应力可以表示为

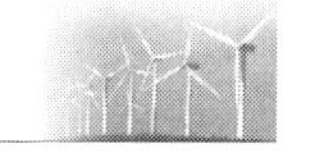

$$\tau_{b,Sd}=\sqrt{\tau_{ba,Sd}^{2}+\tau_{bt,Sd}^{2}} \tag{4-9}$$

剪应力的值 $\tau_{bt,Sd}$值不应大于灌浆材料与钢管接触面的特征界面抗剪强度 $f_{bks}$。$f_{bks}$可以表示为

$$f_{bks}=\left[\frac{800}{D_p}+140\left(\frac{h}{s}\right)^{0.8}\right]k^{0.6}f_{ck}^{0.3} \tag{4-10}$$

如果灌浆连接段为不带剪力键的灌浆连接段，灌浆材料与钢管的特征界面抗剪强度 $f_{bkf}$可以表示为

$$f_{bkf}=\frac{800}{D_p}k^{0.6}f_{ck}^{0.3} \tag{4-11}$$

并且，剪应力的值 $\tau_{bt,Sd}$值不应大于灌浆材料的剪切破坏强度 $f_{bkg}$。$f_{bkg}$可以表示为

$$f_{bkg}=\left(0.75-1.4\frac{h}{s}\right)f_{ck}^{0.5} \tag{4-12}$$

$$k=\left(\frac{D_p}{t_p}+\frac{D_s}{t_s}\right)^{-1}+\frac{1}{m}\left(\frac{D_g}{t_g}\right)^{-1}$$

式中　$k$——径向刚度系数；

$f_{ck}$——立方体试块特征抗压强度，MPa；

$D_p$——桩管外直径，mm；

$t_p$——桩管厚度，mm；

$D_s$——套管外直径，mm；

$t_s$——套管厚度，mm；

$D_g$——灌浆材料外直径，mm；

$t_g$——灌浆材料厚度，mm；

$m$——钢材与灌浆材料弹性模量的比值（若缺乏数据，取为18）。

带剪力的灌浆连接段设计需满足

$$\tau_{ba,Sd}\leqslant\frac{f_{bks}}{\gamma_m} \tag{4-13}$$

$$\tau_{bt,Sd}\leqslant\frac{f_{bkf}}{\gamma_m} \tag{4-14}$$

$$\tau_{b,Sd}\leqslant\frac{f_{bkg}}{\gamma_m} \tag{4-15}$$

式中　$\gamma_m$——灌浆材料的安全系数，在极限状态（ULS）设计中取为2.0；在偶然极限状态（ALS）设计中取1.5。

NORSOK（2013）规范中建议，剪力键的布置方式可以是连续的环形或者螺旋形。当剪力键的布置方式是连续的环形时，剪力键的间距必须是固定的，方向垂直于钢管轴，外管和内管的剪力键形状、高度和间距必须相同。

当采用螺旋形的剪力键布置方式时，剪力键中心距需要满足

$$s\leqslant\frac{D_p}{2.5} \tag{4-16}$$

并且，采用螺旋形剪力键布置方式根据式（4-10）和式（4-12）计算出来的强度值

需要乘以 0.75 进行折减。

### 4.3.4　API RP2A（2007）规范

API RP2A（2007）规范公式中考虑了灌浆材料强度、剪力键高度和剪力键间距对灌浆连接段轴力承载力的影响。API RP2A（2007）规范认为，轴向承载力容许值应该取为轴向荷载传递应力容许值 $f_{ba}$ 与钢管与灌浆材料接触面面积乘积的较小值，其中 $f_{ba}$ 可用适当值进行计算：对于不带剪力键的灌浆连接段，当考虑结构处于正常工况下时，$f_{ba}$ 可取为 0.138MPa；当考虑结构处于极端工况下时，$f_{ba}$ 可取为 0.184MPa。

对于带剪力键的灌浆连接段，轴向荷载传递应力容许值 $f_{ba}$ 可以采用以下公式计算：

正常工况
$$f_{ba}=0.138+0.5f_{cu}\frac{h}{s} \tag{4-17}$$

极端工况
$$f_{ba}=0.184+0.67f_{cu}\frac{h}{s} \tag{4-18}$$

### 4.3.5　DOE 和 HSE（2002）规范

在 DOE（英国能源局）和 HSE 规范中，带剪力键和不带剪力键的灌浆连接段的特征黏结强度计算考虑径向刚度、灌浆长度、表面粗糙程度、剪力键尺寸以及灌浆材料立方体抗压强度的影响。灌浆连接段的特征黏结强度 $f_{buc}$ 为

$$f_{buc}=kC_L\left(9C_s+1100\frac{h}{s}\right)f_{cu}^{0.5} \tag{4-19}$$

$$k=\left[\frac{D_p}{t_p}+\left(\frac{D_s}{t_s}\right)\right]^{-1}+\frac{1}{m}\left(\frac{D_g}{t_g}\right)^{-1}$$

式中　$f_{buc}$——灌浆连接段的特征黏结强度，MPa；

$f_{cu}$——灌浆材料立方体试块的特征抗压强度，MPa；

$k$——径向刚度系数；

$m$——钢材与灌浆材料弹性模量的比值，在缺乏资料的情况下，$m$ 可以取为 18；

$C_L$——灌浆段长度与桩管直径的比值；

$C_s$——表面状况参数；

$D_p$——桩管外直径，mm；

$t_p$——桩管厚度，mm；

$D_s$——套管外直径，mm；

$t_s$——套管厚度，mm；

$D_g$——灌浆材料外直径，mm；

$t_g$——灌浆材料厚度，mm。

在缺乏钢管和剪力键几何尺寸数据的情况下，$C_L$ 参数取值见表 4-2。

表 4-2　$C_L$ 参数取值表

| $L/D_p$ | 2 | 4 | 8 | ≥12 |
|---|---|---|---|---|
| $C_L$ | 1.0 | 0.9 | 0.8 | 0.7 |

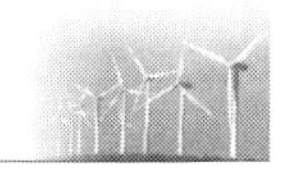

表4-2中，$L$ 为灌浆连接段的名义长度，介于表格数据之间的数值采用线性插值计算。

表面状态系数 $C_s$ 按下述规律取值：

(1) 对于设置剪力键的灌浆连接段，且满足 $h/s \geqslant 0.005$ 时，取 $C_s=1.0$。

(2) 对于不带剪力键的灌浆连接段或者带剪力键的灌浆连接段，满足 $h/s<0.005$，并且没有试验数据的条件下，取 $C_s=0.6$。

上述两点对应的表面状态分别为钢管表面经过喷丸处理和钢管表面稍微生锈的情况，其余的情况应该另外考虑。

## 4.4　API RP2A (2007) 规范公式推导

API RP2A (2007) 规范计算公式是根据 Krahl 和 Karsan 分析和试验结果提出的。Krahl 和 Karsan 根据带剪力键灌浆连接段的轴压试验结果观察得到，受轴压破坏时，滑移出现在内钢管与灌浆材料的接触面上。滑移是由于内钢管与灌浆材料间的黏结破坏以及桩管剪力键位置处灌浆材料被挤压破坏形成。并且，带剪力键灌浆连接段的破坏为延性破坏。Krahl 和 Karsan 假设灌浆连接段的轴向承载力由两部分组成：一部分由内管与灌浆材料的黏结提供，包括化学黏结力和摩擦力；另一部分由剪力键提供，具体可表示为

$$p_u = f_{cu}\pi D_p L + n f_{cu}^{*}\pi(D_p+h)h \tag{4-20}$$

将 $n=L/s$ 代入式 (4-20)，得

$$p_u = f_{cu}\pi D_p L + f_{cu}^{*}\pi(D_p+h)\frac{hL}{s} \tag{4-21}$$

假设 $f_b=\dfrac{P}{\pi D_p L}$ 为轴向荷载传递应力 ($P$ 为轴向荷载)，包括黏结力、摩擦力以及剪力键的作用；$f_{bu}=\dfrac{p_u}{\pi D_p L}$ 为极限轴向荷载传递应力，则有

$$f_{bu}=\frac{p_u}{\pi D_p L}=f_{pu}+\left(1+\frac{h}{D_p}\right)f_{cu}^{*}\frac{h}{s} \tag{4-22}$$

假设

$$k=\frac{f_{cu}^{*}}{f_{cu}} \tag{4-23}$$

则有

$$f_{bu}=f_{pu}+\left(1+\frac{h}{D_p}\right)k f_{cu}\frac{h}{s} \tag{4-24}$$

式 (4-23) 中的 $k$ 为约束浆体的强度对无约束浆体强度的比值。由于灌浆连接段剪力键位置处的浆体受到三向应力的作用，浆体强度随着约束应力的增大有所提高。为了确定灌浆连接段的极限轴向荷载传递应力，就必须确定 $k$ 值。

灌浆连接段的破坏模式为：带剪力键灌浆连接段随着荷载不断增大，斜向的裂缝将会发展并贯穿灌浆体。当剪力键间距较大时，浆体裂缝仅通过一个剪力键，剪力键间距较大的浆体受压短柱如图4-24 (a) 所示。当剪力键间距较小时，浆体裂缝将会通过两个剪力键，剪力键间距较小的浆体受压短柱如图4-24 (b) 所示。可以对剪力键之间的

灌浆材料受压短柱取隔离体进行力平衡分析，来确定剪力键位置处灌浆材料所受约束的大小。

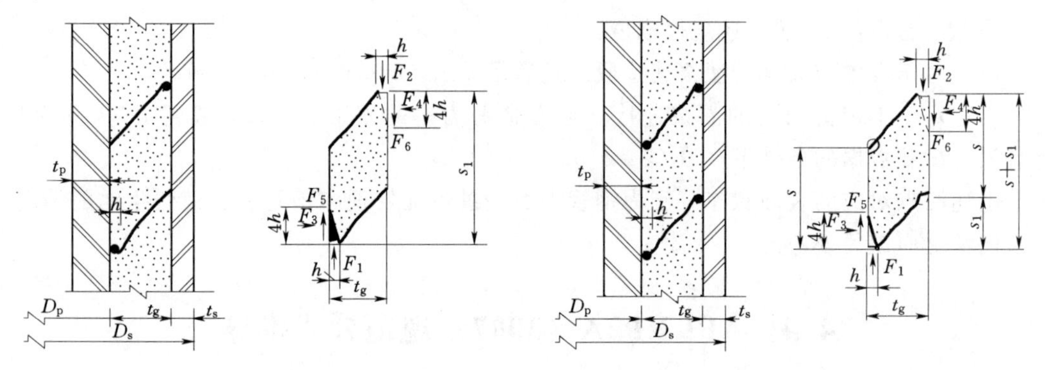


(a) 剪刀键间距较大的浆体受压短柱　　(b) 剪刀键间距较小的浆体受压短柱

图4-24　灌浆材料受压短柱隔离体图

对于隔离体A[图4-24(a)]，假设$s_1 \approx s/2$。考虑力平衡，有

$$\sum 轴向力=0 \tag{4-25}$$

$$F_5\pi D_p+F_1\pi(D_p+h)=F_6\pi(D_s-2t_s)+F_2\pi(D_s-2t_s-h) \tag{4-26}$$

$$\sum 径向力=0 \tag{4-27}$$

$$F_3\pi D_p=F_4\pi(D_s-2t_s) \tag{4-28}$$

$$\sum 弯矩=0$$

$$F_2\pi(D_s-2t_s-h)\left(t_g-\frac{h}{2}\right)+F_6\pi(D_s-2t_s)t_g=F_4\pi(D_s-2t_s)\left(\frac{s}{2}-4h\right)+F_1\pi(D_p+h)\frac{h}{2} \tag{4-29}$$

灌浆材料楔形体受压破坏时，有

$$F_1=hf_{cu}^{*} \tag{4-30}$$

摩擦力$F_5$、$F_6$为

$$F_5=\mu F_3 \tag{4-31}$$

$$F_6=\mu F_4 \tag{4-32}$$

综合式(4-25)～式(4-32)，有

$$\frac{F_3}{F_1}=R_A=\frac{(D_p+h)(t_g-h)}{D_p\left(\frac{s}{2}-4h-\mu t_g\right)} \tag{4-33}$$

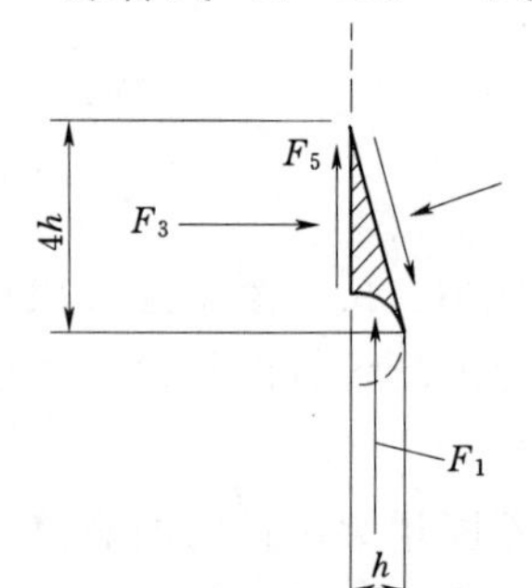


图4-25　灌浆材料剪力键位置楔形体受力状态

对于隔离体B[图4-24(b)]，同理可得，假设$s_1 \approx s/2$，有

$$\frac{F_3}{F_1}=R_B=\frac{(D_p+h)(t_g-h)}{D_p\left(\frac{3s}{2}-4h-\mu t_g\right)} \tag{4-34}$$

Richart、Brandtzaeg和Brown的研究结果表明，由于约束应力引起的混凝土轴向承载力的提升为。

$$f_{cu}^{*}=f_{cu}+4.1f_{conf} \tag{4-35}$$

式中 $f_{conf}$——约束应力。

Sims、Krahl 和 Victory 的研究结果表明，式（4-35）所表示的关系能够拓展到砂浆和水泥灌浆材料上。

图 4-25 所示为剪力键位置处楔形体灌浆材料的尺寸以及受力情况。根据图 4-25 有

$$F_1=hf_{cu}^{*} \tag{4-36}$$

$$F_3=4hf_{conf} \tag{4-37}$$

联合式（4-36）和式（4-37）有

$$\frac{F_3}{F_1}=\frac{4hf_{conf}}{hf_{cu}^{*}}=\frac{4f_{conf}}{f_{cu}+4.1f_{conf}}=R \tag{4-38}$$

根据上式等号右端进行变换，有

$$f_{conf}=\frac{R}{4-4.1R}f_{cu} \tag{4-39}$$

将式（4-35）带入式（4-23），有

$$k=\frac{f_{cu}+4.1f_{conf}}{f_{cu}}=1+4.1\frac{f_{conf}}{f_{cu}} \tag{4-40}$$

联合式（4-39）和式（4-40），有

$$k=\frac{4}{4-4.1R} \tag{4-41}$$

可以根据式（4-41）联合式（4-33）或式（4-34）求出 $k$ 值，进而求出灌浆连接段的极限轴向荷载传递应力。式（4-24）中的第二项有系数 $(1+h/D_p)k$ 和主要的变量 $f_{cu}$ 和 $h/s$。由于 $h\ll D_p$，$1+h/D_p\approx1$，因此可以将此项从等式中略去。

Krahl 和 Karsan 利用 84 个带剪力键的灌浆连接段计算 $k$ 值。其中有 12 个试件没有足够的几何尺寸计算 $k$ 值，剩下的 72 个试件中，有 66 个符合工况 A [即剪力键间距较大的情况，如图 4-24（a）所示]，有 6 个符合工况 B [即剪力键间距较小的情况，如图 4-24（b）所示]。每个灌浆连接段的 $k$ 值可以根据试件几何尺寸和假设的 $\mu$ 值计算而得。ACI318—77《美国混凝土结构设计规范》规定，混凝土与轧制钢板的摩擦系数 $\mu=0.7$，计算中取该值，根据试验数据计算得到的 $R$ 值和 $k$ 值见表 4-3。

**表 4-3 根据试验数据计算得到的 $R$ 值和 $k$ 值**

| 工况 | 变量 | 平均值 | 标准差 | 最小值 | 最大值 | 变异系数/% |
|---|---|---|---|---|---|---|
| A（66 个试件） | $R$ | 0.406 | 0.0751 | 0.1584 | 0.717 | 18.5 |
| | $k$ | 1.76 | 0.371 | 1.194 | 3.78 | 21.1 |
| B（6 个试件） | $R$ | 0.268 | 0.0547 | 0.232 | 0.338 | 20.4 |
| | $k$ | 1.39 | 0.1126 | 1.31 | 1.53 | 8.1 |
| A+B（72 个试件） | $R$ | 0.394 | 0.0827 | 0.1584 | 0.717 | 21.0 |
| | $k$ | 1.73 | 0.371 | 1.194 | 3.78 | 21.5 |

根据表 4-3，$k$ 平均值为 1.73，这说明剪力键位置处的灌浆材料由于三向压应力的

作用使其强度提升了大约 73%。极限轴向荷载传递应力可以表示为

$$f_{bu}=f_{pu}+1.73f_{cu}\frac{h}{s} \tag{4-42}$$

$k$ 值也可以通过试验数据拟合得出。根据式（4-24），该式的一般形式可以表示为

$$f_{bu}=a+bf_{cu}\frac{h}{s} \tag{4-43}$$

采用 155 个灌浆连接段数据点拟合可得，$a=1.15\text{MPa}$，$b=1.72$。式（4-43）可以表示成

$$f_{bu}=1.15+1.72f_{cu}\frac{h}{s} \tag{4-44}$$

从式（4-44）可以看出，由理论推导计算得出的 $k=1.73$ 和由试验拟合得到的 $k=1.72$ 十分接近。还有一个问题为式（4-43）中的参数 $a$ 是常数还是 $f_{cu}$ 的函数。由于 71 个不带剪力键的灌浆连接段试件试验数据离散性很大，看不出任何分布规律，因此，参数 $a$ 可以看做常数。

图 4-26 所示为灌浆连接段强度对浆体材料强度与剪力键高度对间距比值乘积的关系图，为了保证一定的安全系数，API RP2A（2007）规范将式（4-44）调整为

$$f_{bu}=0.138+0.5f_{cu}\frac{h}{s}$$

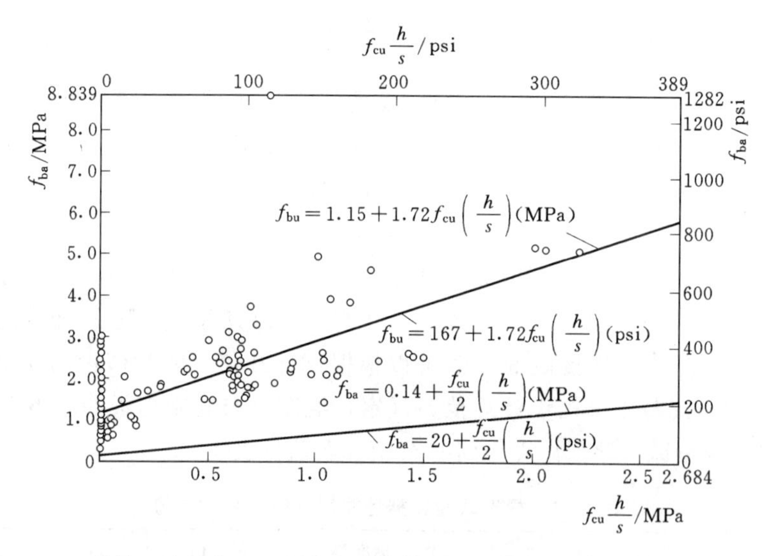


图 4-26　灌浆连接段强度对浆体材料强度与剪力键高度对间距比值乘积的关系

# 4.5　有限元分析模型的建立

## 4.5.1　材料的本构关系模型

钢材采用 ABAQUS 中基于经典金属塑性理论的弹塑性材料模型，钢材在多轴应力状态下满足 Von Mises 屈服准则，在单调荷载作用下，采用等向强化法则，在往复荷载

作用时采用随动强化法则。

在数值模拟中应考虑灌浆材料的非线性。在同类型的高强灌浆材料材性试验研究中发现，灌浆料与混凝土的极限压应变相当，表现出了一定程度的塑性。并且灌浆料在受拉过程中表现出了脆性的破坏性质，其抗压性能经过测量为其抗拉性能的20倍左右。灌浆料与混凝土的受压力学性能表现出了一致性。因此，适用于混凝土的材料模型均可用于模拟灌浆材料的材料性质。

灌浆材料的非线性可以采用混凝土的损伤塑性模型进行模拟。在商业有限元软件ABAQUS平台上，混凝土损伤塑性模型（CDP模型）是依Lubliner、Lee Fenves提出的损伤塑性模型确定的，其目的是为循环加载和动态加载条件下混凝土结构的力学响应提供普适的材料模型。它考虑了材料拉压性能的差异，主要用于模拟低静水压力下由损伤引起的不可恢复的材料退化。ABAQUS提供的这种退化主要表现在材料宏观属性拉压屈服强度不同、拉伸屈服后材料表现为软化及压缩屈服后材料先硬化后软化、拉伸和压缩采用不同的损伤和刚度折减因子、在循环载荷下刚度可以部分恢复等。

塑性损伤模型中灌浆材料的受拉和受压应力-应变曲线、弹性阶段的参数、泊松比可以根据试验数据获得。除了这些参数外，还需要确定灌浆材料受拉、受压损伤参数 $dt$ 和 $dc$ 刚度恢复参数 $\omega_t$ 和 $\omega_c$。

往复荷载作用下的混凝土塑性损伤模型中假定混凝土的破坏主要由混凝土受拉开裂和压碎破坏两种破坏机制组成。

在拉力作用下，考虑损伤后混凝土的有效拉应力 $\bar{\sigma}_t$ 为

$$\bar{\sigma}_t=\frac{\sigma_t}{1-dt}=E_c(\varepsilon_t-\tilde{\varepsilon}^{pl}) \tag{4-45}$$

式中 $dt$——受拉损伤变量，当 $dt=0$ 时表示没有损伤，$dt=1$ 时表示材料完全破坏；

$\sigma_t$——混凝土拉应力；

$\varepsilon_t$——混凝土总拉应变；

$E_c$——混凝土弹性模量；

$\tilde{\varepsilon}^{pl}$——受拉塑性应变。

ABAQUS软件中根据当前的拉应力和受拉损伤值按照式（4-45）计算考虑损伤后受拉塑性应变，从而确定有效拉应力。

在压力作用下，考虑损伤后混凝土的有效拉应力 $\bar{\sigma}_c$ 为

$$\bar{\sigma}_c=\frac{\sigma_c}{1-dc}=E_c(\varepsilon_c-\tilde{\varepsilon}^{pl}) \tag{4-46}$$

式中 $dc$——受拉损伤变量，当 $dc=0$ 时表示没有损伤，$dc=1$ 时表示材料完全破坏；

$\sigma_c$——混凝土压应力；

$\varepsilon_c$——混凝土总压应变；

$E_c$——混凝土弹性模量；

$\tilde{\varepsilon}^{pl}$——受拉塑性应变。

ABAQUS软件中根据当前的压应力和受压损伤值按照式（4-46）计算考虑损伤后受压塑性应变，从而确定有效压应力。

### 4.5.2　单元选择和网格划分

模拟钢管的单元可以采用厚度方向上有 5 个积分点的一阶壳单元。模拟灌浆体的单元至少是 8 节点有 3 个平动自由度的实体单元，如果采用一阶单元，灌浆体厚度方向上要求至少有 2 个一阶单元或者 1 个二阶单元。

剪力键与浆体接触面上的网格划分需要考虑接触面边界上应力的突变。为保证计算精度，应该确保接触面滑移方向上至少有 3 个单元，单元的高宽比不宜超过 1∶5。图 4-27 所示为带剪力键灌浆连接段钢管和浆体网格划分，图 4-28 所示为带剪力键灌浆连接段环向网格划分。

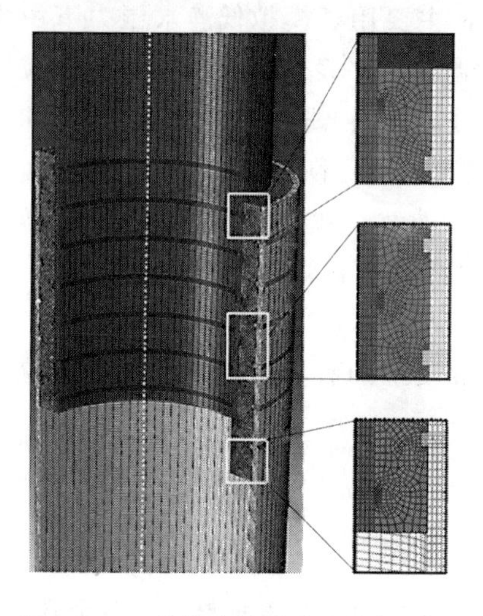

图 4-27　带剪力键灌浆连接段钢管和浆体网格划分

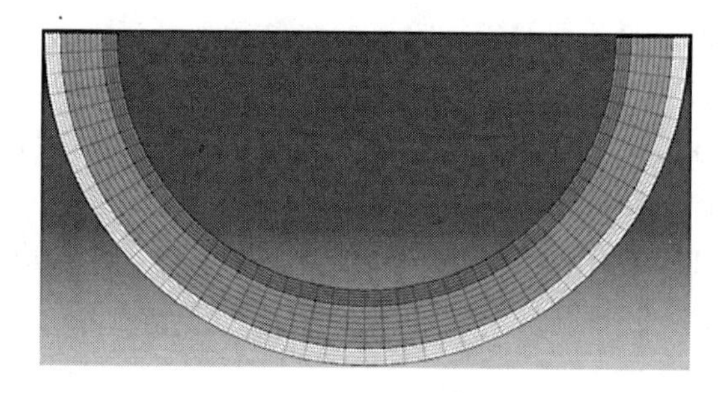

图 4-28　带剪力键灌浆连接段环向网格划分

### 4.5.3　钢管与灌浆材料的界面模型

钢管与灌浆材料的界面模型由界面法线方向的接触和切线方向的黏结滑移构成。法线方向的接触采用硬接触，即垂直于接触面的界面压力 $p$ 可以完全地在界面间传递，界面切向力的模拟采用库仑摩擦模型，如图 4-29 所示。

界面的黏结力和摩擦力对界面剪应力传递的贡献不同，需综合考虑两者的影响才能合理模拟界面性能。参考之前钢管混凝土界面传力性能的研究成果，采用库仑摩擦模型来模拟钢管与灌浆材料界面切向力的传递，即界面可传递剪应力，直到剪应力达到临界值，界面之间产生相对滑动，界面临界剪应力如图 4-30 所示。

计算时采用允许弹性滑移的公式，在滑动过程中界面剪应力保持为不变。与界面接触压力 $p$ 成比例，且不小于界面平均黏结力 $\tau_{\text{bond}}$，即 $\tau_{\text{crit}}=\mu p\geqslant\tau_{\text{bond}}$。

对于钢管与浆体接触面的摩擦系数，Lotsberg 建议，在长期使用荷载下，界面摩擦系数可以取 $\mu=0.4$；在试验室试验过程中，界面摩擦系数可以取 $\mu=0.7$。

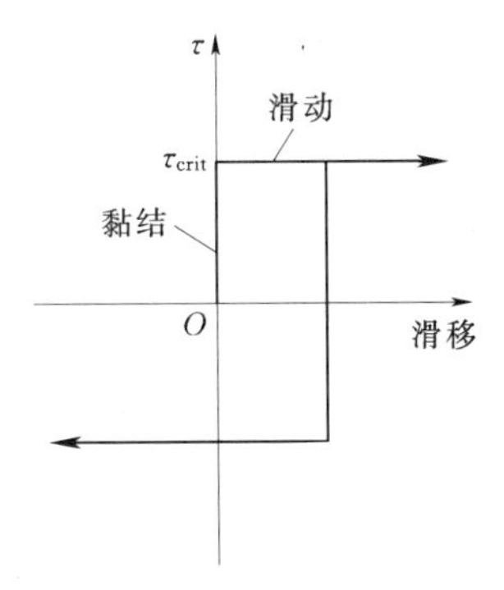


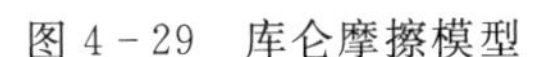

图 4-29 库仑摩擦模型

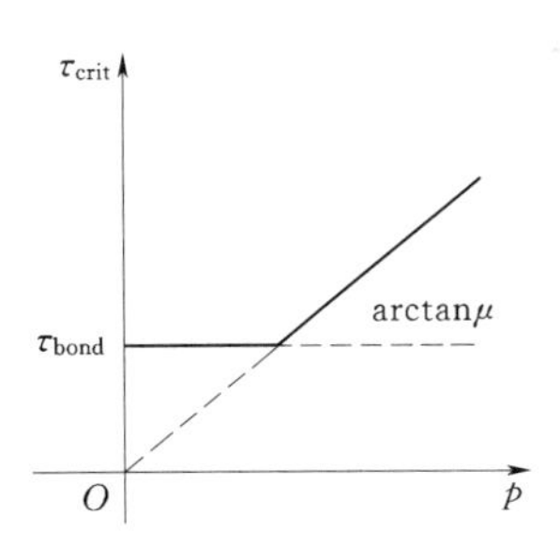


图 4-30 界面临界剪应力

# 参 考 文 献

[1] DNV-OS-J101 (2014). Design of Offshore Wind Turbine Structures [S]. Norway: Det Norsk Veritas, 2014.

[2] Yamasaki T, Hara M, Takahashi C. Static and Dynamic Tests On Cementgrouted Pipe-To-Pipe Connections [C]. Houston: Offshore Technology Conference, 1980.

[3] Lamport W B, Jirsa J O, Yura J A. Grouted Pile-to-sleeve Connection Tests [C]. Houston: Offshore Technology Conference, 1987.

[4] Aritenang W, Elnashai A S, Dowling P J, et al. Failure Mechanisms of Weld-beaded Grouted Pile/Sleeve Connections [J]. Marine Structures, 1990, 3 (5): 391-417.

[5] Wilke F. Load Bearing Behaviour of Grouted Joints Subjected to Predominant Bending [M]. Germany: Shaker Verlag GmbH, 2014.

[6] Billington C J, Lewis G H G. The Strength of Large Diameter Grouted Connections [C]. Houston: Offshore Technology Conference, 1978.

[7] Billington C J, Tebbett I E. The Basis for New Design Formulae for Grouted Jacket to Pile Connections [C]. Houston: Offshore Technology Conference, 1980.

[8] Krahl N W, Karsan D I. Axial Strength of Grouted Pile-to-sleeve Connections [J]. Journal of Structural Engineering, 1985, 111 (4): 889-905.

[9] Forsyth P, Tebbett I E. New Test Data On The Strength of Grouted Connections With Closely Spaced Weld Beads [C]. Houston: Offshore Technology Conference, 1988.

[10] Boswell L F, D'Mello C. The Experimental Behavior of Grouted Connections for Construction and Repair [C]. Amsterdam: Behavior of offshore Structures, 1985.

[11] Sele A B, Veritec A S, Kjeóy H B. Background for the New Design Equations for Grouted Connections in the DnV Draft Rules for Fixed Offshore Structures [C]. Houston: Offshore Technology Conference, 1989.

[12] Lamport W B, Jirsa J O, Yura J A. Strength and Behavior of Grouted Pile-to-sleeve Connections [J]. Journal of Structural Engineering, 1991, 117 (8): 2477-2498.

[13] Norsok Standard N-004 Design of Steel Structures [S]. Norway: The Norwegian Oil Industry Association, 2013.

[14] API RP 2A－WSD　Recommended Practice for Planning，Designing，and Constructing Fixed Offshore Platforms－Working Stress Design [S] . Washington，D. C.：American Petroleum Institute，2007.

[15] Health & Safety Executive. Pile/Sleeve Connections [R] . 2001.

[16] ISO 19902 Petroleum and Natural Gas Industries－fixed Steel Offshore Structures [S]. Switzerland：International Organization for Standardization，2007.

[17] HIBBITT，KARLSSON，SORENSEN. Inc. ABAQUS/Standard User's Manual Version 6.6 USA，2007.

[18] DET NORSKE VERITAS. Summary Report from the JIP on the Capacity of Grouted Connections in Offshore Wind Turbine Structures [R] . Norway：Det Norske Veritas. 2010.

# 第5章 灌浆连接段抗弯静力承载力

单桩基础作为海上风电场运用广泛的支撑结构形式，在海洋环境荷载作用下主要承受弯矩作用，与轴力作用互相影响。本章主要对灌浆连接段的抗弯性能进行描述：首先叙述灌浆连接段的抗弯机理；然后对灌浆连接段弯曲试验研究进行讨论；接着对DNV-OS-J101（2014）规范和NORSOK（2013）规范的灌浆连接段设计条款进行说明，并且对DNV-OS-J101（2014）规范的计算方法进行探讨；最后结合有限元数值分析方法进行参数分析。

## 5.1 灌浆连接段抗弯静力承载力机理

弯矩作用下灌浆连接段的力学性能与轴力作用时的力学性能有极大的不同。

无剪力键灌浆连接段受弯矩作用时的变形如图5-1所示。灌浆连接段受到正弯矩作用时，灌浆连接段两端一侧的钢管和灌浆材料接触面上出现开口，而灌浆连接段两端另一侧的钢管和浆体材料则相互挤压，并且钢管与灌浆材料之间有相对滑移产生。由图5-1可知，在弯矩作用下，钢管部分可能出现S形的局部失稳。

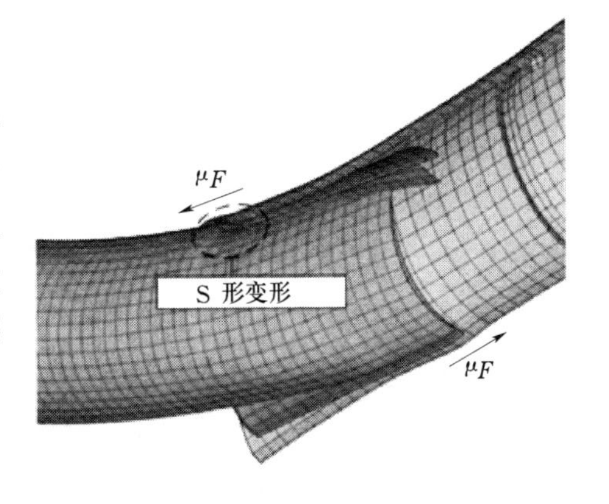


图5-1 无剪力键灌浆连接段的受弯变形图
$\mu F$—摩擦力

### 5.1.1 无剪力键灌浆连接段抗弯机理

无剪力键灌浆连接段的抗弯承载力由4个部分组成，如图5-2所示，包括：①灌浆连接段上下端部一对方向相反的灌浆材料对钢管的接触压力；②由于接触压力而产生的一对钢管与灌浆材料间的竖向摩擦力；③由于接触压力而产生的一对钢管与灌浆材料间的水平摩擦力；④由于钢管表面不规则而产生的一对钢管与灌浆材料间的机械咬合力。

由钢管表面不规则产生的钢管与灌浆材料之间的竖向摩擦力在设计中不应当考虑。因为实际工程中，灌浆连接段受到反复弯矩的作用，灌浆材料表面发生磨损，从而这个摩擦力会不断地减小。但是在试验研究中应当考虑由于钢管表面不规则产生的竖向摩擦力的影响。

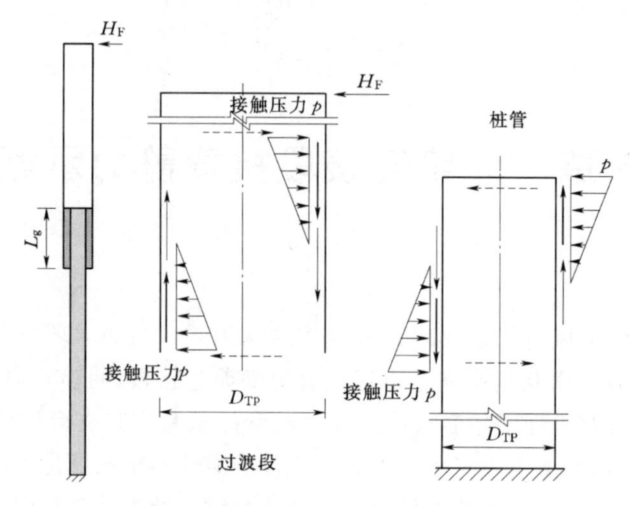


图5-2　无剪力键灌浆连接段的抗弯承载力组成

—►竖向摩擦力；→表面不规则的机械咬合力；--►水平摩擦力

### 5.1.2　带剪力键灌浆连接段抗弯机理

带剪力键灌浆连接段的弯矩承载力是在无剪力键灌浆连接段抗弯机理的基础上加上剪力键对抗弯承载力的贡献。

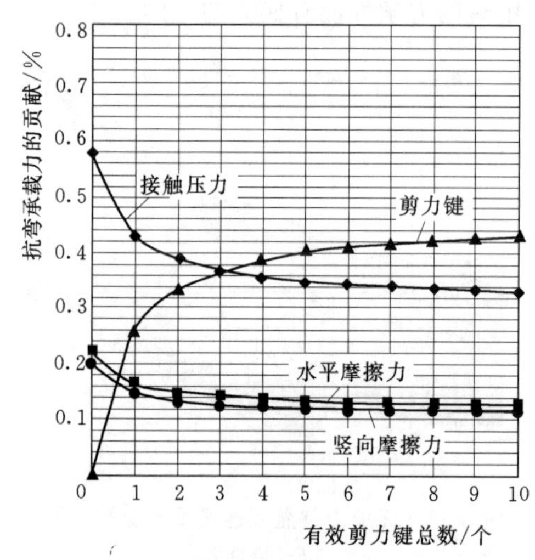


图5-3　带剪力键灌浆连接段的抗弯承载力各部分比例

带剪力键灌浆连接段的抗弯承载力各部分比例如图5-3所示。横坐标为有效剪力键总数，纵坐标为抗弯承载力贡献的百分比。从图中可得，对于带剪力键的灌浆连接段中，剪力键和接触压力这两部分对弯矩传递的贡献最大。并且随着剪力键个数的变化，各个部分所占比例也发生改变。随着剪力键个数的增加，剪力键所贡献的抗弯承载力逐渐增大，接触压力贡献的抗弯承载力有所减小，而摩擦力贡献的部分则在剪力键个数大于3个之后保持不变。对于有8个剪力键的灌浆连接段受弯矩作用时，42%的弯矩是由剪力键的贡献来承担；33%的弯矩由接触压力的贡献来承担；13%的弯矩由水平摩擦力的贡献来承担；12%的弯矩由竖向摩擦力的贡献来承担。

## 5.2　灌浆连接段抗弯静力试验研究

现有的灌浆连接段受弯静力试验研究成果较少，根据目前收集到的试验资料，有丹麦Aalborg大学、德国Hannover Leibniz大学、我国同济大学进行过试验研究。本章将

对这三组试验进行讨论。

## 5.2.1 Aalborg 大学试验

### 5.2.1.1 试验概况

在丹麦 Horns Rev 海上风电场设计阶段，丹麦 Aalborg 大学对风电场将采用的灌浆连接段设计进行了模型试验验证。

试验类型包括静力加载试验和疲劳试验，Aalborg 大学在进行静力加载试验后发现试件并未破坏，在之后增加了疲劳试验。与实际单桩基础灌浆连接段的受力形式相符，灌浆连接段试件采用悬臂梁方式进行加载，受到弯矩和剪力的共同作用。悬臂梁端部施加 30kN 的荷载，作用在灌浆连接段上的弯矩为 195kN·m。考虑灌浆连接段试件和加载梁的自重，试件上施加的弯矩为实际风电场设计弯矩按相似比例缩小后的 2.2 倍。

试验制作的灌浆连接段种类包括两个无剪力键灌浆连接段（试件一、试件二）和一个带剪力键灌浆连接段（试件三）。带剪力键灌浆连接段的剪力键设计分布在灌浆连接段两端部 1/3 范围内，而中部 1/3 范围内则不设置剪力键。灌浆连接段试件的设计尺寸和加载方式如图 5-4 所示。3 个灌浆连接段试件的缩尺比例均为 1∶7.9。3 个试件的桩管柔度系数 $D/t=72$，灌浆段长度比例 $L_g/D_p=1.5$。试件三的剪力键制作采用焊条在钢管壁上直接制作出剪力键。剪力键高度为 1.3mm，剪力键间距为 65mm。3 个灌浆连接段试件的灌浆材料厚度仅为 19.2mm。

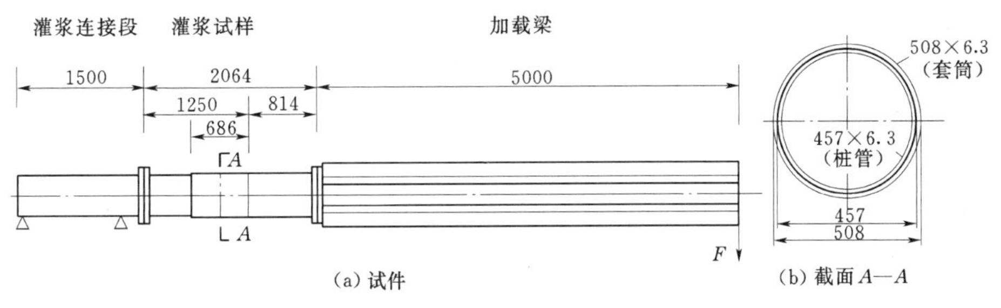


图 5-4 Aalborg 大学试件几何尺寸和加载图

图 5-5 Aalborg 大学灌浆连接段试件

灌浆材料平均抗压强度为210MPa，弹性模量为70000MPa。Aalborg大学灌浆连接段试件如图5-5所示。

#### 5.2.1.2　试验结果

灌浆连接段试件实际加载中加载到大约2.4倍的设计荷载仍未出现破坏，灌浆材料没有出现开裂或者剥落的现象，仅在灌浆连接段顶部内管与灌浆材料接触位置出现0.8mm的开口，如图5-6所示。

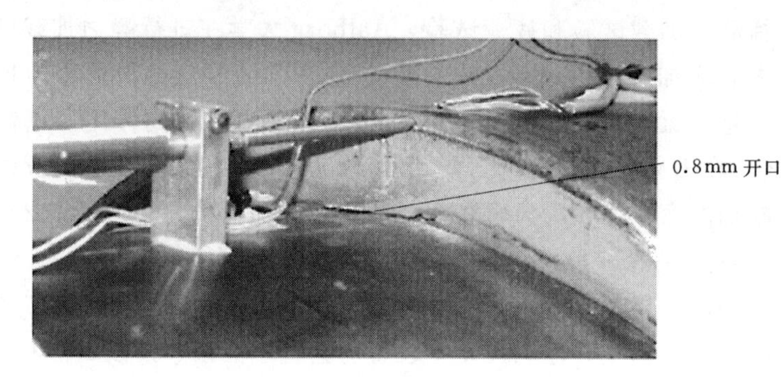


图5-6　灌浆连接段试件加载后灌浆材料和钢管开口图

灌浆连接段试件荷载位移曲线如图5-7所示。图中比较了带剪力键灌浆连接段试件（试件三）和无剪力键灌浆连接段试件（试件二）的荷载位移曲线，试件的位移取的是加载点处的位移。两个试件的加载曲线都存在较小的滞后性，这主要是由于钢管局部进入塑性，而并非灌浆连接段进入非线性。不同试件刚度的比较如图5-8所示。从图5-8可以看出，由于设置了剪力键，试件三峰值荷载的割线刚度比试件二的峰值荷载割线刚度大7%。

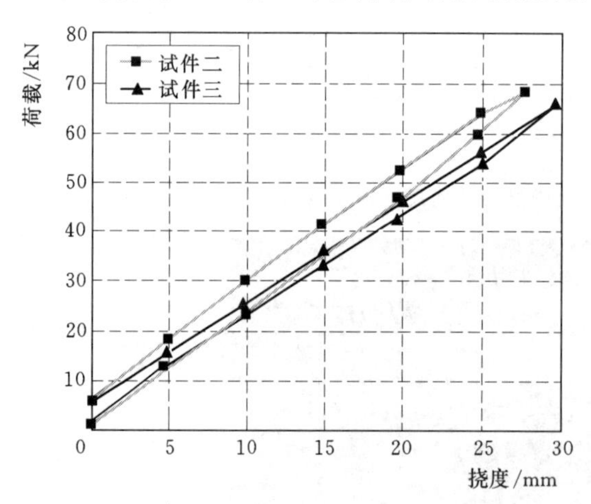


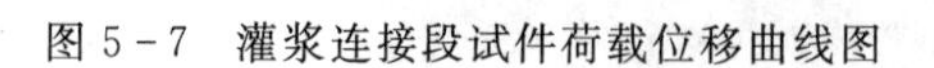
图5-7　灌浆连接段试件荷载位移曲线图

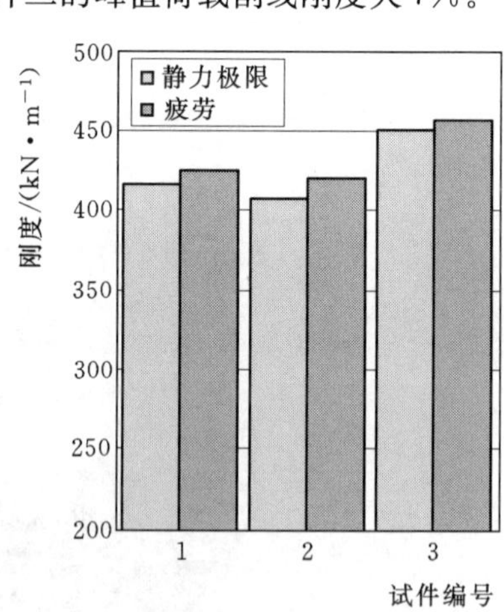


图5-8　不同试件刚度比较
1～3—试件一至试件三

Aalborg试验研究了灌浆连接段外管纵向应力沿纵向的分布规律。测量应变的应变片粘贴在外钢管的顶部和底部，并根据所得的应变乘以钢管弹性模量换算成应力。值得注意的是，在换算过程中，Aalborg试验并未考虑环向应变对纵向应力的影响，即未采用广

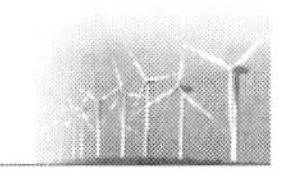

义胡克定律进行换算。不同灌浆连接段试件纵向应力分布如图 5－9 所示。横坐标为应变片的纵向位置 $z$，纵坐标为套管应力值 $\sigma_z$。其中，虚线表示的是带剪力键灌浆连接段，而实线则代表无剪力键灌浆连接段。从图 5－9 中可以看出，剪力键使弯矩更加平滑地从外管传递到内管。带剪力键灌浆连接段弯矩的传递并非仅依靠灌浆连接段的端部，剪力键使灌浆连接段中部参与了弯矩传递。在受拉的一侧，剪力键对应力的影响更为显著，在受压的一侧则并不显著。

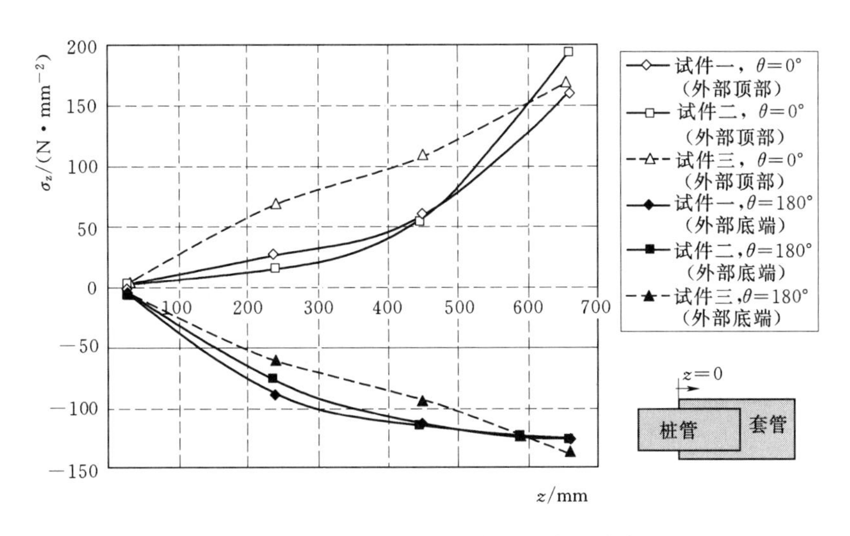


图 5－9　不同灌浆连接段试件纵向应力分布图

灌浆连接段试件弯矩相对位移曲线如图 5－10 所示，横轴为灌浆连接段顶部外管与内管的横向相对位移，位移计的位置如图 5－6 所示；纵轴为灌浆连接段所受弯矩 $M_{Sd}$ 与弹性极限弯矩 $M_{el}=W_{el}f_y$ 的比值，用此方法使不同的试件具有可比性。从图 5－10 可得，带剪力键灌浆连接段相对位移比无剪力键灌浆连接段相对位移要小，设置剪力键可以减小钢管之间的相对错动。

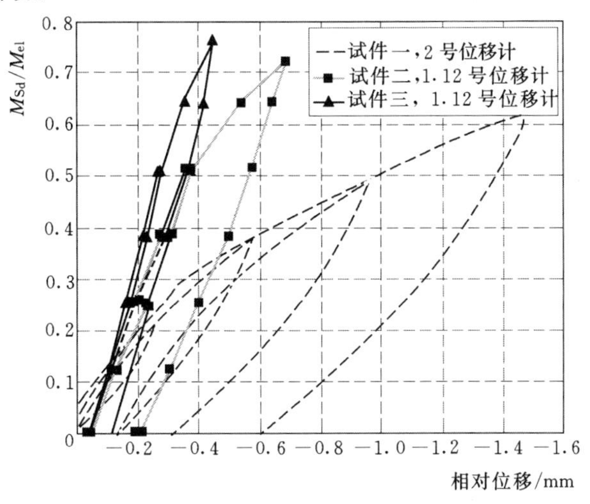


图 5－10　灌浆连接段试件弯矩相对位移曲线图

## 5.2.2　Hannover Leibniz 大学试验

### 5.2.2.1　试验概况

试验类型包括疲劳试验和静力加载试验。试验加载包括4个阶段：①疲劳荷载，加载力幅值为+100/−185kN，循环200万次，最大试验频率2Hz；②疲劳荷载，加载力幅值为−1/−435kN，循环25万次，最大试验频率1Hz；③极限强度弯曲试验，试验最大加载力为1000kN；④极限强度轴压试验。Hannover Leibniz 大学试验的静力抗弯试验是在试件经过225万次疲劳试验之后，灌浆连接段具有一定的疲劳损伤，静力抗弯试验是为了研究疲劳加载后的残余抗弯强度。

试验制作的灌浆连接段有两种类型，包括：①无剪力键灌浆连接段（类型Ⅰ）；②带剪力键灌浆连接段（类型Ⅱ），剪力键布置在灌浆连接段中部1/3范围内。类型Ⅱ灌浆连接段剪力键布置如图5-11所示。两个灌浆连接段试件的缩尺比例均为1∶6.25。灌浆连接段试件的内管直径为800mm，厚度为8mm，桩管柔度系数 $D_p/t_p=100$。外管直径为856mm，厚度为8mm，套管柔度系数 $D_s/t_s=107$。灌浆连接段长度为1040mm，长度比例 $L_g/D_p=1.3$。由于灌浆材料的浆体厚度有一个最小值，因此浆体厚度不能按比例缩小，灌浆材料层厚度为19.8mm。类型Ⅱ灌浆连接段的剪力键制作采用手工焊珠，剪力键高度为3mm，剪力键间距为60mm。类型Ⅱ灌浆连接段剪力键详细尺寸如图5-12所示。

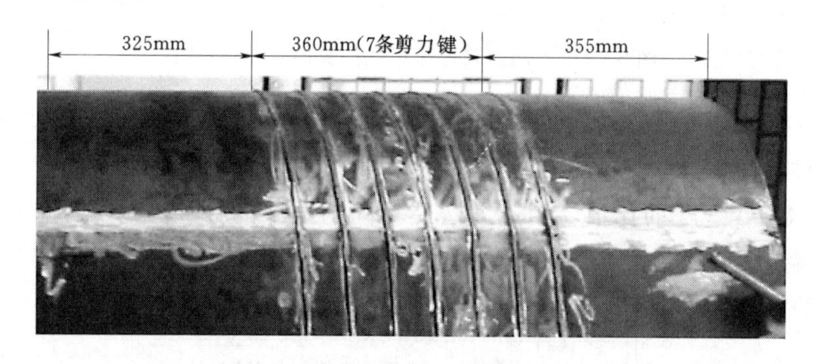


图5-11　类型Ⅱ灌浆连接段剪力键布置

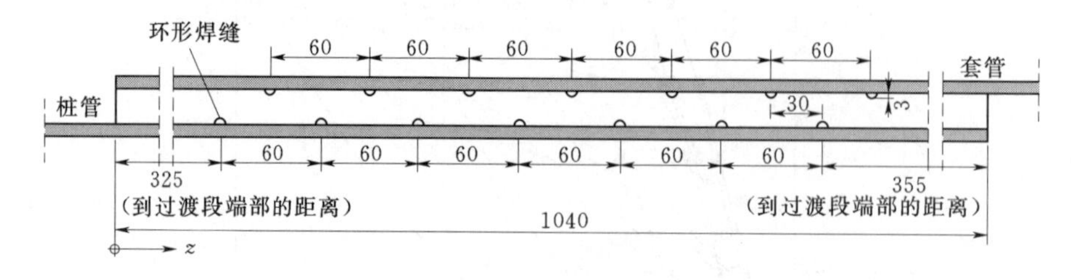


图5-12　类型Ⅱ灌浆连接段剪力键详细尺寸（单位：mm）

试件灌浆用材料的平均抗压强度为133 MPa，弹性模量为47800 MPa。

试件加载采用4点弯曲加载，Hannover Leibniz 大学灌浆连接段试件加载试验以及试验现场和布置示意如图5-13、图5-14所示。为了与实际工程中单桩基础灌浆连接段所受的弯矩和剪力比例相符，试验荷载并非作用在分配横梁的中点处，而是有一个偏心 $e=350$mm。

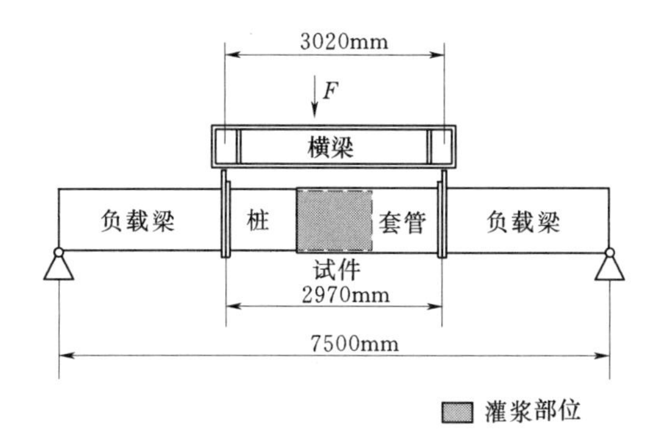


图 5-13 Hannover Leibniz 大学灌浆连接段试件加载试验图

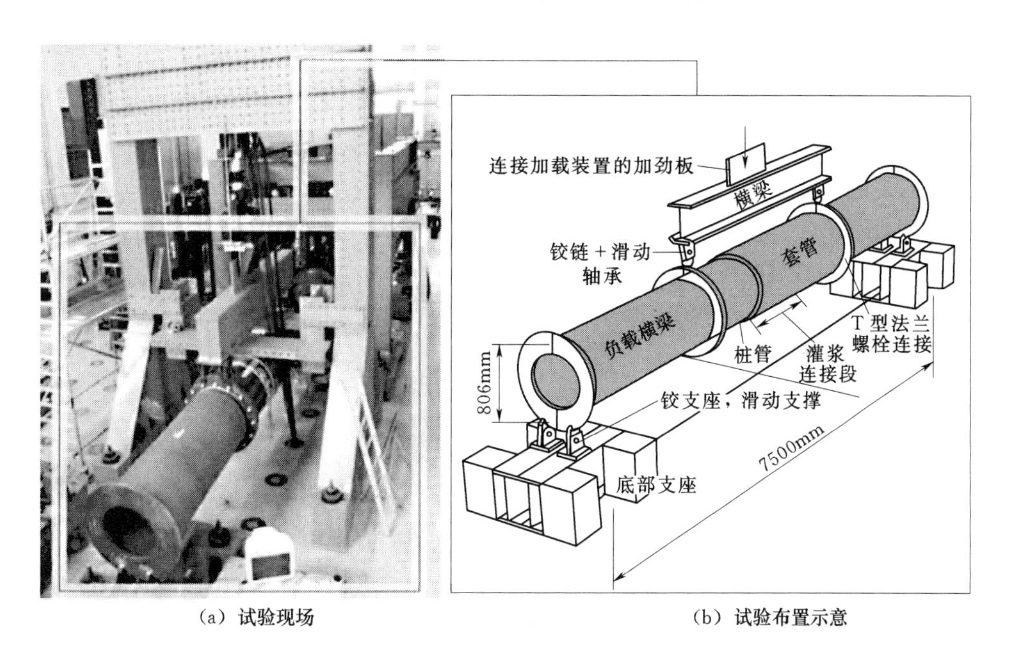


图 5-14 Hannover Leibniz 大学灌浆连接段试件试验现场和布置示意

Hannover Leibniz 大学灌浆连接段试件加载试验测量了内外钢管顶部和底部的纵向应变和环向应变，其位移计的布置如图 5-15 所示，包括灌浆连接段试件的挠度和内外钢管之间的相对竖向位移和横向位移。位移计 1、2、4、8、9 用来测量相对/绝对竖向位移，其余测量横向位移。

#### 5.2.2.2 试验结果

荷载 $F=-435$kN 时灌浆连接段试件内外钢管顶部和底部的纵向应力沿纵向分布，如图 5-16 所示。横坐标为纵向位置，纵坐标为钢管的纵向应力。图 5-16 中实线为带剪力键灌浆连接段纵向应力分布，点划线为无剪力键灌浆连接段纵向应力分布。由图 5-16 中

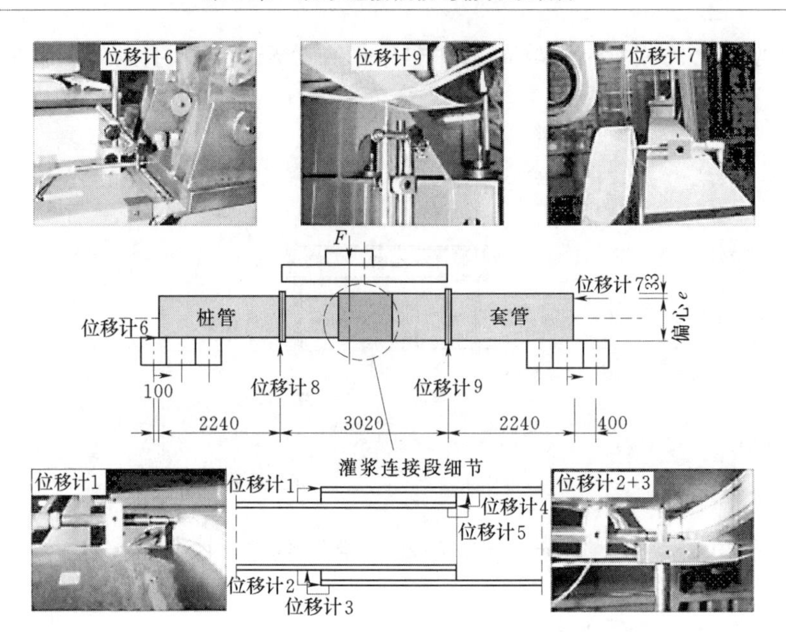


图5-15 Hannover Leibniz大学灌浆连接段试件位移计布置图（单位：mm）

可得，对于无剪力键灌浆连接段，其桩管内部顶端和套管外部底端在将近一半的长度范围内纵向应力水平都保持一个较低的值。这是由于在弯矩作用下，开口出现在灌浆连接段端部内管与浆体的接触面上，应力无法在分开的接触面上传递。并且，设置剪力键使纵向应力在灌浆连接段中的分布更加平滑。并且，带剪力键灌浆连接段中部的应力值要大于无剪力键灌浆连接段中部的应力值。

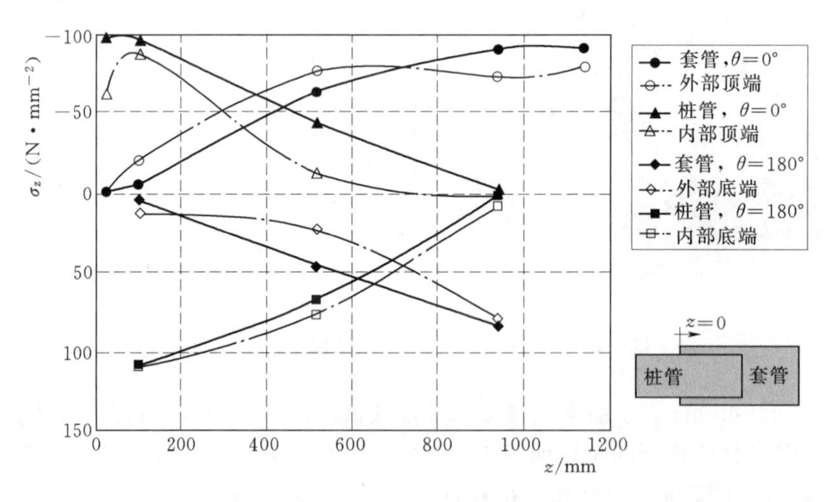


图5-16 Hannover Leibniz大学灌浆连接段试件纵向应力布置图

灌浆连接段试件的荷载-位移曲线如图5-17所示。坐标横轴为灌浆连接段左端法兰盘处的竖向位移。图5-17中实线为带剪力键灌浆连接段，虚线为无剪力键灌浆连接段。比较两条曲线发现，荷载$F$加载到$-900$kN时灌浆连接段已经进入塑性，且在峰值荷载$F=-1000$kN处，无剪力键灌浆连接段的位移比带剪力键灌浆连接段的位移大7%。比较两者刚度，带剪力键灌浆连接段的刚度比无剪力键灌浆连接段的刚度大16%。剪力键有利于提升灌浆连接段的刚度。

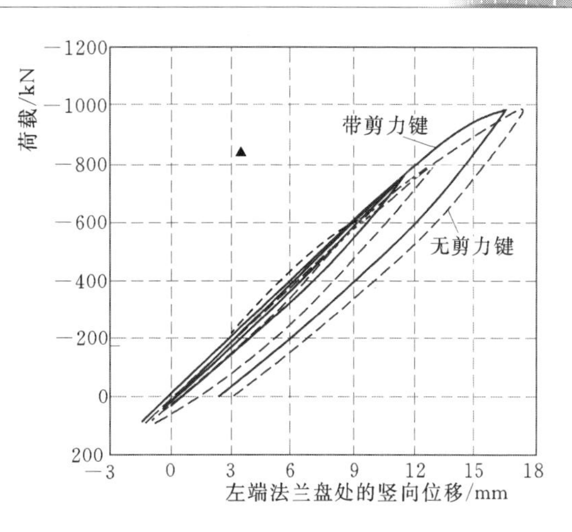


图5-17 Hannover Leibniz 大学灌浆连接段试件的荷载-位移曲线（左端法兰盘处）

图5-18所示为荷载与内外钢管相对位移关系曲线。横坐标为内外钢管的相对位移，位移计1测量灌浆连接段顶部内外钢管的横向相对位移，位移计3测量灌浆连接段底部内外钢管的竖向相对位移。实线代表带剪力键灌浆连接段，虚线代表无剪力键灌浆连接段。从图5-18中可以明显看出，设置剪力键能使内外钢管间的相对滑移减小，并使钢管与灌浆材料之间的开口尺寸减小。

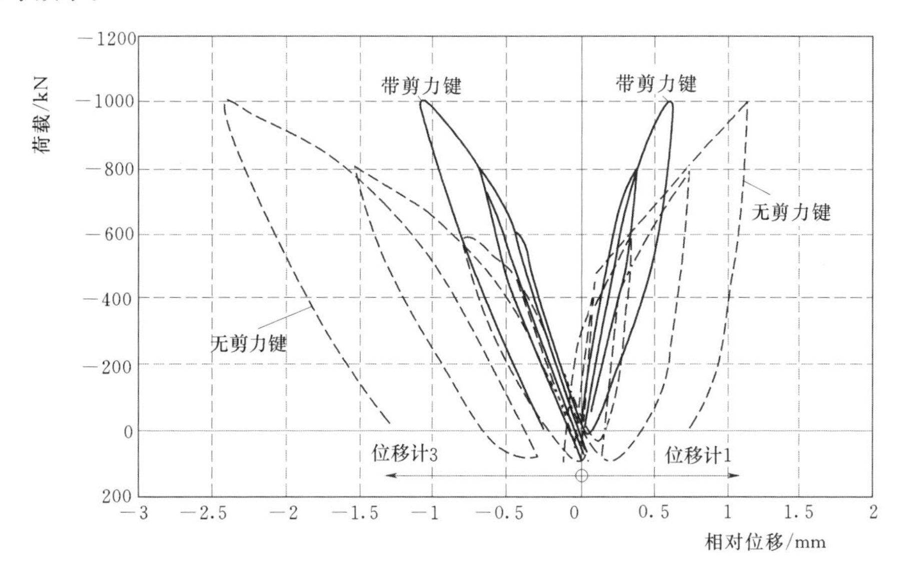


图5-18 Hannover Leibniz 大学灌浆连接段试验荷载与内外钢管相对位移关系

## 5.2.3 同济大学试验

海上施工环境恶劣，试件的安放很容易受到大风以及海浪的影响，因此灌浆连接段钢管的安装存在一定的安装误差。灌浆连接段浆体的形状主要取决于两根钢管的相对位置，不同的浆体形状会对灌浆连接段的极限承载力有所影响。同济大学的试验主要研究了导管架基础灌浆连接段桩管偏心对弯矩承载力和应力分布的影响。

### 5.2.3.1 试验概况

试件的缩尺比例取为1/10。灌浆连接段试件设计尺寸见表5-1。偏心组试件设计如图5-19所示。灌浆连接段试件保证有效剪力键对数为3对，剪力键高度为3mm，宽度为6mm。剪力键间距为60mm。剪力键采用直接在钢管壁上焊焊珠的方式制作。套管与桩管之间的偏心程度用两根钢管圆心之间的距离 $e$ 来表示。并考虑 $e=0$mm、$e=10$mm、$e=15$mm 三种工况。

**表5-1　试件设计尺寸**　　单位：mm

| 试件编号 | 桩管直径 | 桩管厚 | 套管直径 | 套管厚 | 灌浆层厚度 | 灌浆长度 | 剪力键高度 | 剪力键间距 | 内管偏心 |
|---|---|---|---|---|---|---|---|---|---|
| M-0 | 180 | 6 | 127 | 10 | 20.5 | 265 | 3 | 60 | 0 |
| M-10 | 180 | 6 | 127 | 10 | 10.5～30.5 | 265 | 3 | 60 | 10 |
| M-15 | 180 | 6 | 127 | 10 | 5.5～35.5 | 265 | 3 | 60 | 15 |

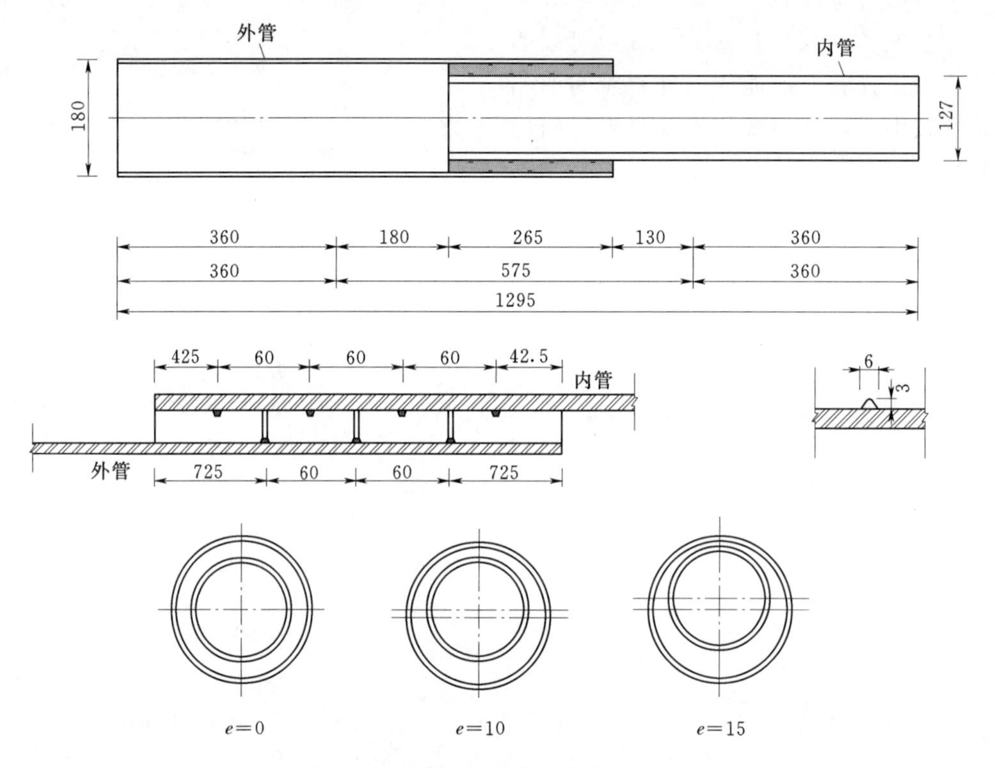


图5-19　偏心组试件（单位：mm）

试件钢管部分采用20号钢无缝钢管制作而成，经测试，钢材的屈服强度 $f_y=388.5$MPa，极限强度 $f_u=538.4$MPa，弹性模量 $E_s=202399$MPa。

灌浆材料的抗压强度 $f_{cu}$ 由与试件同等条件下养护成型的边长为75mm的立方体试块测得，圆柱体抗压强度 $f_c$、弹性模量 $E_g$ 和泊松比 $\mu$ 采用 $\phi$150mm×300mm 圆柱体试件测得。灌浆材料的实测力学性能见表5-2。

**表5-2　灌浆材料的实测力学性能**

| $f_{cu}$/MPa | $f_c$/MPa | $E_g$/MPa | $\mu$ |
|---|---|---|---|
| 117.2 | 87.6 | 50711 | 0.1832 |

试验采用4点弯曲方式对灌浆连接段的抗弯力学性能进行研究，将灌浆连接段组合结

构部分放于纯弯段进行弯曲加载。用位移计测量灌浆连接段部分的挠度和内外钢管之间横向、竖向相对位移及支座变形。图 5-20 所示为桩管偏心试验装置和位移计布置。

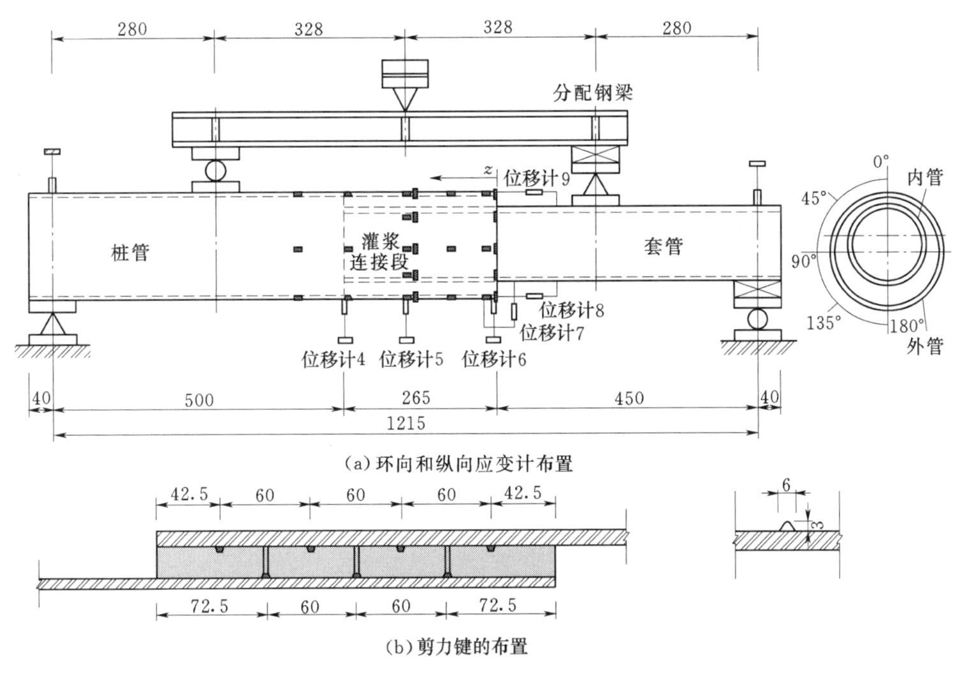


(a) 环向和纵向应变计布置

(b) 剪力键的布置

图 5-20 桩管偏心试验装置和位移计布置（单位：mm）

进行试验时，通过液压装置对试件进行加载控制。当荷载 $F<200\text{kN}$ 时，采用荷载控制，加载速率取为 20kN/min。当荷载 $F=200\sim280\text{kN}$ 时，采用荷载控制，每级荷载增量加载速率取为 10kN/min；当荷载 $F=280\text{kN}$ 后，采用加载端位移控制，继续加载。加载速度为 1mm/min。加载至试件变形无法继续加载，或者试件的竖向承载力降低至极限竖向承载力的 90%时，停止加载。试件安装如图 5-21 所示。

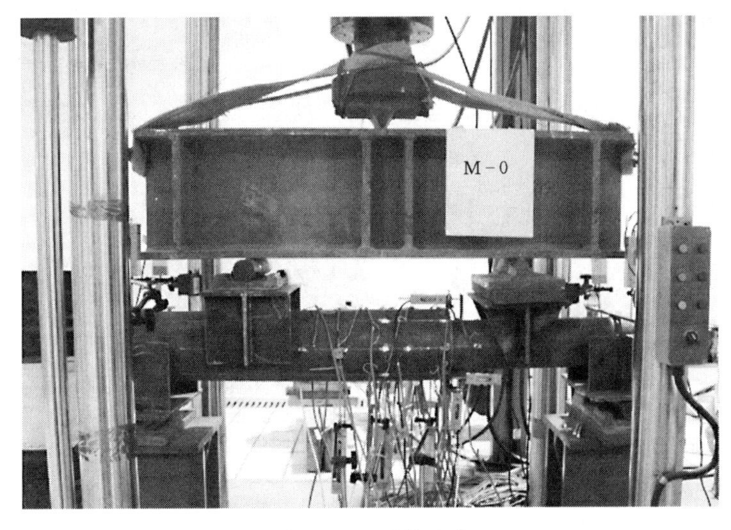


图 5-21 试件安装

#### 5.2.3.2　试验结果

1. *灌浆连接段的破坏形态*

加载后灌浆连接段的破坏模式为内管弯曲破坏，灌浆连接段端部的内管与灌浆材料出现脱开，形成开口，且浆体表面出现裂缝。灌浆连接段试件钢管弯曲破坏如图5-22所示。

图5-22　灌浆连接段试件钢管弯曲破坏

经过实际测量，试件开口尺寸见表5-3。灌浆连接段的开口大小与内管的偏心无关。内管的偏心越大，开口的范围，即开口弧长越大。

**表5-3　试件开口尺寸**

| 试件编号 | M-0 | M-10 | M-15 |
|---|---|---|---|
| 开口弧长/mm | 156.63 | 167.21 | 170.04 |
| 开口大小/mm | 4 | 5 | 5 |

灌浆连接段浆体表面裂缝如图5-23所示。浆体表面裂缝出现在开口的端部，并且，从

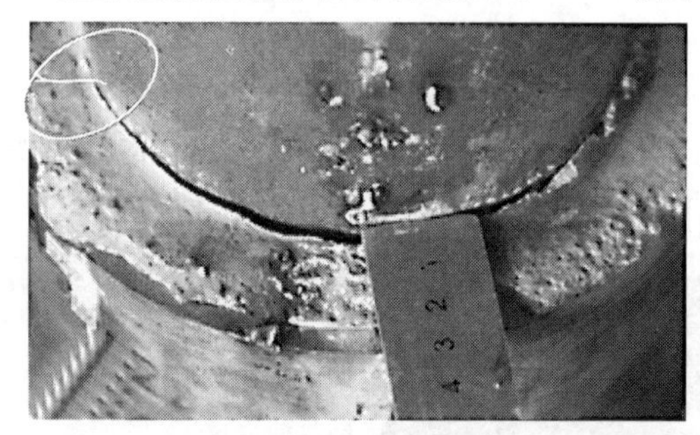

(a) M-0

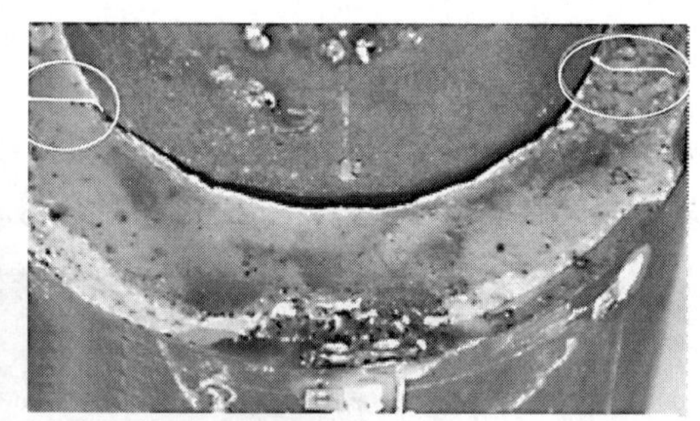

(b) M-10

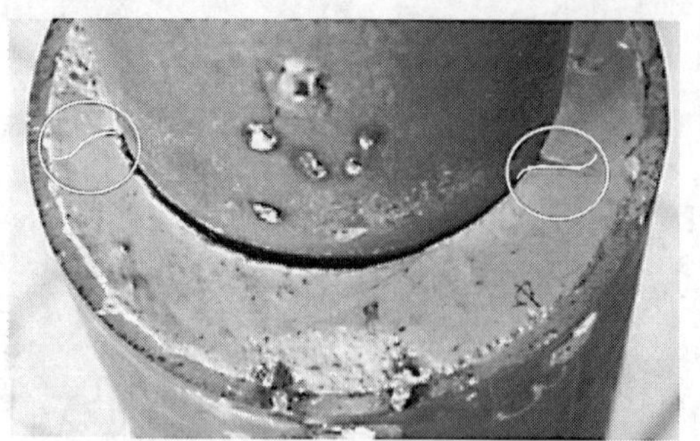

(c) M-15

图5-23　灌浆连接段浆体表面裂缝

图中明显可以观察得出，随着内管偏心距的增大，灌浆连接段端部表面裂缝也逐渐增大。

在试验结束后对浆体进行剖开观察，灌浆连接段浆体裂缝如图 5－24 所示。M－0 试件浆体与钢管的接触面上并未出现明显裂缝，浆体截面上最靠近两端部的剪力键处有斜向裂缝。M－10 试件浆体与外管的接触面上未出现明显裂缝，浆体与内管的接触面上第二个剪力键位置处有裂缝，裂缝从灌浆连接段截面处开始发展，延伸至较薄的灌浆层，但未贯穿整个截面。M－15 试件的浆体与外管和内管的接触面上均出现裂缝。裂缝从灌浆连接段端部浆体表面延伸至浆体内部。然而在浆体截面上并未观察到裂缝。灌浆连接段内管偏心有利于浆体材料裂缝的发展。

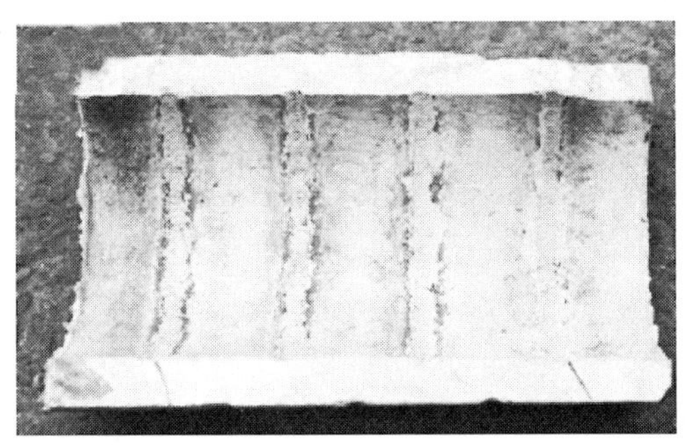

(a) M－0灌浆连接段试件浆体与内管接触面

(b) M－0灌浆连接段试件浆体与外管接触面

(c) M－10灌浆连接段试件浆体与内管接触面

(d) M－10灌浆连接段试件浆体与外管接触面

(e) M－15灌浆连接段试件浆体与内管接触面

(f) M－15灌浆连接段试件浆体与外管接触面

图 5－24　灌浆连接段浆体裂缝

*2. 灌浆连接段试件的荷载-位移关系*

灌浆连接段跨中位置荷载-挠度关系曲线如图 5－25 所示。位移取跨中位移计 5 处测量的位移。3 个试件的荷载-位移曲线为近似的三折线。3 个试件的屈服荷载均为 270kN

附近，且 M－0 灌浆连接段试件、M－10 灌浆连接段试件和 M－15 灌浆连接段试件的峰值荷载分别为 436.4kN、414.2kN 和 430.2kN，最大峰值荷载与最小峰值荷载之间仅相差5.09%，可认为 3 个试件的峰值承载力并无变化。由于 M－0 试件在加载时外管支座处未设置加劲措施，由于钢管挤压变形，因此弹性段刚度小于其他两个试件。从图 5－25 中可得，内管偏心并不影响灌浆连接段试件的延性。

灌浆连接段的荷载-灌浆连接段转角关系曲线如图 5－26 所示。从图 5－26 中可得，内管偏心并不影响灌浆连接段的转动能力。

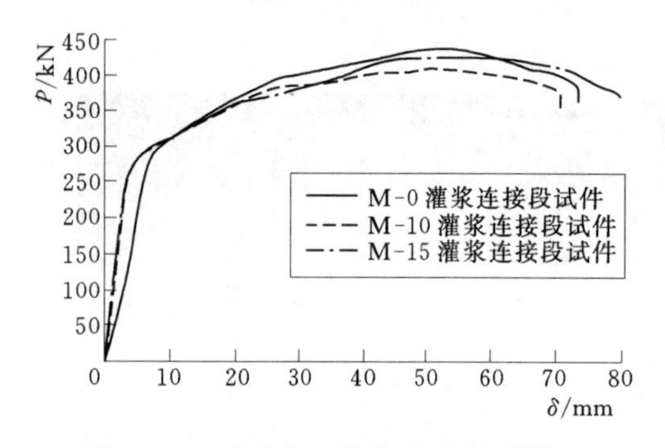


图 5－25　跨中位置荷载-挠度关系曲线

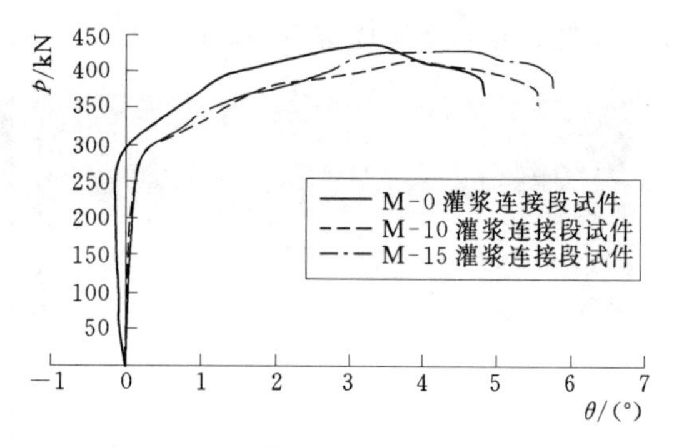


图 5－26　荷载-灌浆连接段转角关系曲线

3. 灌浆连接段试件的荷载-相对位移关系

采用位移计 7 测得的灌浆连接段的荷载-竖向相对位移关系曲线如图 5－27 所示。竖向相对位移测量的是灌浆连接段端部内外钢管之间的相对位移。在达到屈服荷载之前，灌浆连接段的竖向相对位移一直保持在 0.5mm 以内；超过屈服荷载后，该曲线斜率明显减小。原因在于位移计的安装方式，由于测量相对位移的两个点距离较远，位移计的测量值也包括钢管的变形。在屈服荷载后，钢管屈服，变形增大。

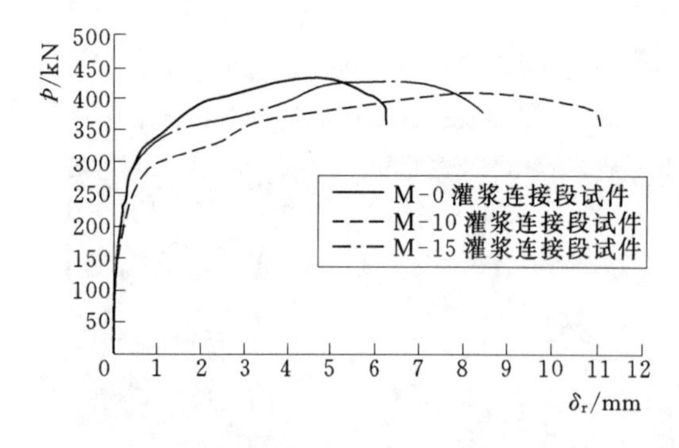


图 5－27　荷载-竖向相对位移关系曲线（位移计 7）

采用位移计 8 和位移计 9 测得的灌浆连接段的荷载-横向相对位移关系曲线如图 5－28 和图 5－29 所示。图 5－28 所示为灌浆连接段底部内外钢管之间的水平相对位移，采用位移计 8 进行测量。图 5－29 所示为灌浆连接段顶部内外钢管之间的水平相对位移，采用位移计 9 进行测量。与竖向相对位移相同，在屈服点后，横向相对位移曲线的斜率明显减小。然而，从图 5－28 与图 5－29 的对比中可以看出，当荷载增大至屈服荷载 270kN 时，灌浆连接段 M－0、M－10、M－15 底部的横向相对位移分别为 0.4585mm、0.3077mm、0.2935mm，而灌浆连接段 M－0、M－10、M－15 顶部的横向相对位移分别为 0.2618mm、0.2668mm、0.2753mm。可以发现，对于同一个试件，灌浆连接段底部的横向相对位移大于顶部的横向相对位移。内管的偏心对灌浆连接段底部的横向相对位移的影响大于顶部的横向相对位移。并且，内管偏心越大，灌浆连接段

底部的横向相对位移越小。

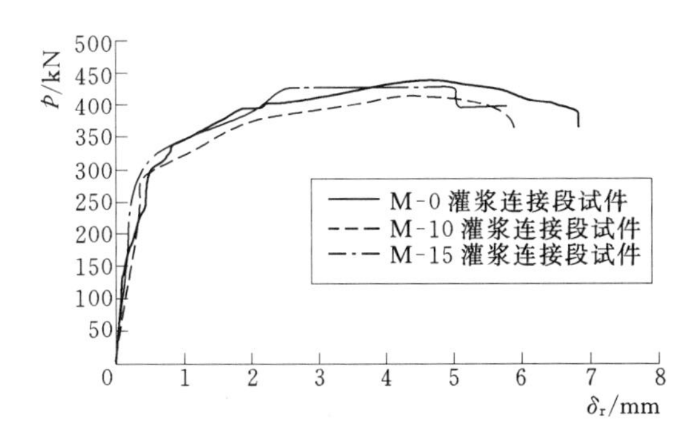


图 5-28 荷载-横向相对位移关系曲线（位移计 8）

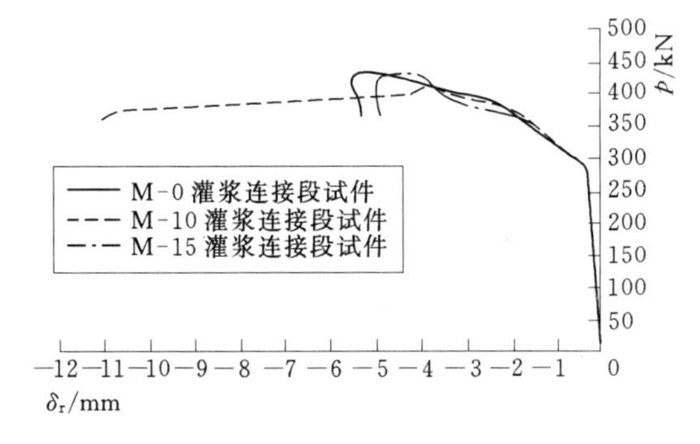


图 5-29 荷载-横向相对位移关系曲线（位移计 9）

4. M-10 灌浆连接段试件应变分析

灌浆连接段端部（$z$=10mm 处）的环向应变沿钢管圆周方向分布如图 5-30（a）所示。钢管大部分圆周受到环向拉应力的作用，这是由于在受到正弯矩作用的时，外管端部顶部受到浆体挤压作用，因此外管端部顶部有环向的拉应力。值得注意的是，拉应力的最大值并非出现在钢管顶部 $\theta=0°$位置处，而是出现在 $\theta=45°$附近。

灌浆连接段中部（$z$=157mm 处）的环向应变沿钢管圆周方向分布如图 5-30（b）所示。钢管环向应变最大值出现在钢管顶部 $\theta=0°$位置处，最小值出现在钢管底部 $\theta=180°$位置处。

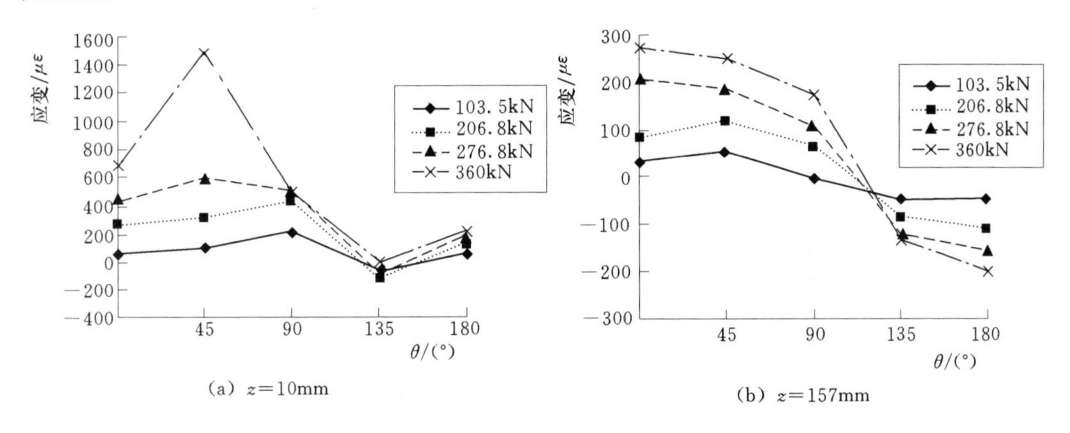


图 5-30 M-10 灌浆连接段试件环向应变沿钢管圆周方向的分布

灌浆连接段顶部（$\theta=0°$处）的纵向应变如图 5-31（a）所示。图中横坐标为应变片位置 $z$，坐标系的设置如图 5-20 所示。在灌浆连接段顶部，钢管纵向应变值随着 $z$ 的增大不断增大。灌浆连接段底部（$\theta=180°$处）的纵向应变如图 5-31（b）所示。在灌浆连接段底部，钢管纵向应变值随着 $z$ 的增大不断增大。灌浆连接段端部处（$z$=265mm 处）存在纵向应变最大值，并且大于钢管处（$z$=355mm）的纵向应变值。

灌浆连接段试件纵向应变沿钢管高度方向的分布如图 5-32 所示。从图 5-32 中可以得到，灌浆连接段端中部，钢管的变形符合梁的平截面假定。而在灌浆连接段端部，钢管的变形则不符合梁的平截面假定。因此可以得出结论，在灌浆连接段中部，浆体和钢

管之间并无相对错动，黏结完好，共同工作。而在灌浆连接段端部，浆体和钢管之间已经出现黏结失效，不能作为一个整体分析。

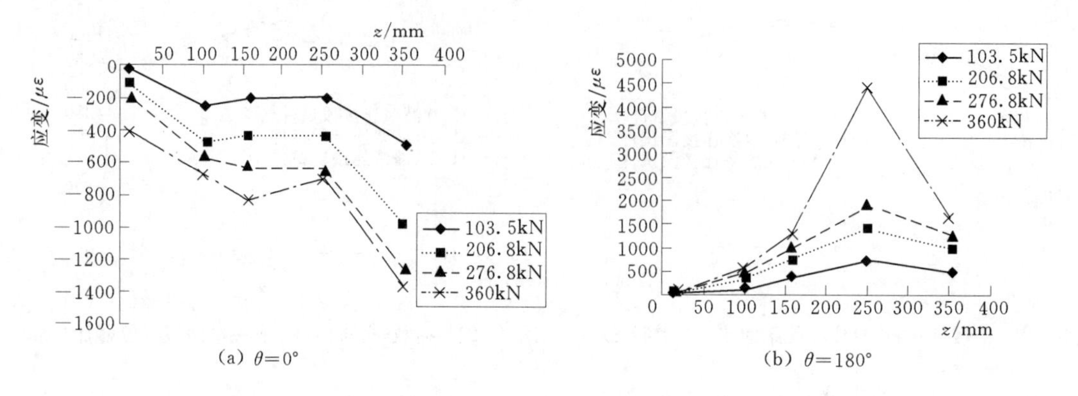


(a) $\theta=0°$　　(b) $\theta=180°$

图 5－31　M－10 灌浆连接段试件纵向应变沿钢管长度方向的分布

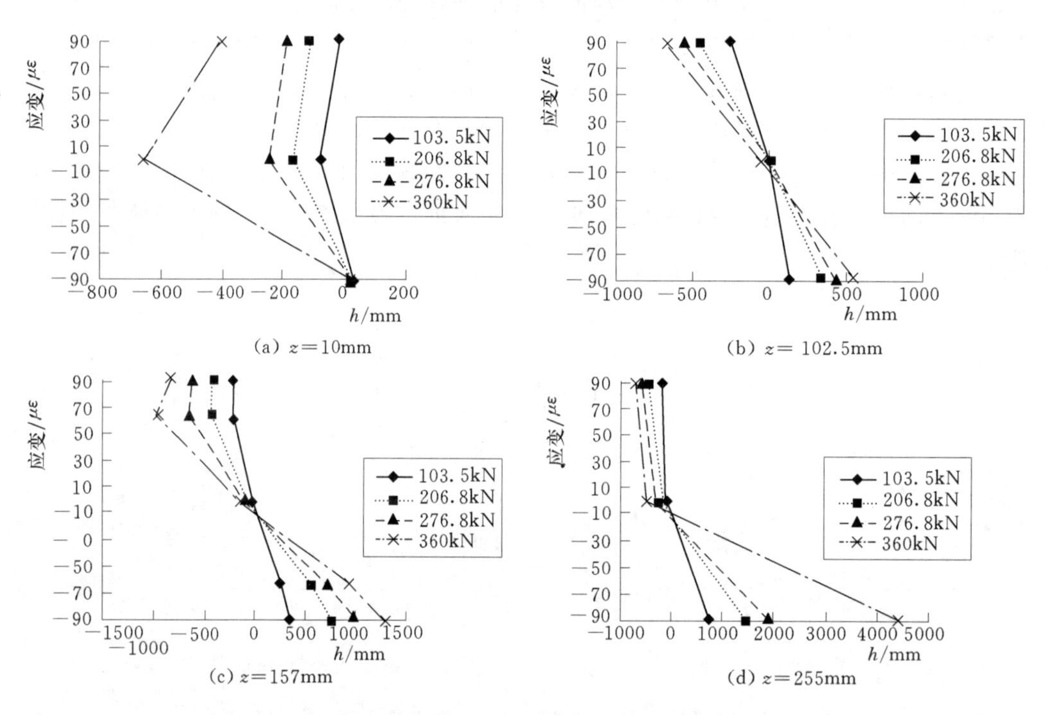


(a) $z=10$mm　　(b) $z=102.5$mm

(c) $z=157$mm　　(d) $z=255$mm

图 5－32　M－10 灌浆连接段试件纵向应变沿钢管高度方向的分布

5. M－15 灌浆连接段试件应变分布

M－15 灌浆连接段试件的纵向应变分布规律与 M－10 灌浆连接段试件的纵向应变分布规律相似，其环向应变沿钢管圆周方向的分布和纵向应变沿钢管长度方向的分布以及纵向应变沿钢管高度方向的分布如图 5－33～图 5－35 所示。

6. 偏心试件应变比较分析

图 5－36 比较了荷载水平 $p=206.8$kN 和荷载水平 $p=360$kN 下 M－10 灌浆连接段试件和 M－15 灌浆连接段试件环向应变沿钢管圆周方向的分布。偏心距对灌浆连接段端

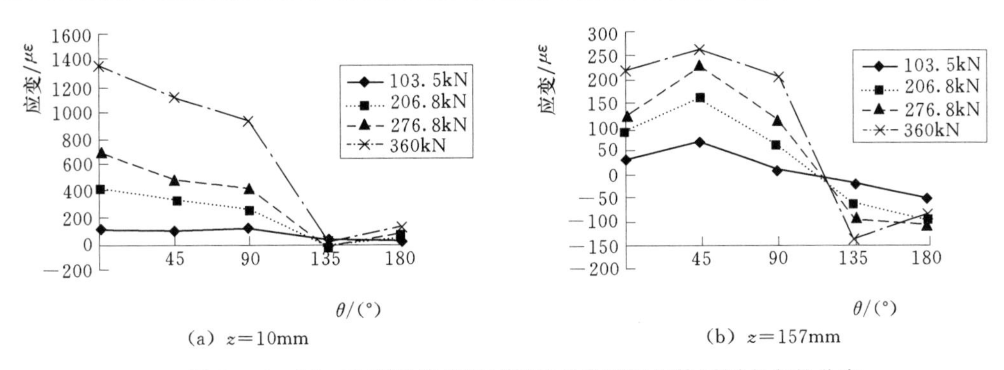


(a) $z$=10mm　　(b) $z$=157mm

图 5-33　M-15 灌浆连接段试件环向应变沿钢管圆周方向的分布

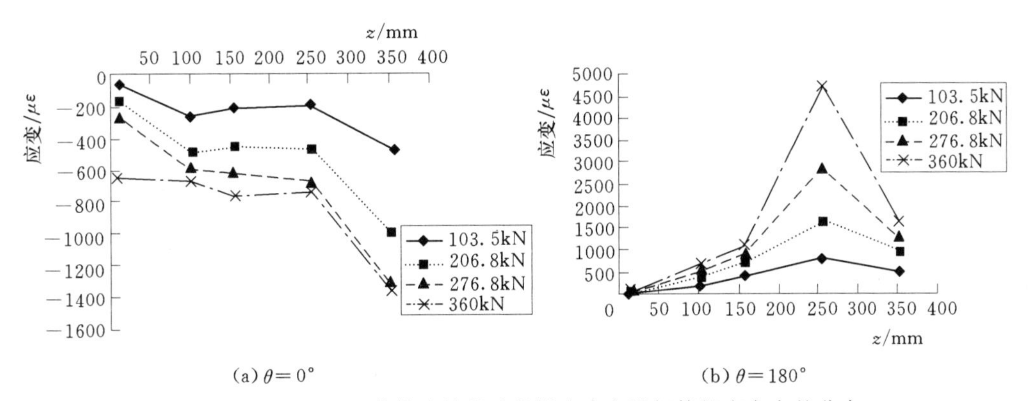


(a) $\theta$=0°　　(b) $\theta$=180°

图 5-34　M-15 灌浆连接段试件纵向应变沿钢管长度方向的分布

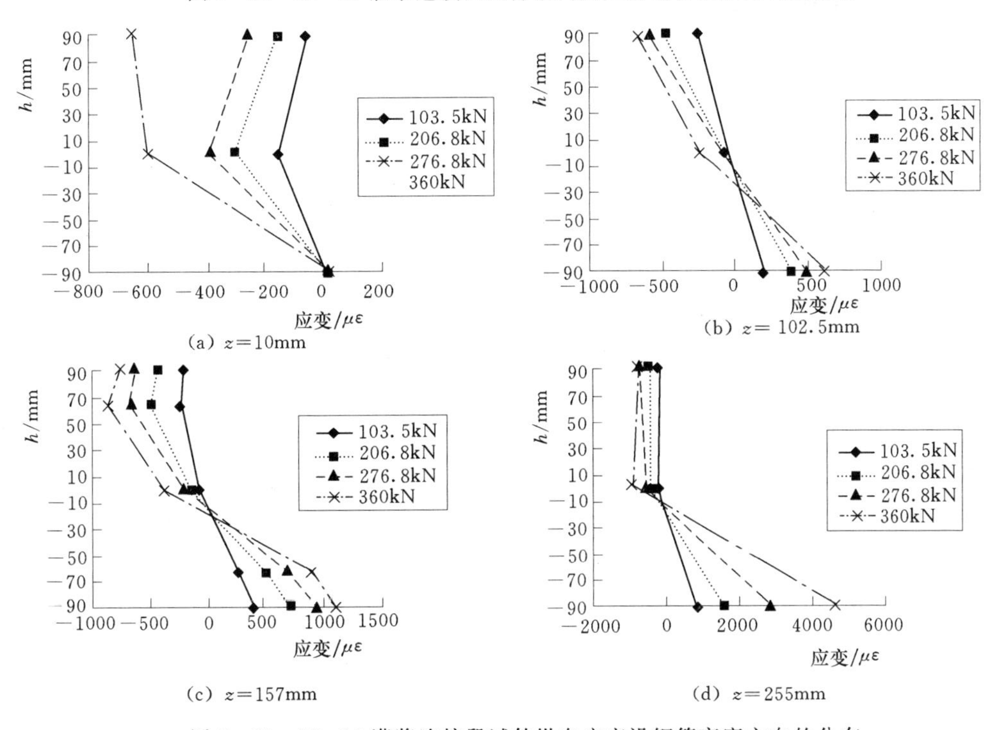


(a) $z$=10mm　　(b) $z$= 102.5mm

(c) $z$=157mm　　(d) $z$=255mm

图 5-35　M-15 灌浆连接段试件纵向应变沿钢管高度方向的分布

部（即 $z=10\text{mm}$ 处）的环向应变影响较为显著，而对灌浆连接段中部（即 $z=157\text{mm}$ 处）的环向应变无明显影响。

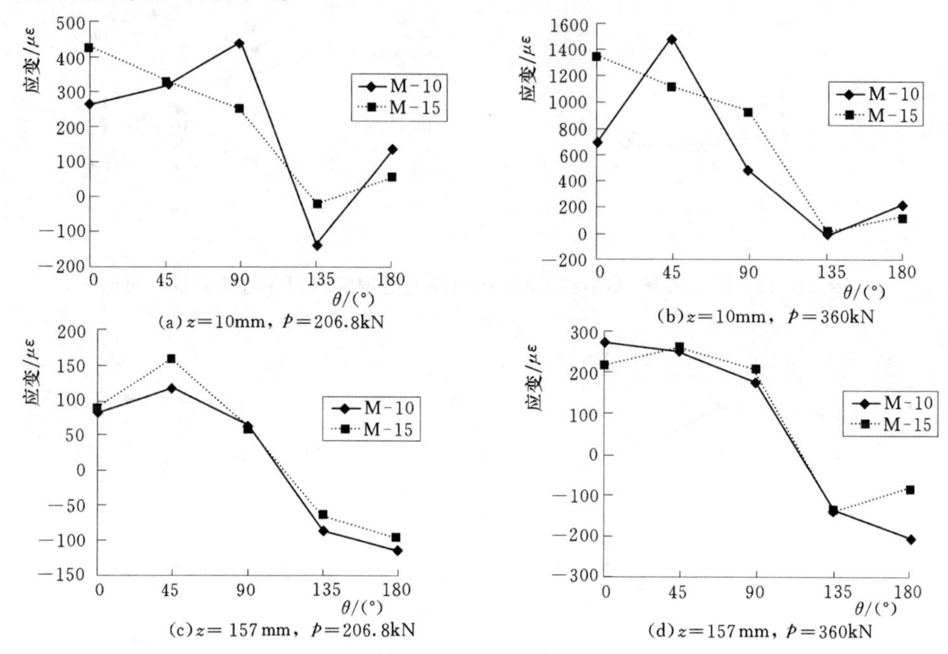


(a) $z=10\text{mm}$，$p=206.8\text{kN}$　(b) $z=10\text{mm}$，$p=360\text{kN}$

(c) $z=157\text{mm}$，$p=206.8\text{kN}$　(d) $z=157\text{mm}$，$p=360\text{kN}$

图 5－36　M－10、M－15 灌浆连接段试件环向应变沿钢管圆周方向的分布比较

图 5－37 比较了荷载水平 $p=206.8\text{kN}$ 和荷载水平 $p=360\text{kN}$ 下 M－10 和 M－15

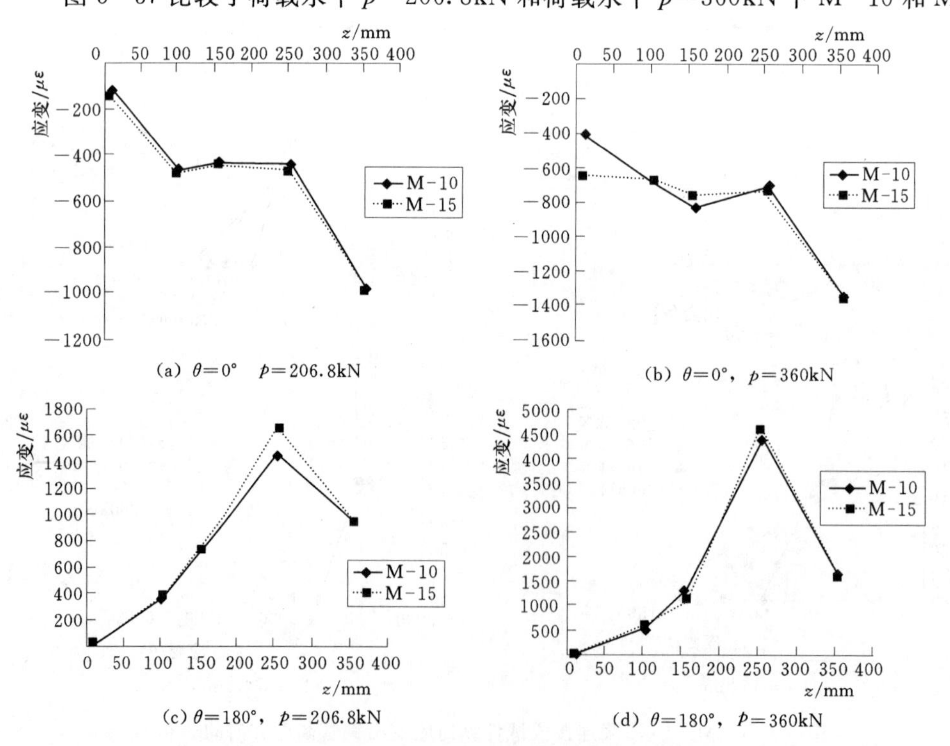


(a) $\theta=0°$　$p=206.8\text{kN}$　(b) $\theta=0°$，$p=360\text{kN}$

(c) $\theta=180°$，$p=206.8\text{kN}$　(d) $\theta=180°$，$p=360\text{kN}$

图 5－37　M－10、M－15 灌浆连接段试件纵向应变沿钢管长度方向的分布比较

灌浆连接段试件纵向应变沿钢管长度方向的分布。从图中可以看出，对于不同的偏心距，外管的纵向应变分布并无明显变化。

## 5.3 灌浆连接段抗弯承载力的规范公式

### 5.3.1 DNV－OS－J101（2014）规范公式

#### 5.3.1.1 无剪力键灌浆连接段抗弯承载力公式

无剪力键灌浆连接段抗弯承载力主要由连接段两端的接触压力、钢管与灌浆材料的竖向摩擦力和横向摩擦力三部分组成。DNV－OS－J101（2014）规范通过控制连接段端部灌浆材料的第三主应力保证灌浆连接段不发生受拉破坏。

最大名义径向接触压力 $p_{nom}$ 计算公式为

$$p_{nom}=\frac{3\pi M}{R_p L_g^2(\pi+3\mu)+3\pi\mu R_p^2 L_g} \tag{5-1}$$

式中 $R_p$——桩管外半径，mm；

$L_g$——灌浆连接段有效长度，mm；

$\mu$——摩擦系数；

$M$——弯矩，N・m。

可取摩擦系数 $\mu=0.7$，该值具有95%的保证率。如果可以确定摩擦系数大于0.7，可以取大于0.7的值。

如果灌浆连接段所受的剪力较大，则由剪力引起的接触压力为

$$p_{shear}=\frac{Q}{2R_p L_g} \tag{5-2}$$

式中 $Q$——剪力，N。

由于灌浆连接段端部在厚度上有一个突变，在几何上并不连续，因此需要考虑此处接触压力的增大。局部接触压力 $p_{local}$ 可以由最大名义径向接触压力乘以适当的应力集中系数SCF来得到，即

$$p_{local}=\mathrm{SCF}\,p_{nom} \tag{5-3}$$

$$\mathrm{SCF}=1+0.025\left(\frac{R}{t}\right)^{3/2} \tag{5-4}$$

其中 $2250\text{mm}\leqslant R\leqslant 3250\text{mm}$，$50\text{mm}\leqslant t\leqslant 100\text{mm}$

需要注意的是，对于内管端部的灌浆材料，半径 $R$ 和管厚 $t$ 取为内管半径和内管厚度。对于在外管端部的灌浆材料，半径和管厚的取值为外管半径和外管厚度。

局部设计接触压力除了用上述计算式获得之外，还可以通过用有限元计算的方法得到。并且，灌浆材料可当成线弹性材料。

灌浆材料设计拉应力值 $\sigma_d$ 为

$$\sigma_d = 0.25 p_{local,d}\left(\sqrt{1+4\mu_{local}^2}-1\right) \tag{5-5}$$

式中　$p_{local,d}$——局部接触压力设计值。

应保证灌浆材料设计拉应力值小于灌浆材料的特征抗拉强度 $f_{tn}$，即

$$\sigma_d \leqslant \frac{f_{tn}}{\gamma_m}$$

$$f_{tn} = f_{tk}\left[1-\left(\frac{f_{tk}}{25}\right)^{0.6}\right] \tag{5-6}$$

式中　$\gamma_m$——材料系数；$\gamma_m=1.5$；

$f_{tk}$——灌浆材料的特征抗拉强度。

#### 5.3.1.2　带剪力键灌浆连接段抗弯承载力公式

DNV-OS-J101（2014）规范建议单桩基础的灌浆连接段在设计时应该将剪力键布置在灌浆连接段中部1/2范围内。剪力键尺寸的规定为：①所有的剪力键应该有相同的间距 $s$ 和高度 $h$；②过渡段和桩管的剪力键个数应该只相差一个；③灌浆材料在灌浆连接段中不能被任何其他组件分割。单桩基础灌浆连接段几何尺寸如图5-38所示。

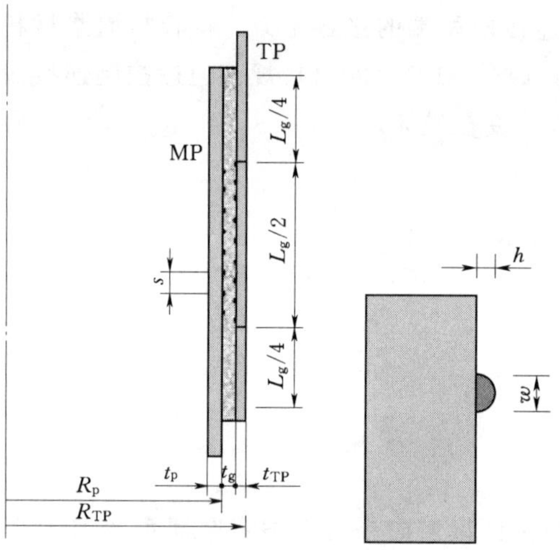

图5-38　单桩基础灌浆连接段几何尺寸

按照上述规定设计，由弯矩引起的带剪力键的灌浆连接段端部名义径向接触压力 $p_{nom}$ 为

$$p_{nom} = \frac{3\pi M E L_g}{E L_g\left\{R_p L_g^2(\pi+3\mu)+3\pi\mu R_p^2 L_g\right\}+18\pi^2 k_{eff} R_p^2\left(\frac{R_p^2}{t_p}+\frac{R_{TP}^2}{t_{TP}}\right)}$$

$$k_{eff} = \frac{2 t_{TP} s_{eff}^2 n E\psi}{2\sqrt[4]{3(1-\nu^2)}\,t_g^2\left\{\left(\frac{R_p}{t_p}\right)^{3/2}+\left(\frac{R_{TP}}{t_{TP}}\right)^{3/2}\right\}t_{TP}+n s_{eff}^2 L_g} \tag{5-7}$$

$$s_{eff} = s - w$$

$$L_g = L - 2t_g$$

式中　$k_{eff}$——剪力键有效弹簧刚度；

$\mu$——摩擦系数，可取为0.7；

$R_p$——桩管外半径，mm；

$R_{TP}$——过渡段外半径，mm；

$t_p$——桩管厚度，mm；

$t_{TP}$——过渡段厚度，mm；

$L_g$——灌浆连接段有效长度，mm；

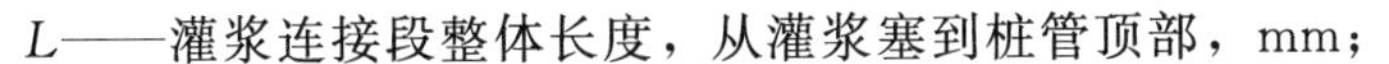

$L$——灌浆连接段整体长度，从灌浆塞到桩管顶部，mm；

$t_g$——名义灌浆材料厚度，mm；

$s_{eff}$——剪力键之间有效垂直距离，mm；

$s$——剪力键垂直中心距，mm；

$w$——剪力键宽度，mm；

$E$——钢材的弹性模量，取为 $2.1\times10^5$MPa；

$\nu$——泊松比，取为 0.3；

$n$——有效剪力键个数（灌浆连接段每边的实际的剪力键个数是 $n+1$）；

$\psi$——设计参数，计算剪力键上作用的荷载时，$\psi=1.0$；计算最大名义接触压力时，$\psi=0.5$。

灌浆连接段受到弯矩和轴力作用，剪力键环向单位长度上的力 $F_{VShk}$ 为

$$F_{VShk}=\frac{6p_{nom}k_{eff}R_p}{E}\frac{R_p}{L_g}\left(\frac{R_p^2}{t_p}+\frac{R_{TP}^2}{t_{TP}}\right)+\frac{p}{2\pi R_p} \tag{5-8}$$

式中 $p$——桩管上的结构自重，包括过渡段的全部重量。

单个剪力键环向单位长度上的平均作用力 $F_{V1Shk}$ 为

$$F_{V1Shk}=\frac{F_{VShk}}{n}$$

带剪力键灌浆连接段的接触面剪切承载力 $f_{bk}$ 为

$$f_{bk}=\left[\frac{800}{D_p}+140\left(\frac{h}{s}\right)^{0.8}\right]k^{0.6}f_{ck}^{0.3} \tag{5-9}$$

$$k=\left(\frac{2R_p}{t_p}+\frac{2R_{TP}}{t_{TP}}\right)^{-1}+\frac{E_g}{E}\left(\frac{2R_{TP}-2t_{TP}}{t_g}\right)^{-1}$$

式中 $h$——剪力键高度，mm；

$D_p$——桩管直径，mm；

$f_{ck}$——75mm 立方体试块的特征抗压强度，MPa；

$s$——剪力键中心距，mm；

$k$——径向刚度系数；

$E_g$——灌浆材料的弹性模量，MPa；

$R_{TP}$——过渡段外半径，mm；

$t_{TP}$——过渡段厚度，mm。

接触面剪切承载力不能超过一个定值，这个定值是由灌浆材料受剪破坏强度决定的，即

$$f_{bk}=\left[0.75-1.4\left(\frac{h}{s}\right)\right]f_{ck}^{0.5} \tag{5-10}$$

因此，单个剪力键单位长度上的承载力，可以表示成

$$F_{V1Shkcap}=f_{bk}s \tag{5-11}$$

单个剪力键单位长度上的设计承载力，可以表示成

$$F_{V1Shkcap,d}=\frac{F_{V1Shkcap}}{\gamma_m} \tag{5-12}$$

式中　$\gamma_m$——材料参数，$\gamma_m=2.0$。

带剪力键灌浆连接段设计需满足

$$F_{V1Shk}\leqslant F_{V1Shkcap,d} \tag{5-13}$$

在使用式（5-1）～式（5-13）进行计算的时候，灌浆连接段的几何尺寸需满足一定的条件，DNV-OS-J101（2014）规范灌浆连接段受弯设计几何尺寸范围见表5-4。

**表5-4　DNV-OS-J101（2014）规范灌浆连接段受弯设计几何尺寸范围**

| 几何尺寸 | 满足条件 |
|---|---|
| 剪力键间距 | $s\geqslant\min\begin{cases}0.8\sqrt{R_p t_p}\\0.8\sqrt{R_{TP}t_{TP}}\end{cases}$ |
| 剪力键高度、宽度 | $1.5\leqslant\frac{\omega}{h}\leqslant3.0$；$\frac{h}{s}\leqslant0.10$ |
| 连接段长度 | $1.5\leqslant\frac{L_g}{D_p}\leqslant2.5$ |
| 钢管半径、厚度 | $10\leqslant\frac{R_p}{t_p}\leqslant30$；$9\leqslant\frac{R_{TP}}{t_{TP}}\leqslant70$ |

最大名义径向接触压力需满足

$$p_{nom}\leqslant1.5\text{MPa} \tag{5-14}$$

如果灌浆连接段进行了有限元分析，并且满足疲劳设计，上述对最大名义径向接触压力的要求可适当放松。

如果桩管和过渡段之间存在安装误差，灌浆材料厚度将发生变化。剪力键布置区域最大的灌浆材料厚度容许误差为

$$\Delta t_g=\frac{L}{2}\tan\varphi \tag{5-15}$$

式中　$\Delta t_g$——厚度容许误差；

　　$\varphi$——桩管的倾斜角度。

对于疲劳极限状态设计，必须考虑安装误差对灌浆连接段性能的影响。因此，需重新考虑作用在剪力键上的力，则

$$F_{VShk,mod}=\frac{6p_{nom}k_{eff,mod}}{E}\frac{R_p}{L_g}\left(\frac{R_p^2}{t_p}+\frac{R_{TP}^2}{t_{TP}}\right)$$

$$k_{eff}=\frac{2t_{TP}s_{eff}^2nE\psi}{2\sqrt[4]{3(1-\nu^2)}t_{gmin}\left[\left(\frac{R_p}{t_p}\right)^{3/2}+\left(\frac{R_{TP}}{t_{TP}}\right)^{3/2}\right]t_{TP}+ns_{eff}^2L_g} \tag{5-16}$$

其中

$$t_{gmin}=t_g-\Delta t_g$$

式中　$F_{VShk,mod}$——考虑误差的单位长度剪力键反力，且考虑有几个剪力键平均分配反力，N。

因此，当存在安装误差时，剪力键环向单位长度上的反力 $F_{V1Shk,mod}$ 为

$$F_{V1Shk,mod}=\frac{F_{VShk,mod}}{n} \tag{5-17}$$

#### 5.3.1.3 导管架基础灌浆连接段抗弯承载力公式

后桩法导管架的灌浆连接段从灌浆连接段底部向上一半的弹性长度区域为弯矩显著影响区域。而在先桩法导管架灌浆连接段中，这一区域为灌浆连接段顶部向下一半的弹性长度范围。除此之外，先桩法导管架灌浆连接段的抗弯承载力设计与后桩法的抗弯承载力设计并无本质区别。仅把后桩法中的桩管外半径 $R_p$ 替换成了先桩法的腿柱管外半径 $R_{JL}$；把后桩法中的套管外半径 $R_s$ 替换成了先桩法的桩管外半径 $R_p$。

桩管的弹性长度 $l_e$ 可表示为

$$l_e=\sqrt[4]{\frac{4EI_p}{k_{rD}}} \tag{5-18}$$

其中

$$k_{rD}=\frac{4ER_p}{\dfrac{R_p^2}{t_p}+\dfrac{R_s^2}{t_s}+t_g m} \tag{5-19}$$

式中 $I_p$——桩管的惯性矩，$mm^4$；

$k_{rD}$——支撑弹簧刚度，定义为径向弹簧刚度乘以桩管直径，MPa；

$R_p$——桩管半径，mm；

$t_p$——桩管厚度，mm；

$R_s$——套管半径，mm；

$t_s$——套管厚度，mm；

$E$——钢材的弹性模量，MPa；

$m$——钢材与灌浆材料弹性模量的比值（若缺乏数据，取 $m=18$）。

后桩法中从灌浆连接段底部开始向上一半弹性长度的区域在反复弯矩荷载作用下，剪力键会引起浆体开裂，因此这一区域内不宜设置剪力键。

除非有其他数据支持，设计横向剪力 $Q_0$ 和设计弯矩 $M_0$ 引起的灌浆连接段最大名义径向接触压力 $p_{nom}$ 为（设计横向剪力 $Q_0$ 和设计弯矩 $M_0$ 作用在后桩法灌浆连接段的套管底部）

$$p_{nom}=\frac{l_e^2 k_{rD}}{8EI_pR_p}(M_0+Q_0 l_e) \tag{5-20}$$

式中 $l_e$——桩管弹性长度，mm；

$k_{rD}$——支撑弹簧刚度，MPa；

$E$——钢材的弹性模量，可取 $2.1\times10^5$ MPa；

$I_p$——桩管的惯性矩；

$R_p$——桩管半径，mm。

由弯矩和剪力引起的最大名义径向接触压力需满足

$$p_{nom}\leqslant 1.5\text{MPa}$$

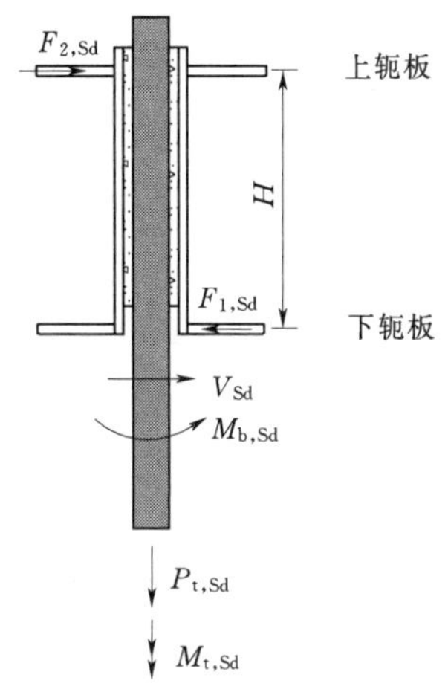


图 5-39 带桩靴导管架灌浆连接段受力

假如进行了有限元模型计算分析，且满足相应设计要

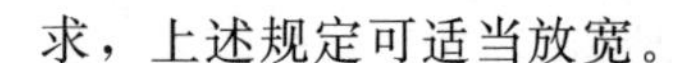


求，上述规定可适当放宽。

### 5.3.2 NORSOK（2013）规范公式

NORSOK（2013）规范与DNV-OS-J101（2014）规范的设计方法有极大的不同。NORSOK（2013）规范验算的是灌浆连接段浆体的最大主应力。NORSOK（2013）规范假定灌浆连接段有效部分浆体力学性能完全一致。假如灌浆材料的力学性能不能得到保证，计算公式就必须修改，或者灌浆连接段浆体内要添加钢筋以保证灌浆连接段的强度和延性。

带桩靴导管架灌浆连接段受力如图5-39所示。设计的钢管和浆体间的接触压力可以表示为

$$\sigma_{p,Sd}=C_{A}\frac{F_{1,Sd}}{\sqrt{D_{p}^{3}t_{p}}} \tag{5-21}$$

其中

$$F_{1,Sd}=V_{Sd}+\frac{M_{b,Sd}}{H} \tag{5-22}$$

式中 $V_{Sd}$——桩管剪力合力，N；

$M_{b,Sd}$——桩管弯矩的合弯矩，N·mm；

$C_{A}$——系数，当灌浆连接段下端部位置在下轭板以上且浆体内未配置钢筋时，$C_{A}=2$；当灌浆连接段下端部在下轭板以下$\sqrt{D_{p}t_{p}}$范围内且浆体内未配置钢筋时，$C_{A}=1$；当灌浆连接段下端部在下轭板以上且浆体内配置纵向钢筋时，$C_{A}=1$；当灌浆连接段下端部在下轭板以下$\sqrt{D_{p}t_{p}}$范围内且浆体内配置钢筋时，$C_{A}=0.5$。

灌浆连接段下端部与下轭板的相对位置如图5-40所示。

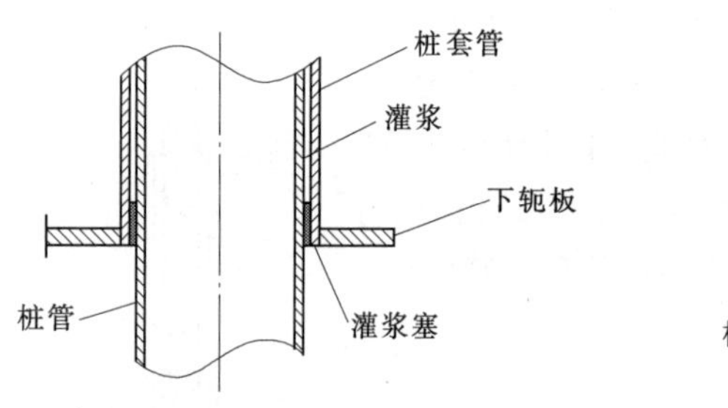


（a）灌浆连接段下端部在下轭板之上

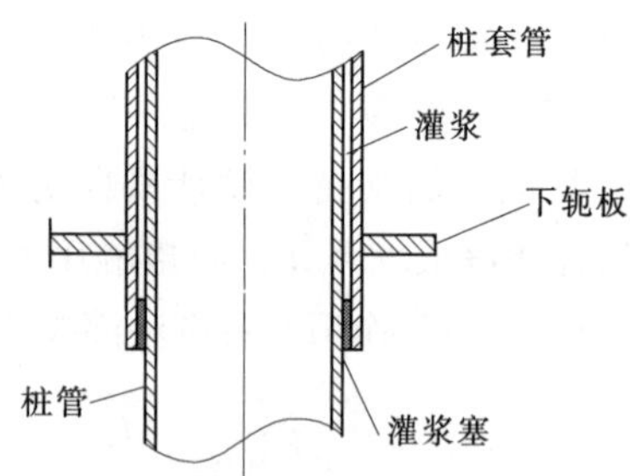


（b）灌浆连接段下端部在下轭板之下

图5-40 灌浆连接段下端部与下轭板的相对位置

最大主应力值可表示为

$$\sigma_{1,Sd}=\frac{\sigma_{p,Sd}}{2}(1+\sqrt{1+4\mu^{2}}) \tag{5-23}$$

灌浆材料和桩管接触面的摩擦系数$\mu=0.7$。

最大主应力需满足

$$\sigma_{1,Sd}\leqslant\frac{f_{cN}}{\gamma_{M}}$$

$$f_{cN}=0.85f_{ck}\left(1-\frac{0.85f_{ck}}{600}\right) \tag{5-24}$$

式中 $f_{ck}$——灌浆材料立方体的特征强度，MPa；

$\gamma_M$——材料系数，承载力极限状态时取 1.5，偶然荷载极限状态时取 1.25。

灌浆材料配筋的有关规定详见 NORSOK (2013) 规范。

## 5.4 DNV-OS-J101 (2014) 规范公式的推导

### 5.4.1 无剪力键单桩基础灌浆连接段的抗弯承载力

无剪力键单桩基础灌浆连接段的抗弯承载力一共由 3 个部分构成，即

$$M_{tot}=M_p+M_{\mu h}+M_{\mu v} \tag{5-25}$$

式中 $M_p$——由接触压力提供的抗弯承载力；

$M_{\mu h}$——由水平摩擦力提供的承载力；

$M_{\mu v}$——由竖向摩擦力提供的承载力。

图 5-2 所示灌浆连接段顶部截面的接触压力和摩擦力分布如图 5-41 所示。假设：①接触压力在竖直平面内呈三角形分布，如图 5-2 所示；②接触压力在水平面内按图 5-41 (a) 所示曲线分布：在 $b$、$d$ 点之间均为 $p$，$a$ 点为 0，$a$ 到 $b$、$a$ 到 $d$ 间的分布均为弧度的线性函数；③接触压力可分解成两部分，第一部分用于产生水平摩擦力，假设其按图 5-41 (b) 中曲线所示分布：在 $a$、$c$ 点为 0，在 $b$、$d$ 点为 $0.75p$，其间的分布均为弧度的线性函数；第二部分用于产生竖向摩擦力，其按照图 5-41 (c) 中曲线所示分布，在 $a$ 点为 0，$b$ 点、$d$ 点为 $0.25p$，$c$ 点为 $0.5p$，其间的分布均为弧度的线性函数。上述假设保证水平摩擦力和竖向摩擦力的合力不大于由接触压力产生的摩擦力的最大值。

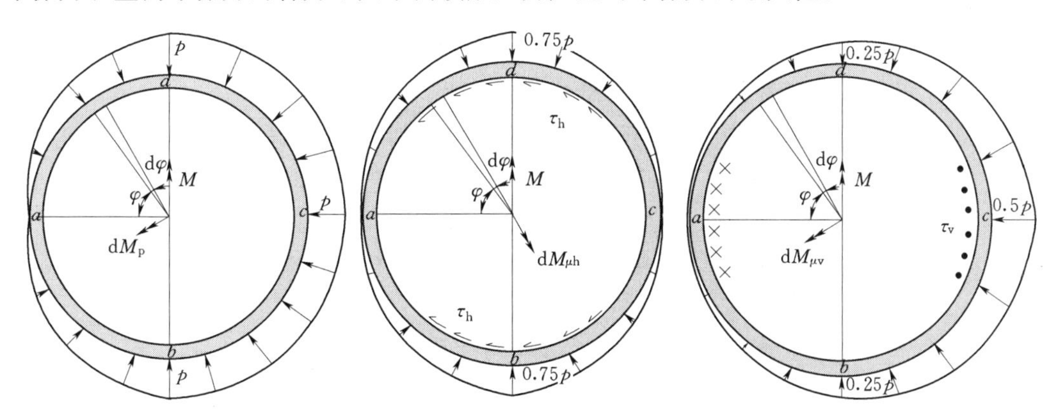


(a) 接触压力分布　(b) 产生水平摩擦力的接触压力分布　(c) 产生竖向摩擦力的接触压力分布

图 5-41 灌浆连接段顶部截面的接触压力和摩擦力分布图

根据上述假设，图 5-41 (a) 中，考虑力分布的对称性，可只考虑上半部分，取图中的角度初始位置和方向，接触压力的函数分布可以表示为

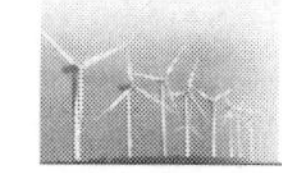


$$
\begin{cases} p(\varphi)=2p\dfrac{\varphi}{\pi} & \left(0\leqslant\varphi\leqslant\dfrac{\pi}{2}\right) \\ p(\varphi)=p & \left(\dfrac{\pi}{2}<\varphi\leqslant\pi\right) \end{cases} \tag{5-26}
$$

取图 5-41 (a) 中微小弧度段 $d\varphi$ 作为分析对象，接触压力产生的弯矩分量 $dM_p$ 如图 5-41 (a) 所示。只考虑 $b$ 到 $d$ 部分的接触压力对抗弯承载力的贡献，对环向的接触压力进行积分，得

$$
M_p = 2\int_{\pi/2}^{\pi}\cos(\pi-\varphi)R_p d\varphi p\frac{L_g}{2}\times\frac{1}{2}\times\left(\frac{L_g}{2}\times\frac{2}{3}\right)\times 2 = p\frac{R_g L_g^2}{3} \tag{5-27}
$$

产生水平摩擦力的接触压力为

$$
p(\varphi)=p\frac{3\varphi}{2\pi}\quad\left(0\leqslant\varphi\leqslant\frac{\pi}{2}\right) \tag{5-28}
$$

由水平摩擦力产生的弯矩承载力可以由从 $a\to d\to c$ 的积分得到，即

$$
M_{\mu h} = 4\int_0^{\pi/2}\sin\varphi R_g d\varphi p(\varphi)\mu\frac{L_g}{2}\times\frac{1}{2}\times\left(\frac{L_g}{2}\times\frac{2}{3}\right)\times 2 \tag{5-29}
$$

将式 (5-28) 代入式 (5-29)，并考虑以下关系式

$$
\int_0^{\pi/2}\varphi\sin\varphi d\varphi = (\sin\varphi-\varphi\cos\varphi)_0^{\pi/2} = 1 \tag{5-30}
$$

简化计算得

$$
M_{\mu h}=\frac{1}{\pi}p\mu R_p L_g^2 \tag{5-31}
$$

由竖向摩擦力产生的弯矩承载力可以由 $b\to c\to d$ 积分得到，接触应力大小为 $p$，可得

$$
M_{\mu v} = \left[\int_0^{\pi/2}\cos\varphi R_p d\varphi p\frac{\varphi}{\pi}\mu\frac{L_g}{2}\times\frac{1}{2}R_p\times 2+\int_{\pi/2}^{\pi}\cos(\pi-\varphi)R_p d\varphi p\frac{\varphi}{\pi}\mu\frac{L_g}{2}\times\frac{1}{2}R_p\times 2\right]\times 2 = \mu p R_p^2 L_g \tag{5-32}
$$

式 (5-32) 的积分等价于在整个圆环范围内积分，在圆环范围内积分时，$a$ 点接触压力为 0，$c$ 点接触压力为 $p$，$b$ 点和 $d$ 点接触压力为 $0.5p$。

灌浆连接段弯矩承载力构成比例随摩擦系数的变化如图 5-42 所示。坐标轴横轴为摩

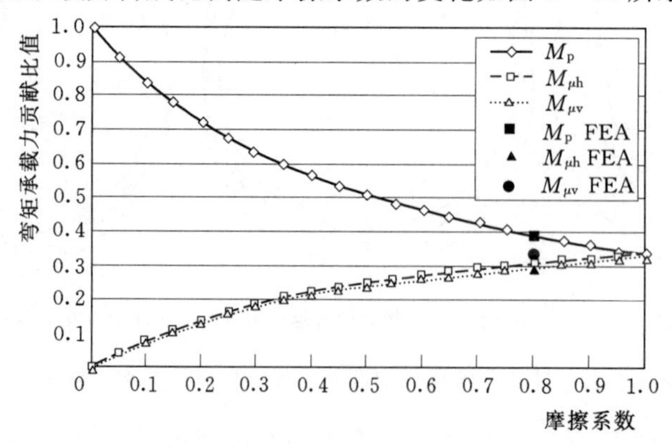


图 5-42　灌浆连接段弯矩承载力构成比例随摩擦系数的变化

FEA—有限元

擦系数，坐标轴纵轴为弯矩承载力贡献的比值。从图 5-42 可得，当摩擦系数 $\mu=0.8$ 时，有限元结果与公式计算结果吻合良好。

综合式（5-27）、式（5-29）和式（5-31），可计算无剪力键灌浆连接段在弯矩作用下灌浆连接段端部钢管与浆体的接触压力 $p$ 为

$$p=\frac{3\pi M_{\mathrm{tot}}}{R_{\mathrm{p}}L_{\mathrm{g}}^{2}(\pi+3\mu)+3\pi\mu R_{\mathrm{p}}^{2}L_{\mathrm{g}}} \tag{5-33}$$

由于单桩基础灌浆连接段由剪力引起的名义接触压力很小，因此在公式推导中并不考虑。

### 5.4.2 无剪力键单桩基础灌浆连接段变形计算

如图 5-2 所示，在正弯矩作用下，灌浆连接段右侧端部上部受压，钢管与灌浆材料相互挤压；左侧端部上部受拉，浆体与钢管脱开，形成开口，而连接段下部变形情况与上部相反。一般在工程中，单桩基础灌浆连接段钢管的直径与厚度比值较大，理论分析时可按照薄壳进行分析。

进行灌浆连接段的变形分析时，在水平面内，引入弹性力学圆柱壳理论中的经典解答，若无限长圆管内有沿环向均匀的径向压应力 $p$ 作用，则管壁半径内向外膨胀的径向位移为

$$\delta_{\mathrm{TP}}=\frac{pR^{2}}{Et} \tag{5-34}$$

式中 $E$——圆管弹性模量；

$t$——圆管厚度；

$R$——圆管外半径。

水平面内钢管变形如图 5-43 所示，变形前，桩管和过渡段之间的距离为 $t_{\mathrm{g}}$，即浆体厚度。在图 5-43（a）中的弯矩 $M$ 作用下，管壁一侧受到挤压作用产生接触压力 $p$，则在 $p$ 作用下，桩管半径减小 $\delta_{\mathrm{p}}$，即

$$\delta_{\mathrm{p}}=\frac{pR_{\mathrm{p}}^{2}}{E_{\mathrm{s}}t_{\mathrm{p}}} \tag{5-35}$$

过渡段半径增大量 $\delta_{\mathrm{TP}}$ 为

$$\delta_{\mathrm{TP}}=\frac{pR_{\mathrm{TP}}^{2}}{E_{\mathrm{s}}t_{\mathrm{TP}}} \tag{5-36}$$

式中 $E_{\mathrm{s}}$——钢材弹性模量。

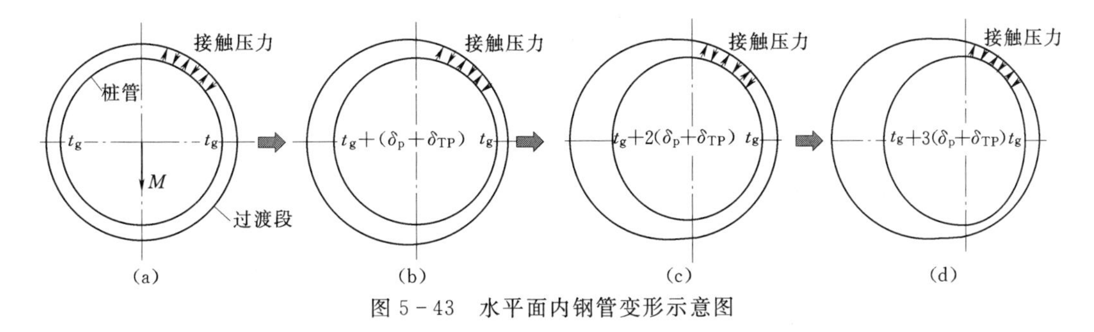


图 5-43 水平面内钢管变形示意图

由于灌浆材料的径向刚度比钢管的径向刚度大很多，可假设灌浆材料不发生径向变

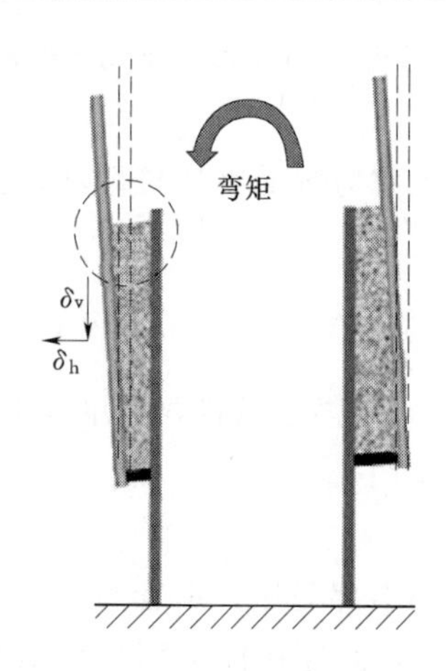


图5-44　灌浆连接段竖直平面内变形

形。挤压位置处的变形程度只由桩管半径减小量和过渡段半径增大量决定。钢管管壁另一侧发生浆体与钢管的脱开现象，形成开口，钢管的变形如图5-43（b）所示。考虑到受压侧钢管与浆体之间不发生脱离，则受压侧两钢管之间距离仍为$t_g$，而脱开侧两钢管距离为$t_g+(\delta_p+\delta_{TP})$，两钢管相对水平位移为$\delta_h=\delta_p+\delta_{TP}$。考虑到钢管的椭圆化变形，如图5-43（c）和图5-43（d）所示，最终，开口大小为$\delta_h=3(\delta_p+\delta_{TP})$。

由于桩管下端固定于海床，可假设其不发生位移。过渡段钢管在弯矩作用下，绕灌浆连接段中心点发生旋转，如图5-44所示。灌浆连接段顶部过渡段钢管截面发生的竖向位移$\delta_v$与最大张开距离$\delta_h$之间的关系为

$$\delta_v=\delta_h\frac{2R_p}{L_g}=\frac{6p}{E_s}\frac{R_p}{L_g}\left(\frac{R_p^2}{t_p}+\frac{R_{TP}^2}{t_{TP}}\right)\tag{5-37}$$

使用桩管半径$R_p$是一种近似处理，严格意义上，过渡段与桩管的相对位移发生在过渡段内表面，即式（5-37）中应使用$R_{TP}-t_{TP}$或$R_p+t_g$。其中，$t_g$为浆体厚度；考虑到浆体厚度比钢管半径小以及与其他公式保持统一，故此处近似使用桩管半径$R_p$。

### 5.4.3　带剪力键单桩基础灌浆连接段抗弯承载力

带剪力键灌浆连接段弯矩承载力是在无剪力键灌浆连接段抗弯机理的基础上加上剪力键对抗弯承载力的贡献，即

$$M_{tot}=M_p+M_{\mu h}+M_{\mu v}+M_{shear\ keys}\tag{5-38}$$

计算带剪力键灌浆连接段抗弯承载力时，需要假设以下条件：

（1）添加剪力键并不影响3个无剪力键抗弯承载力分项的计算。

（2）剪力键布置在灌浆的中间$L_g/2$的长度区域内，该区域在灌浆连接段受弯矩作用时钢管与浆体不脱开。

（3）桩管和过渡段上剪力键间距$s$和高度$h$相同，且过渡段内侧和桩管外侧剪力键正好相互错开布置，即间隔为$s/2$，如图5-45所示。

（4）上述过渡段的刚体竖向位移由过渡段的变形和剪力键的变形两部分组成，并且假设每一层水平剪力键最大竖向变形相同，设为$\delta_{vsk}$。

（5）假设过渡段内侧某一层剪力键截面变形满足平截面假定，某一层剪力键上位移分布如图5-46所示。

如图5-46所示，设某一层剪力键竖向刚度为$k_v$，沿环向积分可得某一层剪力键提供的抗弯承载力为

$$M_{shear\ keys}=4\int_0^{\pi/2}k_vR_p\mathrm{d}\varphi R_p\sin\varphi(\delta_v\sin\varphi)=\pi\delta_vk_vR_p^2\tag{5-39}$$

假设所有剪力键提供的弯矩承载力可以通过单个剪力键提供的弯矩承载力简单叠加而得，则有

$$k_{vn}=k_v n \tag{5-40}$$

式中 $n$——有效剪力键个数，所谓“有效”是指桩管外侧与过渡段内侧剪力键形成剪力键对。

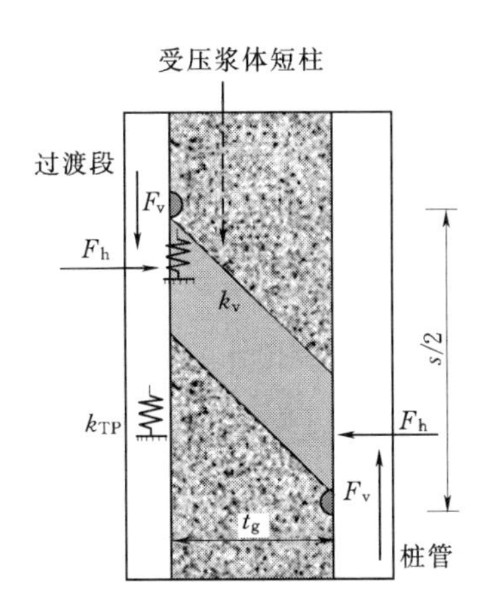


图 5-45 浆体受压短柱受力图

灌浆连接段受弯破坏时，剪力键对之间的灌浆材料形成如图 5-45 所示的受压短柱。取如图 5-45 所示的一对剪力键之间的灌浆材料受压短柱进行分析。假设过渡段及剪力键组成的串联弹簧受到上部传来的竖向力 $F_v$，并将此竖向力传给受压浆体短柱，此外浆体受压短柱还受到来自钢管壁的水平力作用 $F_h$。

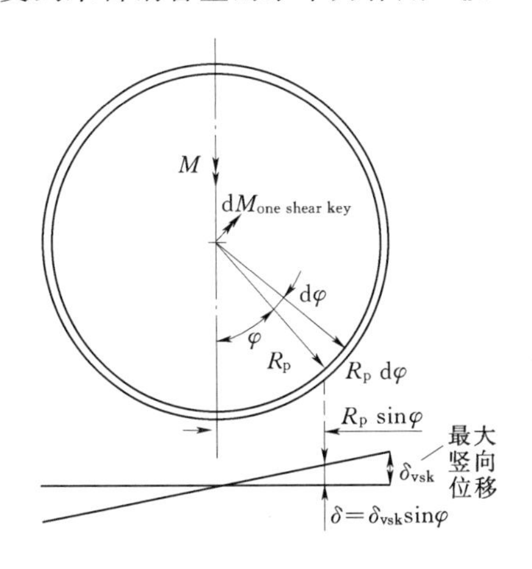


图 5-46 某一层剪力键上位移分布

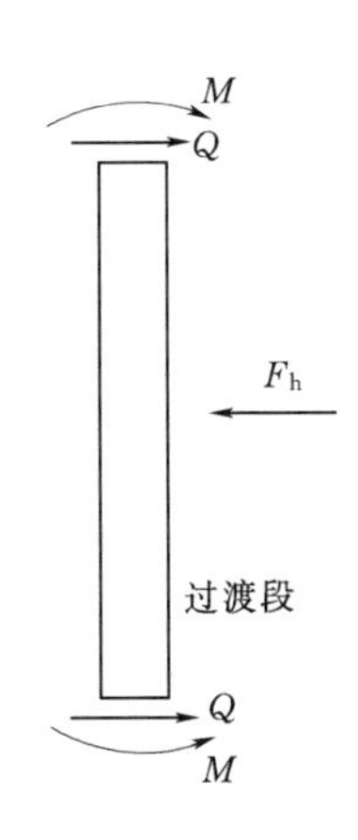


图 5-47 过渡段隔离体受力图

对于浆体受压短柱，力平衡关系为

$$\frac{s}{2}F_h=t_g F_v \tag{5-41}$$

式中 $t_g$——浆体厚度，mm。

参考弹性力学，引入轴对称变形的圆柱壳的相关理论，定义弹性长度 $l_e$ 为

$$l_e = \sqrt[4]{\frac{r^2 t^2}{3(1-\nu^2)}} \tag{5-42}$$

此处引用了壳体理论的相关内容，可将此弹性长度称为薄壁钢管的弹性长度，与导管架基础相关验算中弹性长度相区别。

在图 5-45 中，取出水平力 $F_h$ 作用点处过渡段局部隔离体进行分析，如图 5-47 所示。引入弹性力学中圆柱壳简化计算的相关理论：设有无限长圆柱壳，在某一截面上受到沿环向均匀分布的法向荷载 $F$ 作用，如图 5-48（a）所示，则圆柱壳径向变形如图 5-48（b）所示。

在荷载作用处圆柱壳的变形最大，为

$$w = \frac{F l_e^3}{8D} \tag{5-43}$$

同理可得，在水平力 $F_h$ 的作用下，过渡段水平向位移 $\delta_{hTP}$ 为

$$\delta_{hTP} = \frac{F_h l_{eTP}^3}{8D_{TP}} \tag{5-44}$$

$$D_{TP} = \frac{E_s t_{TP}^3}{12(1-\nu^2)} \tag{5-45}$$

式中　$l_{eTP}$——过渡段弹性长度，可用式（5-42）计算；

$D_{TP}$——壳体理论钢管抗弯刚度。

同理可得，在水平力 $F_h$ 的作用下，桩管水平向位移 $\delta_{hp}$ 为

$$\delta_{hp} = \frac{F_h l_{ep}^3}{8D_p} \tag{5-46}$$

式中　$l_{ep}$——桩管弹性长度，mm。

考虑到浆体受压短柱变形很小，可假设其为刚体。故水平面内变形主要由钢管受径向力作用产生，则浆体短柱水平向总位移 $\delta_{h\_gsc}$ 为

$$\delta_{h\_gsc} = \delta_{hTP} + \delta_{hp} \tag{5-47}$$

式中下标中增加“gsc”代表浆体受压短柱，以此区别上文中的灌浆连接段顶部最大张开距离 $\delta_h$。

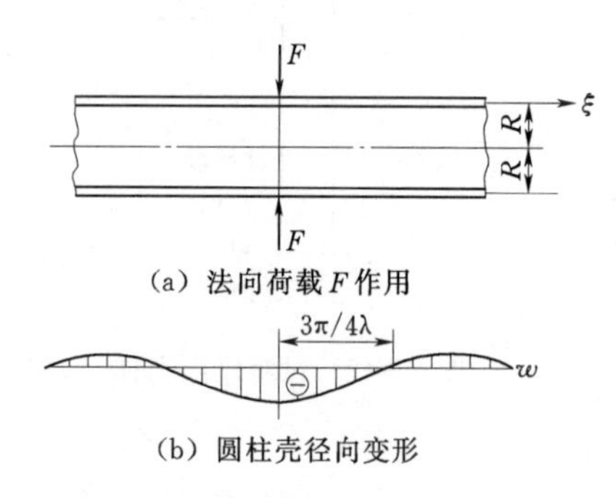


图 5-48　圆柱壳简化计算示意图

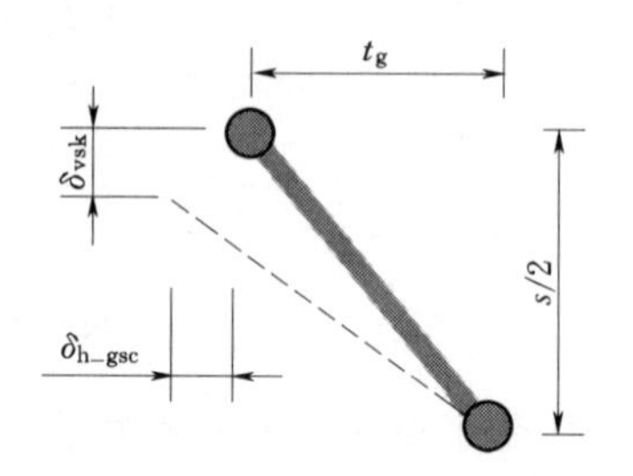


图 5-49　受压浆体短柱位移图

由于假设浆体受压短柱为刚体，故认为其绕下部剪力键位置处做刚体旋转，如图 5-49 所示。受压短柱水平向位移 $\delta_{h\_gsc}$ 与竖向位移 $\delta_{vsk}$ 的关系为

$$\frac{\delta_{\mathrm{h\_gsc}}}{s/2}=\frac{\delta_{\mathrm{vsk}}}{t_{\mathrm{g}}} \tag{5-48}$$

剪力键竖向刚度 $k_{\mathrm{v}}$ 为

$$k_{\mathrm{v}}=\frac{F_{\mathrm{v}}}{\delta_{\mathrm{vsk}}} \tag{5-49}$$

综合上述式子可以得到某一层剪力键刚度为

$$k_{\mathrm{v}}=\frac{F_{\mathrm{v}}}{\delta_{\mathrm{v}}}=\frac{s^2E_{\mathrm{s}}}{2\sqrt[4]{3(1-\nu^2)}t_{\mathrm{g}}^2\left[\left(\frac{R_{\mathrm{p}}}{t_{\mathrm{p}}}\right)^{3/2}+\left(\frac{R_{\mathrm{TP}}}{t_{\mathrm{TP}}}\right)^{3/2}\right]} \tag{5-50}$$

考虑到过渡段在弯矩作用下，相对桩管向下运动时，自身也具有竖向刚度 $k_{\mathrm{TP}}$；同时由于剪力键只排布在灌浆连接段中间 $L_{\mathrm{g}}/2$ 长度内，故只需考虑 $L_{\mathrm{g}}/2$ 长度内过渡段的竖向刚度，则此刚度 $k_{\mathrm{TP}}$ 为

$$k_{\mathrm{TP}}=\frac{2t_{\mathrm{TP}}E_{\mathrm{s}}}{L_{\mathrm{g}}} \tag{5-51}$$

式中　$E_{\mathrm{s}}$——钢材弹性模量。

在竖直方向，过渡段管壁受到竖向力 $F_{\mathrm{v}}$ 的作用，剪力键也受到受压浆体短柱传来的竖向力 $F_{\mathrm{v}}$ 作用，二者产生的变形和等于式（5-37）所示总的竖向位移 $\delta_{\mathrm{v}}$，即有

$$\delta_{\mathrm{v}}=\delta_{\mathrm{vsk}}+\delta_{\mathrm{vtp}} \tag{5-52}$$

剪力键和过渡段刚度的叠加相当于两弹簧串联，二者与串联弹簧刚度 $k_{\mathrm{eff}}$ 的关系为

$$\frac{1}{k_{\mathrm{eff}}}=\frac{1}{k_{\mathrm{v}}}+\frac{1}{k_{\mathrm{TP}}} \tag{5-53}$$

综合式（5-50）、式（5-51）和式（5-53），并考虑剪力键的宽度 $w$，使用有效剪力键间距 $s_{\mathrm{eff}}=s-w$ 代入式（5-50），$n$ 个剪力键的灌浆连接段等效刚度 $k_{\mathrm{eff}}$ 为

$$k_{\mathrm{eff}}=\frac{2t_{\mathrm{TP}}s_{\mathrm{eff}}^2nE_{\mathrm{s}}}{2\sqrt[4]{3(1-\nu^2)}t_{\mathrm{g}}^2\left[\left(\frac{R_{\mathrm{p}}}{t_{\mathrm{p}}}\right)^{3/2}+\left(\frac{R_{\mathrm{TP}}}{t_{\mathrm{TP}}}\right)^{3/2}\right]t_{\mathrm{TP}}+ns_{\mathrm{eff}}^2L_{\mathrm{g}}} \tag{5-54}$$

如前所述，某一层剪力键承担的弯矩如式（5-39）所示，假定考虑所有剪力键及过渡段本身刚度后，承载力的形式仍如式（5-39）所示，只需对刚度和竖向位移进行修正，采用等效刚度和总的竖向位移代入式（5-39）中。剪力键部分产生的抗弯承载力 $M_{\mathrm{shear\ keys}}$ 为

$$M_{\mathrm{shear\ keys}}=\pi\delta_{\mathrm{v}}k_{\mathrm{eff}}R_{\mathrm{p}}^2 \tag{5-55}$$

其中，竖直方向位移 $\delta_{\mathrm{v}}$ 按照式（5-37）计算。将式（5-27）、式（5-29）、式（5-32）、式（5-36）和式（5-45）代入式（5-38）中得到带剪力键灌浆连接段端部名义接触应力为

$$p=\frac{3\pi M_{\mathrm{tot}}E_{\mathrm{s}}L_{\mathrm{g}}}{EL_{\mathrm{g}}[R_{\mathrm{p}}L_{\mathrm{g}}^2(\pi+3\mu)+3\pi\mu R_{\mathrm{p}}^2L_{\mathrm{g}}]+18\pi^2k_{\mathrm{eff}}R_{\mathrm{p}}^3\left(\frac{R_{\mathrm{p}}^2}{t_{\mathrm{p}}}+\frac{R_{\mathrm{TP}}^2}{t_{\mathrm{TP}}}\right)} \tag{5-56}$$

DNV-OS-J101（2014）规范在设计中通过限制接触压力 $p$ 的值控制带剪力键灌浆连接段的抗弯承载力。在风浪引起的反复弯矩作用下，灌浆连接段上下端部出现灌浆料与钢管壁脱开并上下错动的现象，从而导致浆体的碎裂灌浆连接段端部浆体出现碎裂，

如图5-50所示。通过限制接触压力的值，可防止端部局部出现浆体压碎的现象。DNV-OS-J101（2014）规范限定接触压力 $p<1.5\text{MPa}$。

根据实际情况，DNV引入设计参数 $\psi$ 对剪力键的等效刚度进行修正，式（5-54）修正后为

$$k_{\text{eff}}=\frac{2t_{\text{TP}}s_{\text{eff}}^2nE_s\psi}{2\sqrt[4]{3(1-\nu^2)}t_g^2\left[\left(\frac{R_p}{t_p}\right)^{3/2}+\left(\frac{R_{\text{TP}}}{t_{\text{TP}}}\right)^{3/2}\right]t_{\text{TP}}+ns_{\text{eff}}^2L_g} \tag{5-57}$$

根据DNV-OS-J101（2014）的试验结果，DNV灌浆连接段试验荷载-位移曲线如图5-51所示。设计参数 $\psi$ 的值取为0.5或1.0，视计算对象不同而改变。

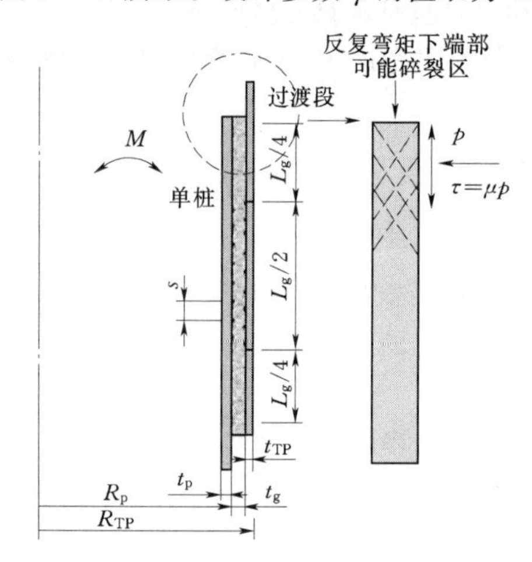


图5-50　灌浆连接段端部浆体出现碎裂

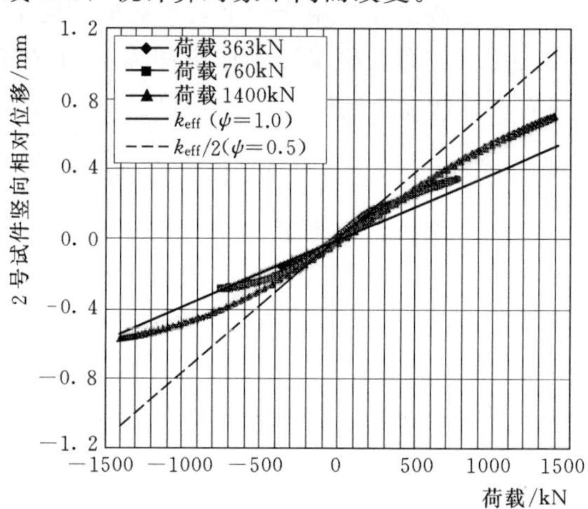


图5-51　DNV灌浆连接段试验荷载-位移曲线

式（5-56）的分母可分为两部分：前一部分是无剪力键灌浆连接段提供的抗弯承载力；后一部分是剪力键对抗弯承载力的贡献。式（5-57）中 $\psi$ 越大，式（5-56）的分母越大，计算出的接触压力越小，但是剪力键承担的部分越大。故规范对系数的取值做出如下规定（考虑最不利的受力情况）：①取 $\psi=0.5$ 用以计算最大的接触压力；②使用 $\psi=0.5$ 时计算得出的接触压力并计算作用在剪力键上的竖向力，此时取 $\psi=1.0$。作用在剪力键上的力 $F_{\text{VShk}}$ 为

$$F_{\text{VShk}}=k_{\text{eff}}\delta_v+\frac{P}{2\pi R_p} \tag{5-58}$$

式中　$P$——轴向荷载作用。

式（5-58）假定轴力由各层剪力键均匀承担，并且轴力的存在不影响弯矩作用下带剪力键单桩基础灌浆连接段的受力形式，故弯矩作用和轴力作用可进行简单叠加。

## 5.5　导管架基础灌浆连接段受力形式

DNV-OS-J101（2014）规范将导管架基础灌浆连接段分成了先桩法和后桩法两种形式，灌浆连接段的受力模式，二者在本质上相同，两种导管架灌浆连接段示意图如图5-52所示，图5-52（a）所示为典型的后桩法导管架灌浆连接段，图5-52（b）所示为

典型的先桩法导管架灌浆连接段。本章仅用后桩法导管架灌浆连接段为例阐述其在弯矩和剪力作用下受力模式。

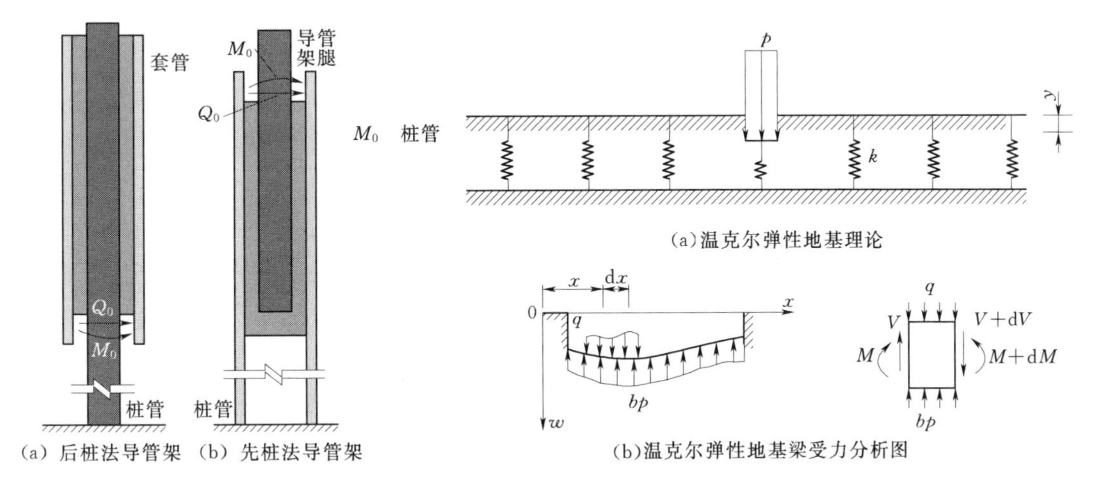


图 5-52　两种导管架灌浆连接段示意图

图 5-53　温克尔弹性地基梁模型

### 5.5.1　导管架灌浆连接段等效径向刚度

导管架灌浆连接段与单桩基础灌浆连接段相比，钢管直径较小，钢管厚度较大，径向刚度较大，浆体厚度也相对较大。故可以采用杆件模型进行导管架基础的理论公式推导。若只考虑灌浆连接段长度内的结构，认为桩管在灌浆连接段底部水平力和弯矩作用下受到由自身刚度、套管以及浆体刚度共同组成的等效径向弹簧的支撑作用。这种假设与温克尔弹性地基模型的假设相一致，如图 5-53（a）所示。其中，假定地基由许多不相互影响的独立弹簧组成，地基表面任意点的沉降只与该点受到的压强成正比。若地基梁宽为 $b$，其上作用均布荷载 $q$，基底反力为 $p$，$V$ 为剪力，弹簧刚度为 $k$，如图 5-53（b）左图所示；取出如图 5-53（b）右图所示的微段进行分析，得到温克尔弹性地基梁微分方程为

$$EI\frac{\mathrm{d}^4w}{\mathrm{d}x^4}=-bkw+q \tag{5-59}$$

式中　$EI$——地基梁的抗弯刚度；

　　$w$——地基梁的沉降量。

为简化计算，引入柔度指标 $\lambda$，即

$$\lambda=\sqrt[4]{\frac{kb}{4EI}} \tag{5-60}$$

则微分方程可简化为

$$\frac{\mathrm{d}^4w}{\mathrm{d}x^4}+4\lambda^4w=\frac{q}{EI} \tag{5-61}$$

弹性地基梁理论中定义 $1/\lambda$ 为特征长度 $L$，则

$$L=\frac{1}{\lambda}=\sqrt[4]{\frac{4EI}{kb}} \tag{5-62}$$

DNV - OS - J101（2014）规范为了与单桩基础灌浆连接段相关计算公式统一，在导管架灌浆连接段中同样引入弹性长度，即

$$l_e = \sqrt[4]{\frac{4E_s I_p}{k_{rD}}} \tag{5-63}$$

$$k_{rD} = k_r \times 2R_p \tag{5-64}$$

式中　$I_p$——桩管截面惯性矩；

$k_r$——等效径向刚度；

$k_{rD}$——支撑弹簧刚度，定义为等效径向刚度乘以两倍桩管半径。

DNV - OS - J101（2014）规范在导管架基础的验算中引入弹性长度，但其含义和计算方法与单桩基础灌浆连接段的验算不相同，为以示区别，此处将导管架中的弹性长度称为温克尔弹性长度。

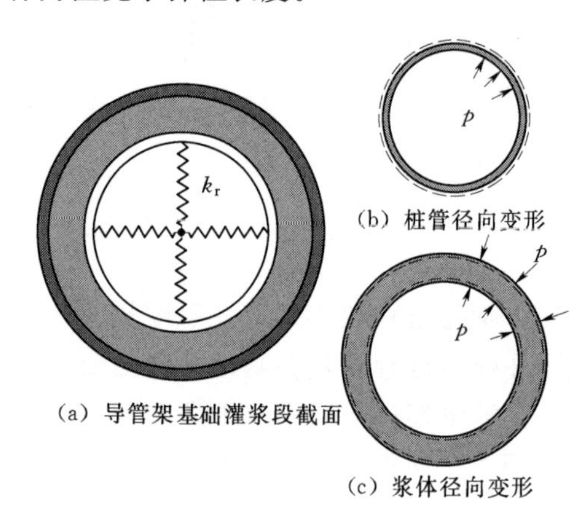


图 5 - 54　钢管和浆体变形示意图

钢管和浆体变形示意图。如图 5 - 54 所示，导管架基础灌浆连接段等效径向刚度 $k_r$ 等由三部分刚度串联而成，即套管径向刚度、桩管径向刚度及浆体径向刚度。当套管外部受到沿环向均匀分布的压力 $p$ 作用时，套管向内压缩，桩管向外膨胀，浆体受挤压厚度减小。如图 5 - 54（b）所示，桩管的径向变形仍可用式（5 - 34）计算。

桩管半径的减少量为

$$\delta_p = \frac{pR_p^2}{E_s t_p} \tag{5-65}$$

一半桩管径向刚度 $k_{pR}$ 为

$$k_{pR} = \frac{E_s t_p}{R_p^2} \tag{5-66}$$

若桩管截面形心点有向下 1 个单位的位移，则需要克服两个半径上的径向刚度，即桩管一个半径方向压缩，一个半径方向拉伸，则桩管直径方向的径向刚度 $k_{pD}$ 相当于两个半径上的径向刚度并联，由此可得

$$k_{pD} = 2\,\frac{E_s t_p}{R_p^2} \tag{5-67}$$

同理可得，套管径向刚度 $k_{sD}$ 为

$$k_{sD} = 2\,\frac{E_s t_s}{R_s^2} \tag{5-68}$$

浆体由于厚度较大，在图 5 - 54（c）所示的荷载作用下，其半径的减少量 $\delta_g$ 可近似取为

$$\delta_g = \frac{pt_g}{E_g} \tag{5-69}$$

浆体径向刚度 $k_{gD}$ 为

$$k_{gD}=2\frac{E_g}{t_g} \tag{5-70}$$

式中 $t_g$——浆体厚度；

$E_g$——浆体的弹性模量。

上述三部分直径上的径向刚度为串联，其与等效径向弹簧刚度 $k_r$ 的关系为

$$\frac{1}{k_r}=\frac{1}{k_{sD}}+\frac{1}{k_{pD}}+\frac{1}{k_{gD}}=\frac{\frac{R_s^2}{t_s}+\frac{R_p^2}{t_p}+t_g\frac{E_s}{E_g}}{2E_s} \tag{5-71}$$

结合式（5-64）和式（5-71）可得支撑弹簧刚度 $k_{rD}$ 为

$$k_{rD}=\frac{4E_sR_p}{\frac{R_s^2}{t_s}+\frac{R_p^2}{t_p}+t_g\frac{E_s}{E_g}} \tag{5-72}$$

## 5.5.2 导管架灌浆连接段接触压力计算

若后桩法导管架灌浆连接段受荷载如图 5-52（a）所示，DNV-OS-J101（2014）规范对其设计验算与单桩基础灌浆连接段抗弯承载力计算方式相似：建立接触压力 $p$ 与弯矩 $M_0$、水平剪力 $Q_0$ 之间关系，并限制 $p$ 的最大值。为建立上述关系，引入弹性地基理论中半无限长地基梁的理论解。半无限长弹性地基梁模型如图 5-55 所示，半无限长弹性地基梁在受到弯矩和剪力作用时，梁沿 $x$ 轴的沉降分别采用图 5-55 的公式计算。这两种情况下的最大位移都发生在荷载的作用点处，最大的位移 $w_{max}$ 为

$$w_{max}=\frac{2M_0\lambda^2}{kb}+\frac{2Q_0\lambda}{kb} \tag{5-73}$$

式中 $M_0$——弯矩；

$Q_0$——垂直作用力。

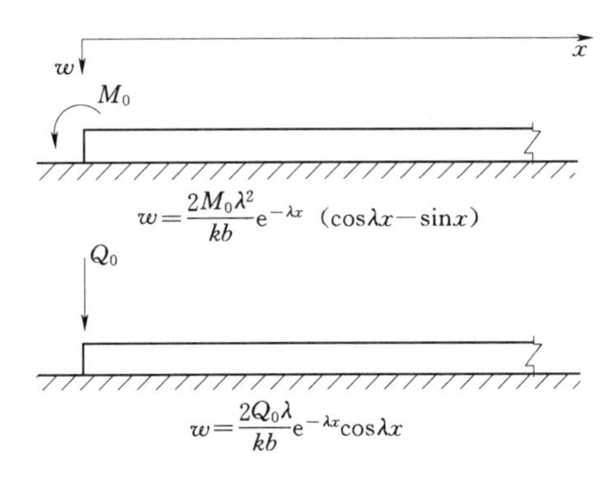


图 5-55 半无限长弹性地基梁模型

利用上述半无限长的弹性地基梁理论解，近似处理如图 5-52（a）所示受力形式下的后桩法导管架的变形计算，结合式（5-63）及式（5-73）可得导管架端部截面形心处最大变形 $w_{max}$ 为

$$w_{max}=\frac{(M_0+Q_0l_e)l_e^2}{2E_sI_p}$$

则最大的接触压力 $p_{max}$ 为

$$p_{max}=\frac{k_r}{2}w_{max}=\frac{(M_0+Q_0l_e)l_e^2}{2E_sI_p}\frac{k_{rD}}{4R_p}=\frac{l_e^2k_{rD}}{8E_sI_pR_p}(M_0+Q_0l_e)$$

此外，DNV-OS-J101（2014）规范规定后桩法导管架灌浆连接段在图5-52（a）所示的受力情况下，距离底端 $l_e/2$ 的长度内受弯矩作用比较明显，为防止在反复弯矩作用下出现浆体的碎裂，与单桩基础灌浆连接段类似，DNV-OS-J101（2014）规范建议在此区域内不布置剪力键。

## 5.6　灌浆连接段的有限元模拟

### 5.6.1　概述

由于灌浆连接段自身的几何特点，灌浆材料的应力应变状态难以通过试验直接测量到，为了得到灌浆连接段全面的应力应变数据，有必要进行有限元数值模拟。

A S Elnashai、Lars P Nielsen、Peter Schaumann、Marcus Klose、Thomas Löhning等学者均采用有限元方法研究灌浆连接段的力学性能以及应力分布。有限元模拟结果与试验结果吻合较好。

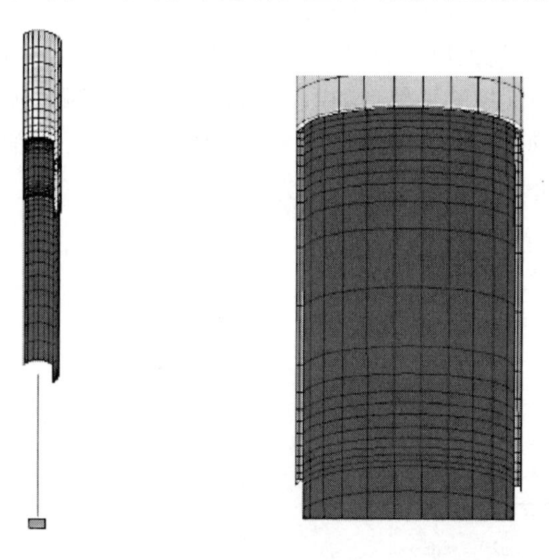
图5-56　灌浆连接段模型整体以及网格划分

Andersen等学者用ABAQUS软件对无剪力键的灌浆连接段进行了有限元模拟，试件尺寸与Aalborg大学试验试件的实际工程原型尺寸相同。在单元选择上，钢管部分采用8节点的壳单元进行模拟，浆体部分采用20节点的实体单元。由于对称性，仅建立半模型进行分析。钢材采用线弹性模型，浆体采用弹塑性的Drucker-Prager材料。灌浆材料与钢管的接触采用接触单元定义，界面摩擦系数 $\mu=0.6$，并在模型顶端钢管截面参考点上施加水平剪力 $H=900$kN和弯矩 $M=38000$kN·m。灌浆连接段模型整体以及网格划分如图5-56所示。

灌浆材料Tresca应力分布如图5-57所示。最大的Tresca应力出现在浆体的两个端部，并且两端部应力最大点出现在不同的一侧。浆体与桩管脱离开口情况和浆体与过渡段脱离开口情况分别如图5-58和图5-59所示。从图中可以看出，桩管脱开位置在灌浆连接段的两端部，并出现在中性轴的不同侧。无剪力键灌浆连接段桩管与浆体脱离的范围可以延伸至灌浆连接段的中部。并且，桩管与浆体脱开的位置与灌浆材料应力低的位置相对应。桩管部分Von Mises应力分布如图5-60所示。根据灌浆连接段的变形情况以及应力分布，Andersen等人认为，弯矩可以当做一对力偶作用在灌浆连接段上。

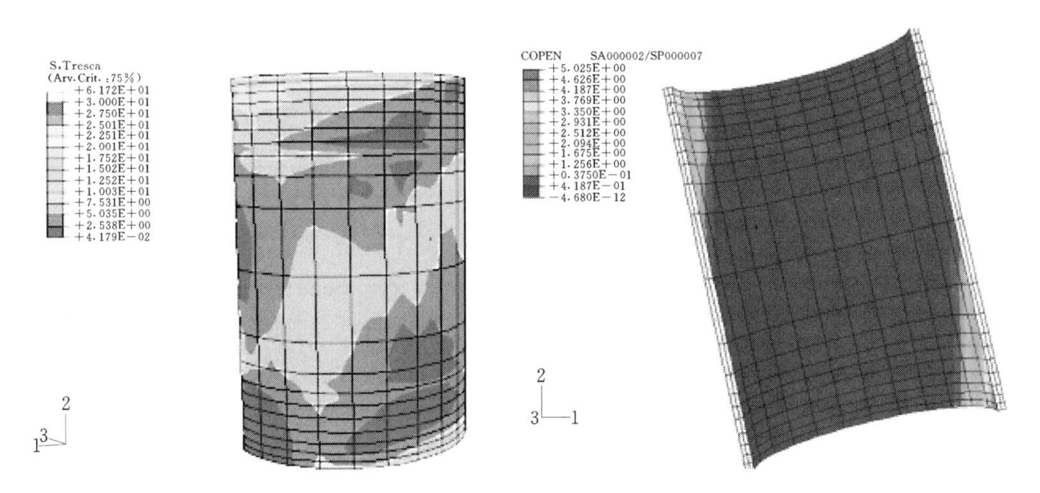


图 5-57 灌浆材料 Tresca 应力分布

图 5-58 浆体与桩管脱离开口情况

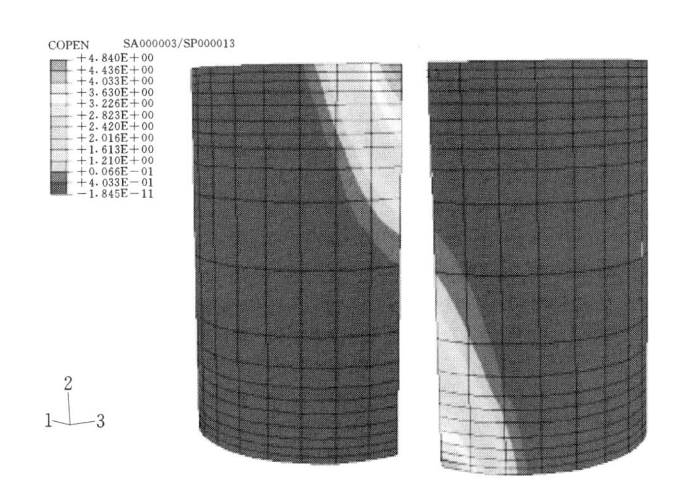


图 5-59 浆体与过渡段脱离开口情况

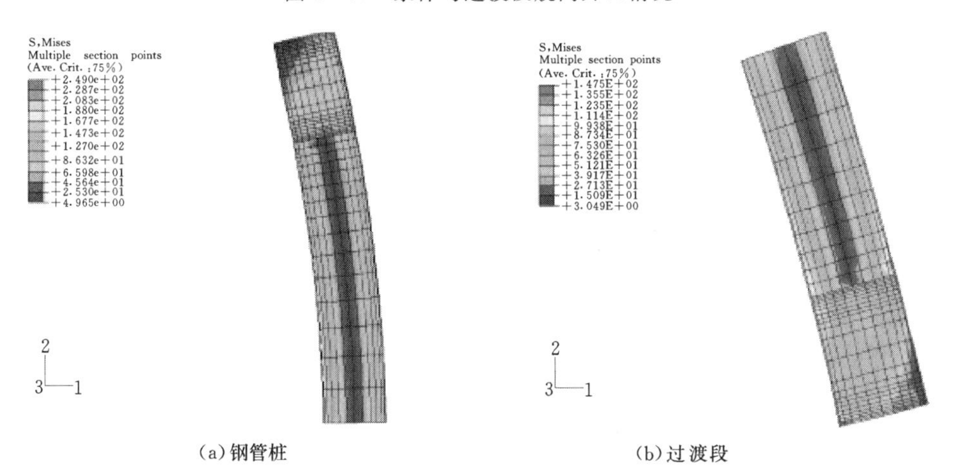


(a)钢管桩 (b)过渡段

图 5-60 桩管部分 Von Mises 应力分布

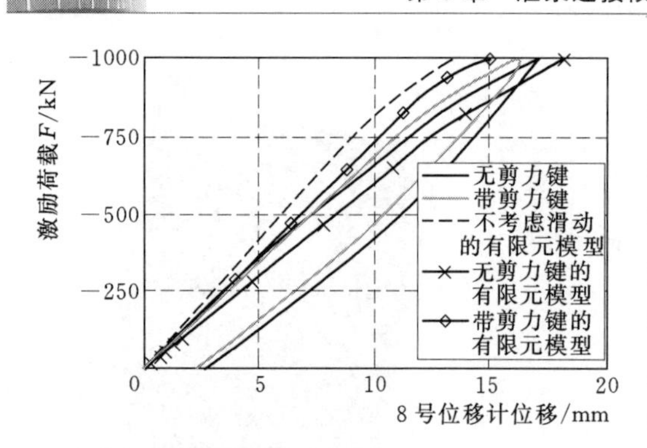


图5-61 灌浆连接段荷载-位移曲线有限元模拟与试验结果比较（非线性结构）

Schaumann等学者对带剪力键灌浆连接段和无剪力键灌浆连接段进行了有限元模拟。试件尺寸与Hannover Leibniz大学灌浆连接段试件一致。由于剪力键的设置，浆体的受力变得十分复杂，因此需要多参数的浆体材料失效准则来模拟灌浆材料的力学性能。Schaumann采用了三参数的Ottosen准则，准则中的参数与高强混凝土的参数计算方法一致。灌浆连接段荷载-位移曲线有限元模拟与试验结果比较（非线性结构）如图5-61所示，有限元模拟曲线与试验曲线相差7%，结果吻合较好。从图5-61中可以看出，对于带剪力键灌浆连接段，有限元模拟的峰值荷载处的挠度小于试验的峰值荷载处的挠度；而对于无剪力键灌浆连接段，有限元模拟的峰值荷载处的挠度大于试验的峰值荷载处的挠度。对于带剪力键灌浆连接段，其原因在于有限元模型低估了剪力键位置处的压碎和挤压作用。在实际的带剪力键灌浆连接段中，剪力键位置处的浆体将会受到更大的挤压力的作用。而对于无剪力键灌浆连接段，有限元无法模拟出黏结未失效部分桩管表面的不平整以及化学黏结力。灌浆连接段端部Von Mises应力分布如图5-62所示。从图中可得，剪力键的设置有利于加强浆体与桩管之间的黏结作用。

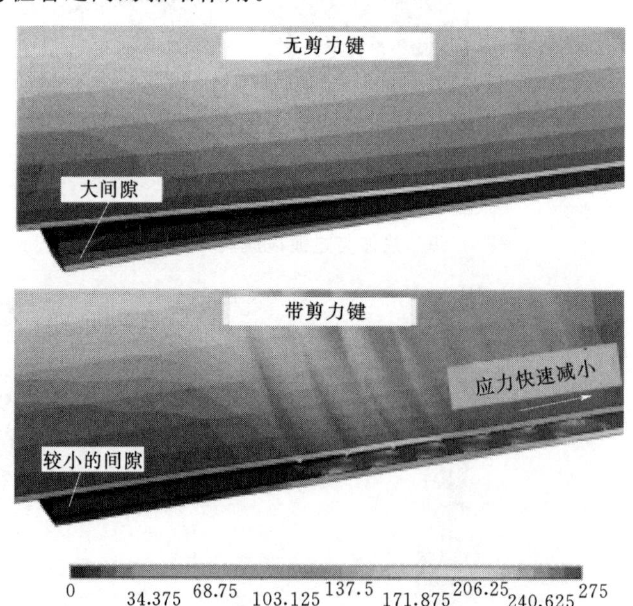


图5-62 灌浆连接段端部Von Mises应力分布
（荷载1000kN，变形放大系数=10）（非线性结构）

本节将采用有限元模拟的研究手段，研究带剪力键灌浆连接段的变形和组成灌浆连接段的各部分应力分布，并在此基础上研究连接段长度、桩管直径、桩管厚度、剪力键

间距和剪力键高度对设计荷载作用下灌浆连接段变形以及桩管最大 Von Mises 应力和浆体最大 Tresca 应力的影响。数值模型采用商业有限元软件 ABAQUS 进行建模计算。模型采用分离式建模方式，即桩管与灌浆料部分分开建模，并考虑桩管与灌浆料之间的接触。

### 5.6.2 模型尺寸

数值模型的几何尺寸以现有风电场工程导管架支撑结构的灌浆连接段的设计尺寸为依托（DGJ-B-L000），几何尺寸如图 5-63 所示。考虑到灌浆连接段的对称性和计算成本，仅建立半模型进行计算。

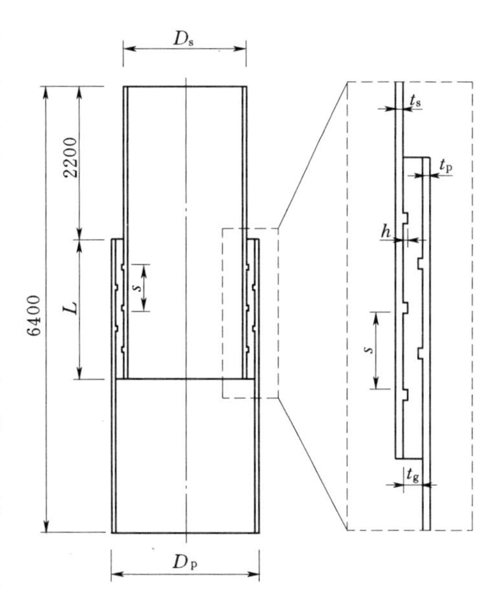


图 5-63 灌浆连接段的几何尺寸

各系列以 DGJ-B-L000 数值模型尺寸为基准，考虑变化不同的几何参数。参数包括灌浆连接段的长度、内外钢管的厚度、灌浆层厚度、剪力键的高度和剪力键的间距。灌浆连接段数值模型几何尺寸参数见表 5-5。

**表 5-5 灌浆连接段数值模型几何尺寸参数** 单位：mm

| 系列名称 | $D_s$ | $D_p$ | $L$ | $t_s$ | $t_p$ | $t_g$ | $s$ | $h$ |
|---|---|---|---|---|---|---|---|---|
| DGJ-B-L000 | 1800 | 2200 | 2000 | 50 | 55 | 145 | 300 | 20 |
| DGJ-B-L | 1800 | 2200 | 1400～3200 | 50 | 55 | 145 | 300 | 20 |
| DGJ-C-$t_s$ | 1800 | 2200 | 2000 | 30～60 | 55 | 145 | 300 | 20 |
| DGJ-D-$t_p$ | 1800 | 2150～2220 | 2000 | 50 | 30～65 | 145 | 300 | 20 |
| DGJ-E-$t_g$ | 1860～1710 | 2200 | 2000 | 50 | 55 | 115～190 | 300 | 20 |
| DGJ-F-s | 1800 | 2200 | 2000 | 50 | 55 | 145 | 220～420 | 20 |
| DGJ-G-h | 1800 | 2200 | 2000 | 50 | 55 | 145 | 300 | 10～50 |

### 5.6.3 有限元建模过程

#### 5.6.3.1 材料性能

数值模型中包括钢材和灌浆料两种材料。钢材的力学性能为各向同性，材料采用等向强化法则和 Von Mises 屈服准则来模拟钢材的塑性行为。屈服强度 $f_y=355\text{MPa}$，弹性模量 $E_s=2.06\times10^5\text{MPa}$，泊松比 $\mu_s=0.3$。

根据多名学者研究，灌浆料在单轴受压下的应力-应变曲线与高强混凝土相似。因此，可以采用混凝土的材料模型来模拟灌浆料的力学性能。本书采用了 ABAQUS 中的混凝土塑性损伤模型。灌浆料的材料性能参数见表 5-6。

**表 5-6　灌浆料的材料性能参数**

| 弹性模量 $E_c$/MPa | 泊松比 $\mu$ | 立方体抗压强度 $f_{ck}$/MPa | 抗拉强度 $f_{tk}$/MPa |
|---|---|---|---|
| $5.5\times10^4$ | 0.19 | 130 | 7 |

### 5.6.3.2　单元定义和网格划分

为满足计算精度，钢管和灌浆体均采用 8 节点缩减积分格式的三维实体单元 C3D8R 进行模拟。考虑到计算精度，环向方向上钢管和灌浆层各划分 50 个尺寸一致的网格；纵向方向上，定义单元网格尺寸为 20 划分网格；厚度方向上，钢管划分 4 层尺寸一致的网格，灌浆层定义单元网格尺寸为 20 划分网格；剪力键位置处网格加密。典型的网格划分如图 5-64 和图 5-65 所示。

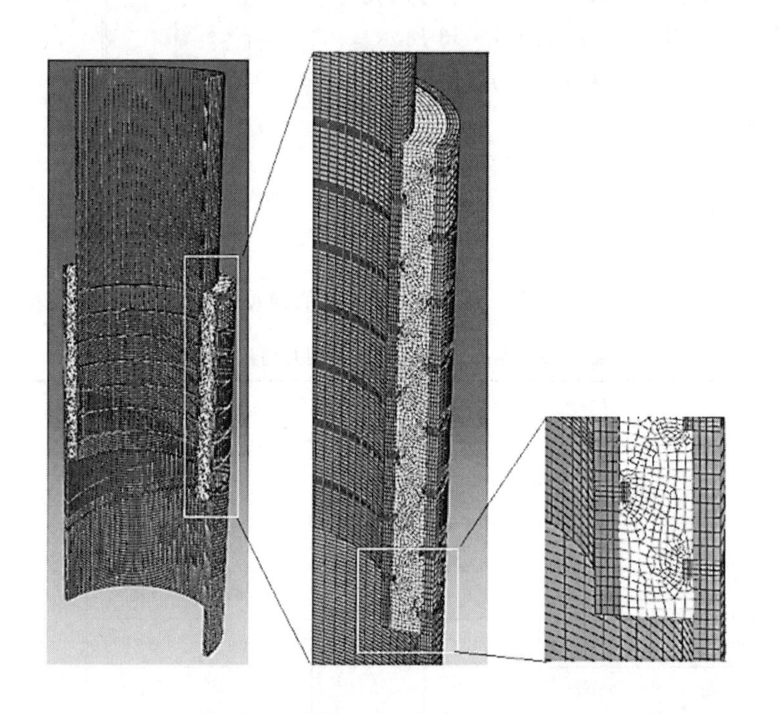

图 5-64　灌浆连接段纵向网格划分

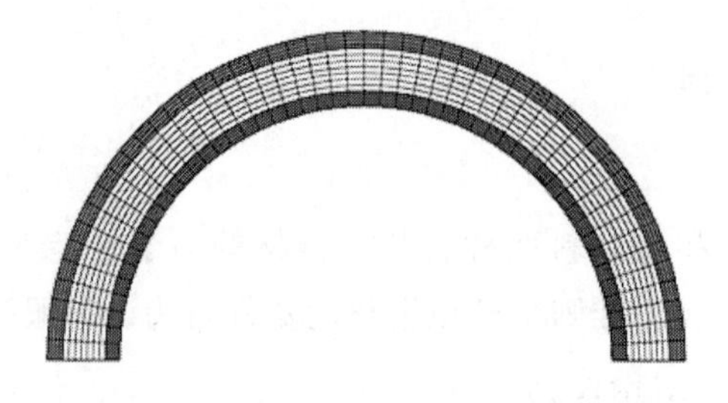

图 5-65　灌浆连接段环向网格划分

### 5.6.3.3　边界、荷载以及接触定义

由于数值模型为半模型，在对称面上施加对称约束，并约束灌浆连接段底部所有的

自由度。

施加荷载时在连接段顶面中心点处定义参考点，并与灌浆连接段顶面耦合。通过在参考点施加荷载的方式对灌浆连接段进行加载。水平荷载为900kN，竖向荷载为6500kN，弯矩为$3.52\times10^3$kN·m。

钢管与灌浆体的界面模型由界面法线方向的接触和切线方向的黏结滑移构成。法线方向的接触采用硬接触，即垂直于接触面的界面压力$p$可以完全地在界面间传递。界面切向力的模拟采用库仑摩擦模型，即界面可传递剪应力，直到剪应力达到临界值$\tau_{crit}$，界面之间产生相对滑动。计算时采用允许弹性滑移的公式，在滑动过程中界面剪应力保持为$\tau_{crit}$不变。$\tau_{crit}$与界面接触压力$p$成比例，即$\tau_{crit}=\mu p$。对于界面摩擦系数，DNV-OS-J101（2014）规范建议，在长期使用荷载下，可以取界面摩擦系数$\mu=0.4$。

### 5.6.4 数值模拟结果

以DGJ-B-L000数值模拟为例，灌浆连接段水平位移沿灌浆段长度方向的分布如图5-66所示。灌浆连接段顶端的水平位移为7.98mm。内管部分、灌浆连接段部分、外管部分水平位移分别占整体水平位移的56.77%、24.94%和18.29%。可以看出变形主要集中在内管部分。

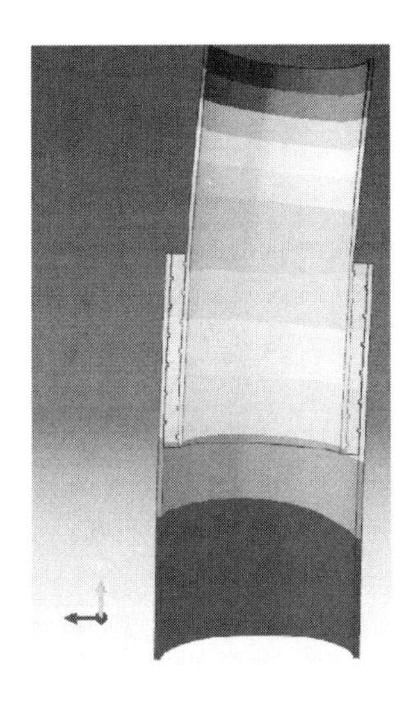

(a) 灌浆连接段水平位移云图

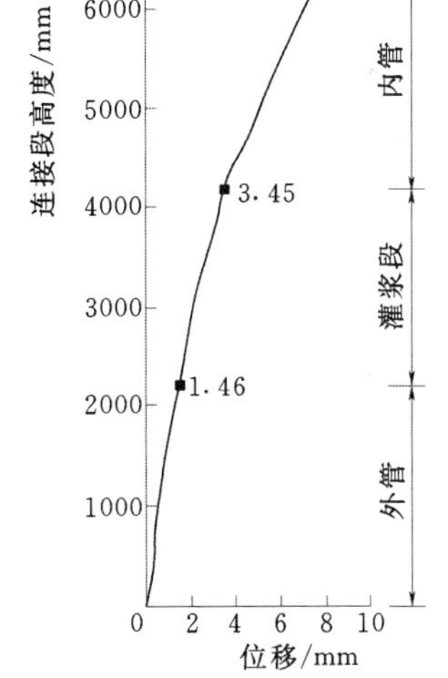


(b) 灌浆连接段水平位移分布

图5-66 灌浆连接段水平位移

灌浆连接段内管Von Mises应力分布如图5-67所示。钢管Mises应力符合上部大、下部小的分布规律。并以剪力键位置为边界，应力呈阶梯形缓慢地过渡变化。最大的应力出现在第一个剪力键的上方，最大值为189.191MPa。灌浆连接段外管Von Mises应力分布如图5-68所示。应力的分布规律与灌浆连接段内管相反，呈现上部小、下部大的分

布规律。最大的应力出现在钢管底部，最大值为151.362MPa。

灌浆连接段浆体的内表面和外表面Tresca应力分布如图5-69所示。在浆体与内管的接触面上，浆体的Tresca应力符合上部大、下部小的规律分布，该规律与内管Von Mises应力分布规律相同。浆体与外管接触面上Tresca应力分布如图5-70所示，分布规律与外管Von Mises分布规律相同。浆体最大的Tresca应力位于顶端第一个剪力键位置处，大小为91.685MPa。

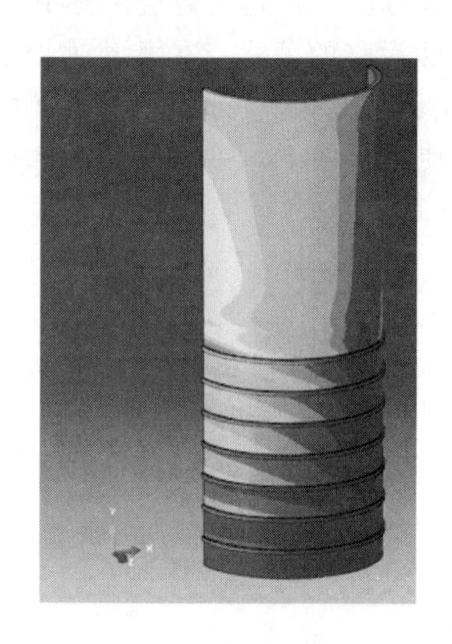

图5-67　灌浆连接段内管Von Mises应力分布

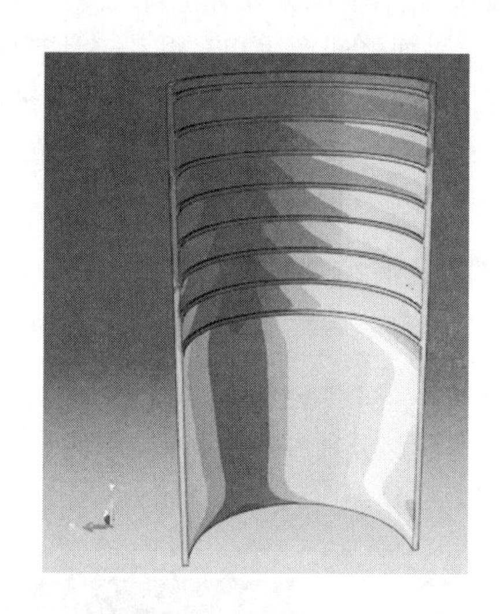

图5-68　灌浆连接段外管Von Mises应力分布

图5-69　浆体Tresca应力分布（与内管接触面）

图5-70　浆体Tresca应力分布（与外管接触面）

## 5.6.5　参数分析

### 5.6.5.1　灌浆连接段长度的影响

灌浆连接段长度对灌浆连接段位移的影响如图5-71所示，灌浆连接段长度增加，连接段顶端中心点处的水平位移和竖向位移均呈线性减小。灌浆连接段长度从1400mm增加至3200mm，中心点竖向位移$\delta_v$减小15.02%，横向位移$\delta_h$减小16.94%。

灌浆连接段长度对连接段最大应力的影响如图 5-72 所示，当灌浆连接段长度变化时，钢管的最大 Von Mises 应力在 186.16 MPa 上下波动，最大应力值与最小应力值之间相差 9.50%。浆体的最大 Tresca 应力在 98.15 MPa 上下波动，最大应力值与最小应力值之间相差 19.70%。从趋势线上看，随着灌浆连接段长度的增加，钢管的最大 Von Mises 应力和浆体的最大 Tresca 应力随之减小。

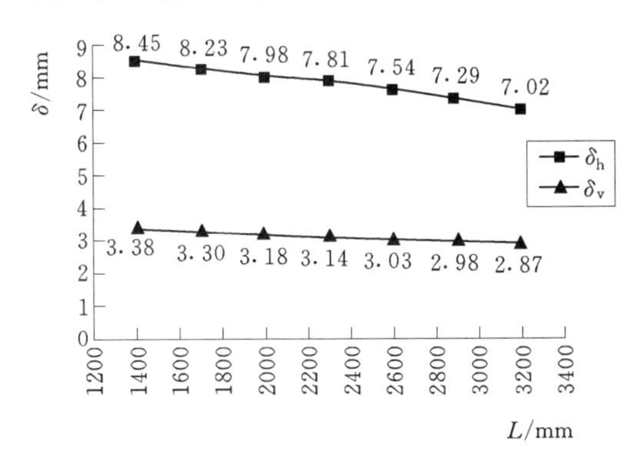


图 5-71 灌浆连接段长度对连接段位移的影响

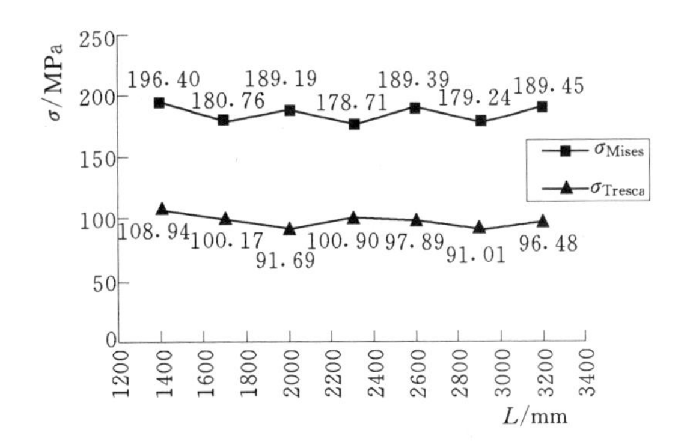


图 5-72 灌浆连接段长度对连接段最大应力的影响

### 5.6.5.2 钢管厚度的影响

内、外管厚度对灌浆连接段位移的影响如图 5-73 和图 5-74 所示，当灌浆连接段内管或者外管厚度增大时，灌浆连接段顶端中心点处的位移呈抛物线形式减小。

内管厚度对灌浆连接段最大应力的影响如图 5-75 所示，随着内管厚度的增加，钢管的最大 Von Mises 应力显著减小。内管厚度从 30 mm 增大至 60 mm 时，钢管的最大 Von Mises 应力降低了 48.0%。浆体的最大 Tresca 应力随着内管厚度增大有减小的趋势，当浆体厚度从 35mm 增大至 60mm 时，浆体的最大 Tresca 应力降低了 10.1%。

外管厚度对灌浆连接段最大应力的影响如图 5-76 所示，当外管厚度小于 45mm 的时候，随着外管厚度的增加，钢管的最大 Von Mises 应力显著减小。当外管厚度继续增大，钢管的最大 Von Mises 应力曲线则出现一个平台段。浆体的最大 Tresca 应力随着外管厚度增大呈线性增大趋势，但趋势并不明显。钢管厚度从 35mm 增大至 65mm，浆体的最大 Tresca 应力增大 5.23%。

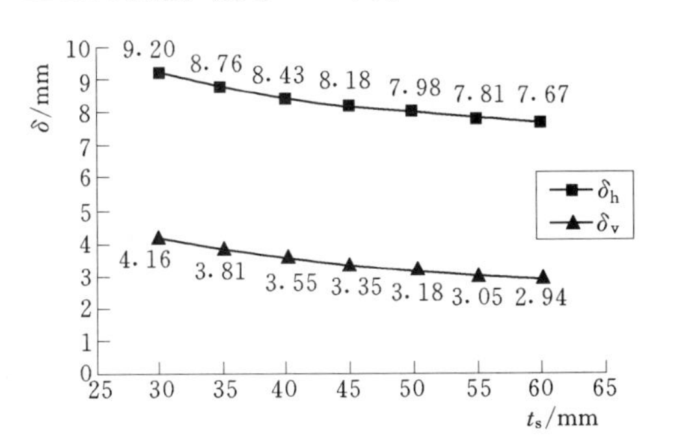


图 5-73 内管厚度对灌浆连接段位移的影响

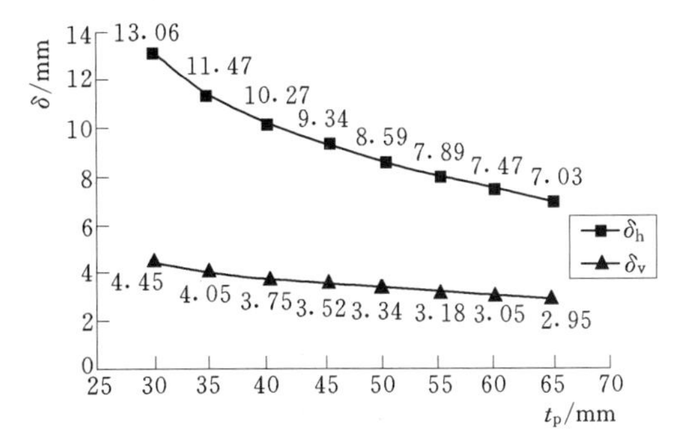


图 5-74 外管厚度对灌浆连接段位移的影响

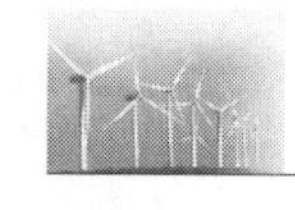

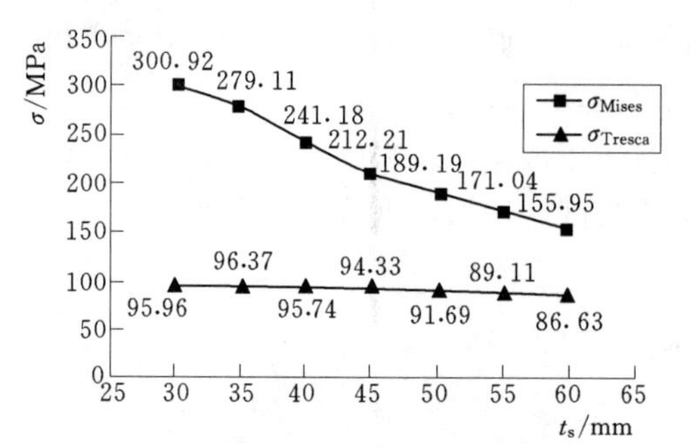


图5-75　内管厚度对灌浆连接段最大应力的影响

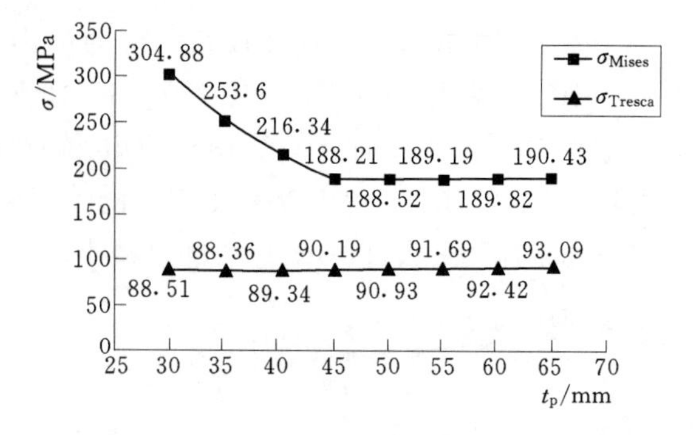


图5-76　外管厚度对灌浆连接段最大应力的影响

## 5.6.5.3　浆体厚度的影响

浆体厚度对灌浆连接段位移的影响如图5-77所示，随着浆体厚度增大，灌浆连接段中点处的位移呈线性增大。

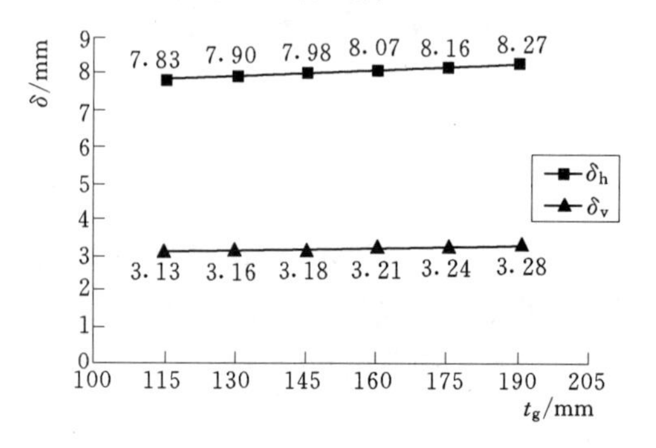


图5-77　浆体厚度对灌浆连接段位移的影响

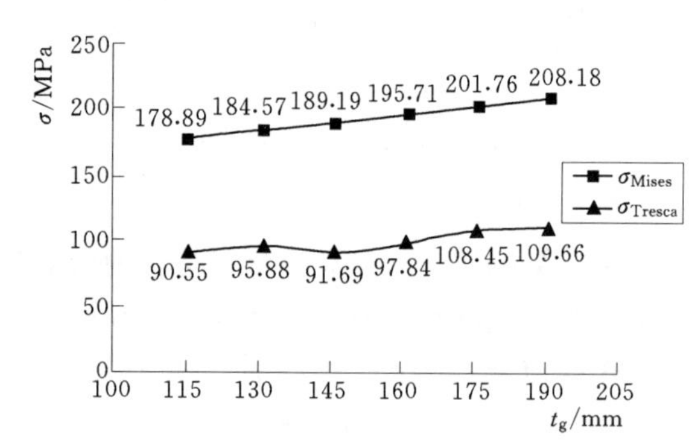


图5-78　浆体厚度对灌浆连接段最大应力的影响

浆体厚度对灌浆连接段最大应力的影响如图5-78所示，随着浆体厚度增大，钢管的最大Von Mises应力呈线性增大。当浆体厚度从115mm增大至190mm时，钢管的Von Mises应力增大14%。浆体的最大Tresca应力随着浆体厚度的增加而增大的趋势。

## 5.6.5.4　剪力键尺寸的影响

由图5-79和图5-80所示，剪力键间距和剪力键高度的变化对设计荷载作用下灌浆连接段的水平位移和竖向位移几乎没有影响。

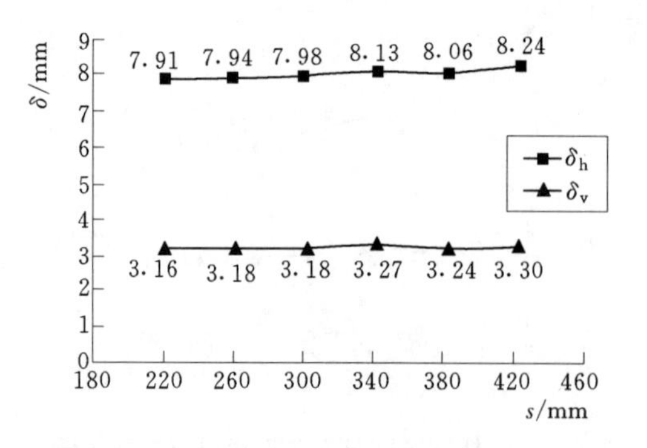


图5-79　剪力键间距对灌浆连接段位移的影响

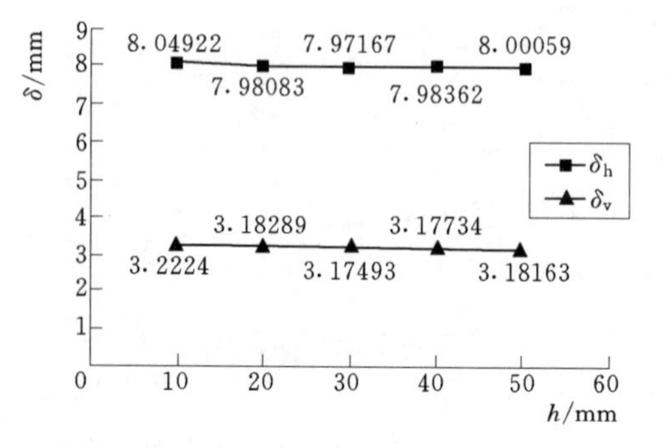


图5-80　剪力键高度对灌浆连接段位移的影响

剪力键间距对灌浆连接段最大应力的影响如图 5-81 所示，当剪力键间距 $s\geqslant 340$mm 时，钢管的最大 Von Mises 应力随着剪力键间距的增大而增大；当剪力键间距 $s\leqslant 260$mm 时，钢管的最大 Von Mises 应力随着剪力键间距的减小而增大；并且，在 $s=300$mm 时，钢管的最大 Von Mises 应力有极大值。浆体的最大 Tresca 应力随着剪力键间距的增大而增大。当剪力键间距 260mm$\leqslant s\leqslant$340mm 时，浆体的最大 Tresca 应力变化并不显著。

剪力键高度对灌浆连接段最大应力的影响如图 5-82 所示，随着剪力键高度的增大，钢管最大的 Von Mises 应力逐渐增大并趋于定值；而浆体的最大 Tresca 应力显著减小，也趋于定值，最小值为 51.43MPa。

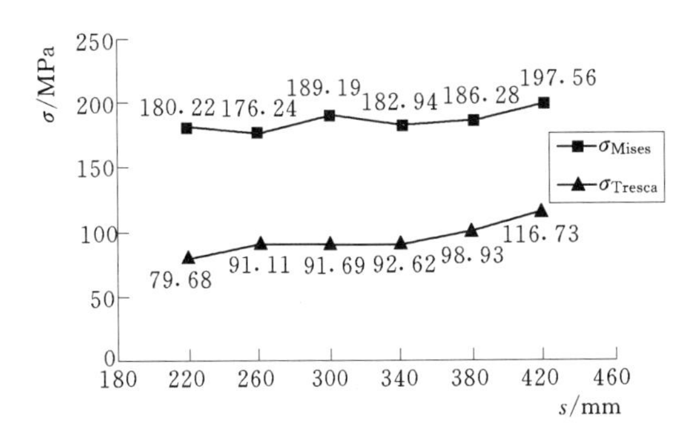


图 5-81 剪力键间距对灌浆连接段最大应力的影响

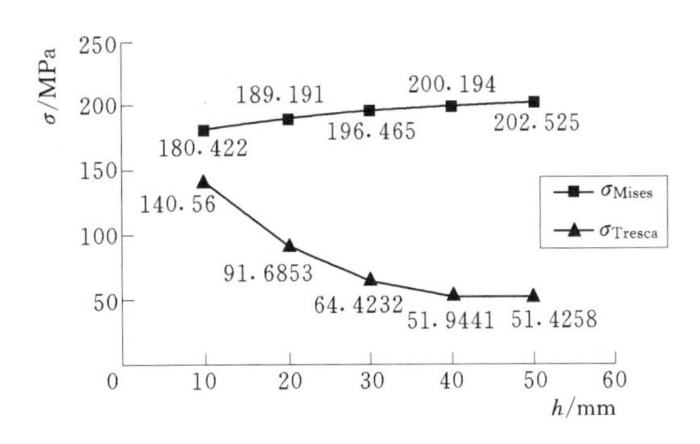


图 5-82 剪力键高度对灌浆连接段最大应力的影响

## 5.6.6 参数影响探讨

灌浆连接段长度和钢管厚度的增大均引起灌浆连接段整体抗弯刚度的增大，进而使灌浆连接段顶端中心点位移减小。而浆体厚度增大引起中心点位移增大的原因在于，为了保持外管直径不变，增大浆体厚度的同时减小了内管直径，内管抗弯刚度减小。由于不改变灌浆连接段的抗弯刚度，剪力键间距和剪力键高度的变化对水平位移和竖向位移无明显影响。

在轴力、剪力和弯矩共同作用下，钢管的最大 Von Mises 应力出现在最接近灌浆连接段端部的剪力键位置上方，而并非出现在端部浆体和钢管的接触点位置处。钢管的最大 Von Mises 应力是由该位置处的内管受压弯荷载作用而产生，并非是由于浆体对内管的挤压而产生。一般情况下，钢管的最大 Von Mises 应力出现在内钢管上，位置为弯矩作用平面内最接近灌浆连接段顶端部的剪力键位置上方。

随着灌浆连接段长度的增大，钢管的最大 Von Mises 应力在一定范围内波动。最大 Von Mises 应力的波动是由于第一个剪力键位置随着灌浆连接段长度的变化不断发生改变。首个剪力键距离端部越近，钢管的最大 Von Mises 应力值越大。

钢管厚度对钢管的最大 Von Mises 应力影响最大。内管厚度越大，压弯作用下钢管应力值越小，钢管的最大 Von Mises 应力就越小；反之亦然。对于外管厚度而言，当外管厚度 $t_p\leqslant 45$mm 时，钢管的最大 Von Mises 应力出现在外钢管上，位置为弯矩作用平面内最接近连接段底端部的剪力键位置下方。因此，钢管的最大 Von Mises 应力受外钢管厚度控制。当 $t_p>45$mm 时，钢管的最大 Von Mises 应力出现在内钢管首个剪力键上方，受内管厚度控制。因此，图5-76中，当$t_p$>45mm时，曲线出现平台段。

随着浆体厚度的增加，钢管的Von Mises应力增大的原因在于，浆体厚度增加的同时减小了内管的直径。随着剪力键的间距变化，首个剪力键距离灌浆连接段端部的距离也不断发生变化。因此，钢管的最大Von Mises应力随着剪力键间距的变化而变化。

在轴力、剪力和弯矩的共同作用下，浆体的最大Tresca应力出现浆体第一个剪力键位置处，由剪力键对浆体的挤压作用引起。并且，该位置存在应力集中。

灌浆连接段长度对浆体最大Tresca应力的影响主要在于，灌浆长度增大，剪力键个数增加，相应的每个剪力键上承担的荷载减小，因此，剪力键位置处浆体的应力减小。钢管厚度的变化对浆体最大Tresca的影响并不显著。

浆体最大Tresca应力随浆体厚度的增大而增大。Schaumann等研究者的研究成果表明，浆体越厚，剪力键处的应力集中系数越大，剪力键处浆体的应力也越大。从图5-78可以注意到，在浆体厚度$t_g$=115mm时，浆体最大Tresca应力存在一个极小值。这说明，浆体的厚度在此处有最优解。

在变化剪力键间距的6个工况中，剪力键间距的增大使剪力键个数不断减小，有效剪力键的个数依次为8、7、6、5、5、4。剪力键个数减小使每个剪力键上承担的荷载增大，因此，剪力键位置处浆体的应力增大。

剪力键高度的增大使剪力键与浆体的挤压面积不断增大，浆体的应力集中系数减小，因此，浆体的最大Tresca应力显著减小。

本节通过基于ABAQUS平台的有限元数值计算研究了带剪力键灌浆连接段的应力状态以及几何参数对灌浆连接段最大位移和最大应力的影响。数值分析结果表明：

(1) 灌浆连接段的长度、套管厚度和桩管厚度通过改变灌浆连接段抗弯刚度影响最大横向位移以及最大竖向位移。剪力键间距和高度对灌浆连接段的最大位移并无明显影响。

(2) 钢管长度和剪力键间距决定了剪力键的位置，首个剪力键距端部越近，钢管的最大Von Mises应力越大。随着剪力键高度增大，钢管的最大Von Mises应力逐渐增大并趋于一个恒定值。

(3) 灌浆连接段长度的增大、内管厚度的增大、外管厚度的减小均使浆体的最大Tresca应力有减小趋势，但并不显著，不建议采用改变钢管厚度方式控制浆体最大应力。浆体厚度增大使浆体的最大Tresca应力增大，浆体厚度存在一个最优值。剪力键间距的减小使浆体的最大Tresca应力不断减小。

(4) 浆体的最大Tresca应力对剪力键高度十分敏感，随剪力键高度增大，该值明显减小。

# 参 考 文 献

[1] Wilke F. Load Bearing Behaviour of Grouted Joints Subjected to Predominant Bending [M]. Germany: Shaker Verlag GmbH, 2014.

[2] Lotsberg I. Structural Mechanics for Design of Grouted Connections in Monopile Wind Turbine Structures [J]. Marine Structures, 2013, 32: 113-135.

[3] Lotsberg I, Serednicki A, Lervik A, et al. Design of Grouted Connections for Monopile Offshore Structures [J]. Stahlbau, 2012, 81 (9): 695-704.

[4] Andersen M S, Petersen P M. Structural Design of Grouted Connection in Offshore Steel Monopile Foundations [R]. Denmark: Det Norske Veritas, 2004.

[5] DNV-OS-J101 (2014) Design of Offshore Wind Turbine Structures [S]. Norway: Det Norske Veritas AS, 2014.

[6] Norsok Standard N-004 Design of Steel Structures [S]. Norway: The Norwegian Oil Industry Association, 2013.

[7] 徐芝纶. 弹性力学（下）[M]. 北京：人民教育出版社，1982.

[8] DET NORSKE VERITAS. Summary Report from the JIP on the Capacity of Grouted Connections in Offshore Wind Turbine Structures [R]. Norway: Det Norske Veritas, 2010.

[9] Lotsberg I, Serednicki A, Oerleans R, et al. Capacity of Cylindrical Shaped Grouted Connections With Shear Keys in Offshore Structures [J]. The Structural Engineer, 2013, 91 (1): 42-48.

[10] 龙驭球. 弹性地基梁的计算 [M]. 北京：人民教育出版社，1981.

[11] Elnashai A S, Aritenang W. Nonlinear Modelling of Weld-beaded Composite Tubular Connections [J]. Engineering Structures, 1991, 13 (1): 34-42.

[12] Ingebrigtsen T, Loset Ø, Nielsen S G. Fatigue Design and Overall Safety of Grouted Pile Sleeve Connections [C]. Houston: Offshore Technology Conference, 1990.

[13] Schaumann P, Wilke F. Design of Large Diameter Hybrid Connections Grouted with High Performance Concrete [C] //The Seventeenth International Offshore and Polar Engineering Conference. International Society of Offshore and Polar Engineers, 2007.

[14] Klose M, Mittelstaedt M, Mulve A. Grouted Connections-Offshore Standards Driven By the Wind Industry [C] //The Twenty-second International Offshore and Polar Engineering Conference. International Society of Offshore and Polar Engineers, 2012.

[15] Löhning T, Voßbeck M, Kelm M. Analysis of Grouted Connections for Offshore Wind Turbines [J]. Proceedings of the ICE-Energy, 2013, 166 (4): 153-161.

[16] Wilke D I F, AG B B, Headquarters C, et al. Nonlinear Structural Dynamics of Offshore Wind Energy Converters with Grouted Transition Piece [J/OL]. 2008. http://homes.civil.aau.dk/rrp/BM/BM8/l.pdf.

[17] Schaumann P, Bechtel A, Lochte-Holtgreven S. Fatigue Performance of Grouted Joints for Offshore Wind Energy Converters in Deeper Waters [C] //The Twentieth International Offshore and Polar Engineering Conference. International Society of Offshore and Polar Engineers, 2010.

# 第6章　灌浆连接段的疲劳性能

海上风机基础灌浆连接段会受到由于自重及风浪作用产生的轴向荷载和弯矩荷载，由于风浪荷载的时变性，荷载的方向和大小具有随机性，在海上风电机组20年或25年的服役期内，会承受多达$10^8$次荷载效应，疲劳问题突出。根据第1章中相关介绍，近海风电灌浆基础最早来源于海洋石油平台导管架结构，其主要承受反复轴向荷载作用，故早期学者对于灌浆连接段疲劳问题的研究主要集中在轴向荷载下的疲劳性能；而作为新的结构理念并得到大量实践的单桩基础，主要承受反复弯矩作用。由于认识不足，2009年之前设计的大直径薄壁无剪力键圆柱形灌浆连接段在服役过程中受到疲劳荷载作用进而产生滑移沉降的病害；之后规范推荐的有剪力键灌浆连接段焊趾部位及灌浆材料在服役过程中也可能产生疲劳裂纹，使得灌浆段疲劳问题研究成为当下的热点和难点。

## 6.1　灌浆连接段疲劳性能概述

美国试验与材料协会（American Society for Testing and Materials，ASTM）将疲劳定义为：在某点或某些点承受扰动应力，且在足够多的循环扰动作用之后形成裂纹或完全断裂的材料中所发生的局部的、永久结构变化的发展过程。疲劳破坏具有以下特征：在破坏发生前需要经历一个疲劳损伤累积过程，该过程一般由裂纹起始、裂纹扩展和裂纹失稳扩展三个阶段组成；在循环荷载的峰值远低于材料强度极限的情况下，就可能发生低应力脆性断裂的特征；无论是脆性材料还是塑性材料，疲劳破坏在宏观上均无明显的塑性变形；同时疲劳寿命往往具有较大的离散性，对荷载及环境、材料及结构、加工工艺等方面多种因素较为敏感。

灌浆连接段是由钢结构和灌浆材料组成的组合结构，故其疲劳问题应当分成钢结构、灌浆材料以及两种材料组成的构件整体疲劳性能三部分。

*1. 钢材的疲劳破坏机理*

钢结构的疲劳主要有钢材材料层次的疲劳性能及焊接节点的疲劳性能。材料层次的疲劳一般是指在循环加载下钢材表面滑移带中的“挤出”和“挤入”，形成“侵入”和“空洞”等应力集中，从而产生裂纹；裂纹再由材料表面向材料内部扩展，从而导致界面断裂破坏的过程。灌浆连接段中钢材通常可能出现疲劳破坏的位置为焊接剪力键，故本书将重点介绍焊接处的疲劳性能评价。

一方面，焊接过程中可能出现根部未熔透缺陷、焊趾咬边缺陷、焊缝余高、夹杂、孔洞等缺陷，导致产生局部的应力集中，加速在受力中的裂纹扩展，同时夹杂和孔洞等宏观缺陷进一步加速了界面断裂的过程。另一方面，在焊接过程中，焊接材料从熔化温

度降低到室温，焊接材料将收缩，但它的收缩受到温度较低的板的限制，从而导致残余应力、残余拉伸应力沿着焊缝方向，如果焊缝在这个方向承受荷载作用，焊缝的波纹处及相关缺陷处就容易造成疲劳裂纹起始；与此同时，焊接也会引起与焊缝垂直的残余应力，如果疲劳荷载方向与焊缝垂直，那么此残余应力也会对疲劳性能产生影响，而灌浆连接段的焊接剪力键主要受力形式就是这种垂直于焊缝的应力模式，同时灌浆材料与剪力键之间的摩擦也会产生平行于焊缝方向的应力，使得焊缝处于复杂受力状态。

2. 灌浆材料的疲劳破坏机理

早期在海洋石油平台基础中使用的灌浆材料一般为普通混凝土或高强混凝土材料，而目前在海上风机基础中使用的灌浆材料多为超高强度、高模量的水泥基类灌浆材料，从材料的破坏断面看，此类灌浆料类似于细石混凝土。灌浆材料材性试验后的试件断裂面如图 6-1 所示，可以认为其性质与高强混凝土和石灰岩类岩石等脆性材料类似，故本书将简述混凝土材料和石灰岩类岩石等脆性材料的疲劳损伤发展过程。

文献［3］中，研究者进行了混凝土在等幅重复应力作用下疲劳破坏损伤机理的试验研究，根据本实验数据的分析可知，在重复荷载作用下混凝土的总应变发展经历了三个阶段，混凝土总应变随荷载重复次数的变化规律如图 6-2 所示，图中坐标横轴为重复荷载循环次数 $N$，纵轴为总应变 $\varepsilon$。在第一阶段开始时，混凝土的总应变发展较快，随后其增长率逐渐降低，第一阶段约占总疲劳寿命的 10%。第二阶段，混凝土的总应变增长速率基本为一定值，混凝土总应变和残余应变随荷载重复次数的增加基本呈线性规律变化，这一阶段约占疲劳寿命的 75%。进入第三阶段后，混凝土的总应变和残余应变发展很快，进入失稳破坏，这一阶段约占疲劳总寿命的 15%。

图 6-1 灌浆材料材性试验后的试件断裂面

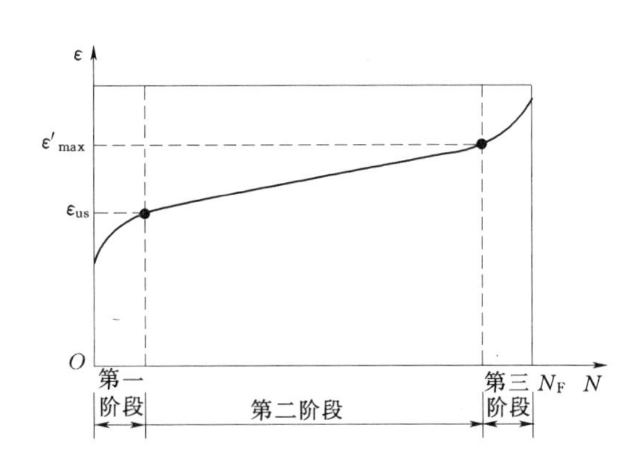


图 6-2 混凝土总应变随荷载重复次数的变化规律

混凝土在重复荷载作用下，内部微裂缝和损伤的发展也可分为三个相应的阶段。第一阶段为混凝土内部微裂缝形成阶段。由于混凝土内部薄弱环节的存在，在这一阶段中，随荷载重复次数的增加，在水泥和粗骨料结合处及水泥砂浆内部薄弱区迅速产生大量微裂缝，这表现在开始几周荷载重复时，混凝土的变形发展较迅速，但随着重复次数的进一步增加，每周荷载循环形成的新裂缝数目逐渐减少，混凝土内部薄弱区域形成微裂缝的过程已趋于完成。这些已形成的微裂缝由于遇到其他骨料和水泥石的约束，不能迅速发展，在宏观上表现为混凝土应变增长率逐渐降低。当混凝土内部应力高度集中的薄弱区域微裂缝基本形成后，混凝土的疲劳损伤进入第二阶段，即占疲劳寿命绝大部分的线性增长阶段，在此阶段，已形成的裂缝处于稳定扩展阶段。此时的线性损伤积累主要是在水泥砂浆中形成的新裂缝的累积。随损伤累积的增长，水泥砂浆的断裂韧度不断降低，当损伤达到一定程度后，这些微裂缝相互连接、扩展，并与骨料及砂浆间的黏结裂缝相贯穿，使这些贯穿裂缝达到临界状态，从而导致裂缝的不稳定扩展，使疲劳损伤进入迅速增加的第三阶段，此阶段试件表面已可见明显裂缝。由此可见，混凝土的疲劳破坏是由于骨料和砂浆间的黏结裂缝和砂浆内部的微裂缝贯穿而形成连续的、不稳定的裂缝而引起的。

然而，由图6-1所示，超高强度灌浆材料内部并没有较明显的粗骨料，可以参考石灰石等脆性材料疲劳破坏的机理。文献［4］对石灰岩在不同频率循环荷载下的疲劳特性进行了研究，给出了岩石内部损伤发展的规律。与混凝土材料相似，石灰岩在疲劳荷载下的应变发展也可分为三个阶段，即初始变形阶段、稳定发展阶段和加速阶段，其实质是内部疲劳损伤发展的宏观表现。循环荷载作用下，岩石内部微裂隙常经历裂隙萌生、扩展、局部小规模贯通、宏观裂隙贯通等发展阶段。加载初始阶段是岩石对循环载荷的适应调整阶段，此时试样变形快速增长的本质是材料内部各个组成部分应力调整的结果。岩石是天然的地质产物，其内部存在着大量节理、裂隙、空洞等薄弱部分。在起初的几个应力循环内，原生裂纹端部、颗粒晶界、弱胶结面等内部薄弱部分难以承受较高应力水平的作用而迅速破坏产生裂纹扩展、晶界滑动、胶结破坏等内部损伤，同时应力被调整到完整性更好、强度更高的材料部分。从石灰岩疲劳测试结果来看，初始阶段占据疲劳寿命的比例较小，常常仅有数个循环，产生的累积变形占总变形量的比例也较小。随着应力调整的完成，局部薄弱部分逐渐破坏而退出工作，岩石疲劳进入稳定发展阶段。该阶段是岩石材料主要承载单元在循环载荷作用下不断损伤破坏的过程，其变形随循环的进行呈线性增长规律，它占据了疲劳寿命的绝大部分，是疲劳寿命估算和材料疲劳研究需要重点关注的阶段。稳定发展阶段微裂纹随循环加、卸载的进行稳定扩展，当损伤累积到一定程度形成不稳定贯通裂隙时，岩石疲劳损伤累积进入加速阶段。在加速阶段，岩石变形急剧增加，变形速率超过以往任何时期，此时试样已不能维持自身稳定。

以上讲述了钢材和灌浆材料的疲劳破坏机理，当两种材料相互作用时，剪力键部位的应力集中，使得灌浆材料处于三维受力的复杂应力状态，加之荷载方向及大小的变化，使得灌浆材料内部微裂缝扩展形式复杂；同时灌浆材料在疲劳荷载作用下对剪力键产生作用，也使得剪力键焊接部位容易出现疲劳断裂破坏，使得灌浆段的疲劳性能更加复杂。

## 6.2 疲劳试验研究

我国海上风电技术相关的研究工作大部分还停留在认识和起步阶段，主要为静力轴向荷载的试验及静力压弯数值模拟，而灌浆连接段在反复弯矩作用下的疲劳性能研究基本为空白；国外的海上风电研究始于20世纪70—80年代，石油平台的研究历史更为悠久，对于灌

浆连接段的研究十分丰富，下面重点介绍国外在灌浆段疲劳问题方面的研究现状。

### 6.2.1 轴压疲劳试验

1980 年，研究者 Billington 和 Tebbett 对有剪力键灌浆连接段进行了轴向疲劳试验研究。试验荷载为应力比 $R=-1$ 的拉压反复荷载，并使用了两种荷载频率，考虑短期的试验时，荷载频率为 0.1Hz，而较长期试验荷载频率为 3Hz。通过 5 个相同尺寸的试件在不同荷载幅条件下的疲劳寿命得到了一条探究性的 $S-N$ 曲线，并且得出结论：在疲劳荷载低于静力极限强度 40%的条件下，灌浆连接段不会出现疲劳破坏（有待进一步长期试验验证）。值得注意的是，文献［5］引用了 1977 年英国海洋混凝土工程研究报告中的相关结论：频率在使用荷载频率内变化时，对疲劳寿命的影响较小。这点与 2011 年研究者 Sørensen 的研究结果部分一致。

文献［6］中，作者研究了直径 60mm、高 120mm 的灌浆材料圆柱，在三种频率以及三种荷载幅的轴向受压重复荷载作用下，分别在空气和水中的疲劳寿命，即总共 3×3×2＝18 种工况，每个工况计划试验 6 个试件，但并非所有工况都完成了计划。试验结果表明：空气中疲劳寿命与频率基本无关，这又与 1979 年研究者对普通混凝土的 0.1～200Hz 实验结果相一致。这些都说明对于灌浆连接段疲劳荷载频率不需要关注，试验时只需要取海上风电工程场址处的风浪荷载标准频率即可。同时文献［6］还得到结论：水中试件的疲劳强度明显低于空气中试件的，且试验频率越低，这种差距越大。此结论说明，由空气中试验得到的 $S-N$ 曲线在应用到实际工程中时，必须考虑海水的影响，对 $S-N$ 曲线斜率进行折减。可以按照挪威船级社《近海混凝土结构规范》（DNV-OS-C502）中采用的默认值 0.8 对 $S-N$ 曲线进行折减。

灌浆材料的强度对于连接段轴向疲劳性能的影响也引起了研究者们的广泛关注。1986 年，学者 Boswell 和 Mello 研究了灌浆材料强度对于有剪力键灌浆连接段疲劳性能的影响，试验中主要通过不同龄期实现了灌浆材料有不同的强度，采用正弦曲线拉压等应力幅加载，采用的加载频率为 0.1～0.5Hz，模拟了北海（欧洲）的海浪频率标准值。试验中只测试了一种几何尺寸的试件，得出的结论主要是：灌浆材料强度较高时（龄期 6 星期），极限疲劳强度与极限静力强度的比值为 20.7%，当强度较低时（龄期 3 星期），这个比值上升到 32.5%，说明了灌浆材料强度越高，疲劳性能越差。试验结束后观察到的在剪力键附近出现灌浆材料被整条地压碎成粉末而其余部位保持完好的现象，验证了剪力键附近的应力集中。但同时应当注意的是：试验中为保证钢管不屈服，在钢管四面加设了沿管通长的加劲肋，这增大了钢管由径厚比（直径与厚度的比值）决定的环向刚度，因此得到的疲劳极限与静力强度的比值较低。2006 年，Lohaus 和 Anders 对超高强混凝土灌浆连接段进行了研究，在文献［9］中没有具体的试验参数，但是有结论：超高强混凝土的疲劳性能低于普通混凝土。这个观点针对超高强混凝土，但是对于新型灌浆材料不一定适用，故需要对灌浆材料的力学性能做出研究。2010 年，Schaumann 等在多种灌浆材料强度下用较小尺寸的试件进行了试验，试验荷载比 $R=0.1$，即只有受压重复荷载循环。桩管试件直径 60.3mm，厚度 12.5mm，套管试件直径 114.3mm，厚度 8mm。与之前的结果相反，试件疲劳性能主要受有无剪力键因素影响，与灌浆材料强度基本无关，并且得到结论为：有剪力键试件在经过200万次和再循环后的残余轴向承载力仍能近似地达到静力强度。有、无剪力键轴压试验荷载-位移曲线如图6-3所示。这个结果明显高于文献［8］和文献［9］的结果。由于前述文献中对灌浆材料强度的影响叙述不一，更加说明有必要对灌浆材料的力学性能进行研究。同时应当注意到，文献［10］和文献［11］采用的试件直径较小，径厚比较大，本身强度应该较高，且只在受压重复荷载条件下进行试验，不同灌浆材料强度试件在200万次有限循环下都未发生破坏，不能得出疲劳性能与灌浆材料强度基本无关的结论。这种现象同时也表明了荷载比和加载路径的重要性。同样反映荷载比值重要性的试验还有文献［12］，文中记载无剪力键灌浆连接段在单压循环荷载下疲劳性能较好，文中建议无剪力键试件在拉压循环荷载作用下，当拉应力小于静力强度的20%时可以不考虑疲劳破坏；对于有剪力键灌浆连接段，在拉压循环作用时，拉应力在循环中出现的比重越大，循环下的强度与静力强度的比值越低，在单压循环时，应力幅越小的试件疲劳强度越高。在疲劳试验结束后文中还进行了残余强度的试验，结果显示在较小压应力幅循环下的有剪力键灌浆连接段具有最大的残余强度；无剪力键试件在残余强度试验中首次滑移前的刚度相近于甚至超过静力荷载下的刚度，这证明了无剪力键灌浆连接段轴向受力模式，即利用钢管与灌浆材料界面的不平整，并通过界面间的相互错动产生的摩擦力承担轴向荷载。

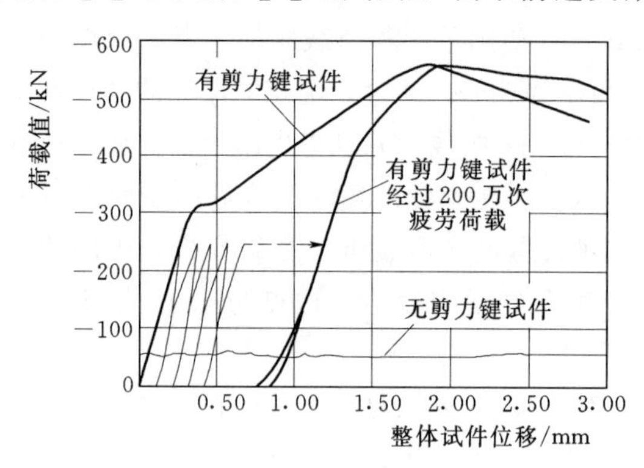


图6-3 有、无剪力键轴压试验荷载-位移曲线

## 6.2.2 弯曲疲劳试验

目前，国外研究者对于灌浆连接段抗弯疲劳性能的试验研究主要包含在三个研究计划中：2001年丹麦Aalborg大学进行的较小尺寸缩尺试验；2007—2009年德国劳氏船级社联合德国汉诺威大学进行的较大尺寸的缩尺试验；2011—2012年挪威船级社进行的局部体系试验。试验的部分结果发表成为论文形式，还有一部分已经被写进DNV-OS-J101（2014）《海上风机支撑结构设计》。

### 6.2.2.1 丹麦缩尺试验

2001年丹麦Aalborg大学进行了一系列无剪力键和有剪力键的较小尺寸缩尺试验，并由Tech-wise A/S出具了相关试验报告，可以找到的文献［13］及文献［14］只涉及有限的无剪力键试件的结论，且两篇文献对于试件几何尺寸的描述不完全相同。但在文献［15］中有对此试验较为清楚的描述，且试验几何尺寸与文献［14］中描述相符。下面将以文献［15］为基础介绍此试验。

试验采用1∶8缩尺模型，丹麦Aalborg大学试验试件几何尺寸如图6-4所示，试验

中钢管直径 457mm，灌浆连接段长度为桩直径的 1.5 倍（即 $L/D_p=1.5$），加载梁长度 5m。灌浆材料的平均抗压强度 210MPa，弹性模量 70GPa。考虑到灌浆材料最小厚度的要求，灌浆材料厚度是按严格比例缩尺尺寸的 2 倍左右。

有剪力键试件中剪力键高度 1.3mm，剪力键间距约 65mm，剪力键的布置如图 6-5 所示：分布在灌浆段下部长度的 1/3 长度内，但具体的排布方式无明确的记载。文献［15］作者指出，下部 1/3 长度内虽然理论上摩擦力最大，而布置剪力键可以有效地提高摩擦力，但是由于钢管的椭圆化、剪力键自身焊接的残余应力以及附近的应力集中会使连接段疲劳寿命很低，故文献［15］作者指出此种剪力键的排布方式不合理，后续研究未出现类似剪力键布置方式。

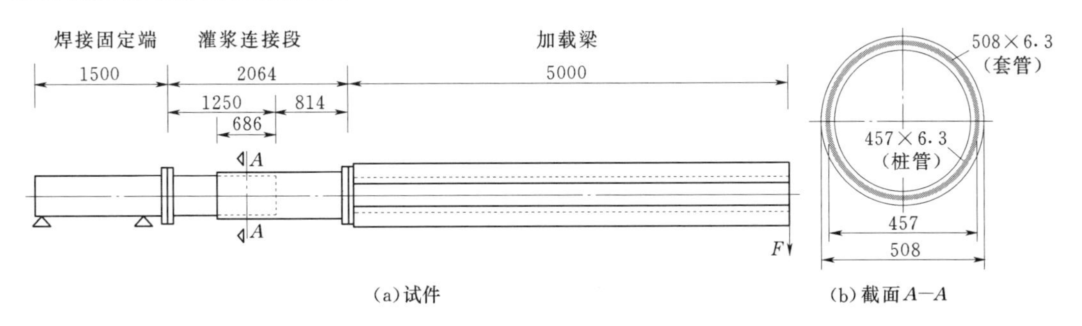


图 6-4 丹麦 Aalborg 大学试验试件几何尺寸（单位：mm）

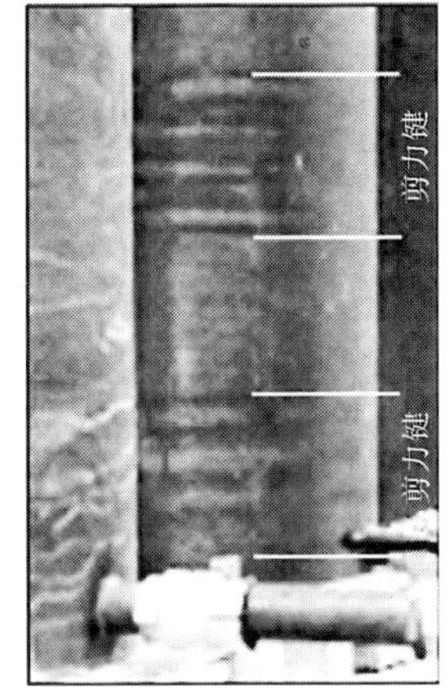


图 6-5 丹麦 Aalborg 大学试验有剪力键试件示意图

试验分为静力极限状态和疲劳极限状态两种，加上自重的静力极限荷载是按比例缩尺的丹麦 Horns Rev 风电场设计弯矩值的 2.2 倍；疲劳极限采用常幅疲劳荷载进行加载，循环加载 $10^6$ 次后，所有试件灌浆材料都无明显的开裂及剥落现象发生。灌浆连接段端部只在极限荷载下出现了 0.8mm 宽度的可视裂缝。虽然无剪力键位置的明确记载，但是报告记载有剪力键试件的传力模式较为平缓，且滞回曲线刚度略大于无剪力键试件的，但区别并不明显。所有试件刚度基本在循环中保持不变，且由于疲劳试验荷载小于极限荷载值，疲劳荷载下刚度较大。可能由于此试验中无剪力键试件与有剪力键试件相比并没

有很强的优越性，故认为没有必要使用剪力键，设计中可由工程师决定是否采用剪力键。这个结论被以后的设计思想一直沿用，为2009年大量发现的大直径无剪力键单桩基础的滑移病害埋下了隐患。以后的研究者对于此试验结果进行了分析，认为可能是试件相对较小的径厚比与较长的灌浆段长度（$L/D_p=1.5$）使得试验结果不能运用于以后实际工程中的较大径厚比及较短灌浆段长度的无剪力键单桩基础，需要进一步试验研究灌浆连接段在反复弯矩作用下的疲劳性能。

#### 6.2.2.2　德国缩尺试验

2007—2009年德国劳氏船级社（Germanischer Lloyd）联合德国汉诺威大学做了一系列较大尺寸缩尺试验，并进行了相关数值模拟研究，发表了一系列文章见参考文献［15］～文献［21］，涉及无剪力键及有剪力键试验。表6-1为文献［19］对试验试件状况进行的总结。从表6-1中可以看到，该系列试验中主要比较了有无剪力键的区别，以及灌浆连接段长度和灌浆材料抗压强度等参数对连接段抗弯疲劳性能的影响。

**表6-1　德国缩尺试验试件情况汇总**

| 桩管尺寸/mm | 套管直径/mm | 连接段长度 | 使用材料抗压强度标准值/MPa | 剪力键个数 |
|---|---|---|---|---|
| 外径800<br>壁厚8<br>（径厚比100） | 外径856<br>壁厚8<br>（径厚比107） | 1.3倍桩径 | 130 | 0 |
| | | 1.3倍桩径 | 130 | 7 |
| | | 1.0倍桩径 | 130 | 5 |
| | | 1.3倍桩径 | 70 | 7 |
| | | 1.0倍桩径 | 70 | 5 |
| | | 1.3倍桩径 | 90 | 7 |

表6-1中关于抗压强度的数值在文献［19］及文献［20］中记载的数据并不完全吻合，但作者的确考虑了灌浆料强度对于连接段抗弯性能的影响，同时文献［19］中描述最后一个有剪力键试件的灌浆料由于发生了离析现象，强度并没有达到90MPa，甚至可能不到70MPa，这给试验的结论带来了些许不确定性。

1. *无剪力键试件*

文献［18］对无剪力键试件受弯疲劳性能做出了较为详尽的描述，试验采用四点弯曲的方式加载反复弯矩，桩管和套管都分为两节，德国缩尺试验装置简图如图6-6所示，采用法兰螺栓盘连接为整体，通过加载点的偏心模拟了如图6-7所示的实际荷载情况。试验分成两个阶段施加疲劳荷载，若以受拉为正，则第一阶段施加反复荷载为+100/－185kN，第二阶段重复荷载为0/－435kN。试验中主要得到以下结论：

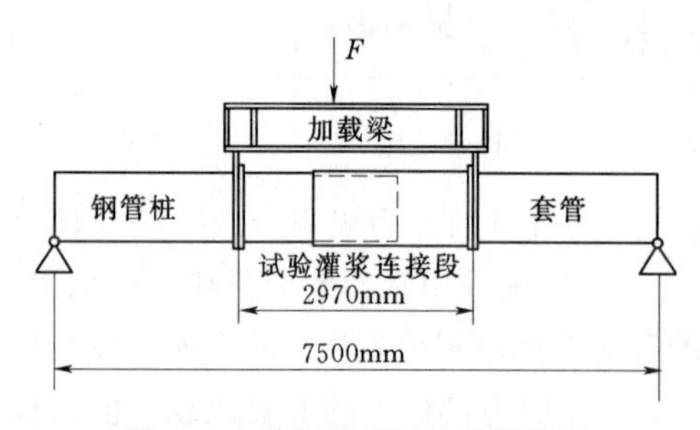


图6-6　德国缩尺试验装置简图

（1）试验开始前，观察到由收缩引起的径向细微裂缝（与文献［22］中描述相似）。

（2）第一阶段荷载1000次循环后，钢管与灌浆材料的黏结失效基本稳定。其中黏结

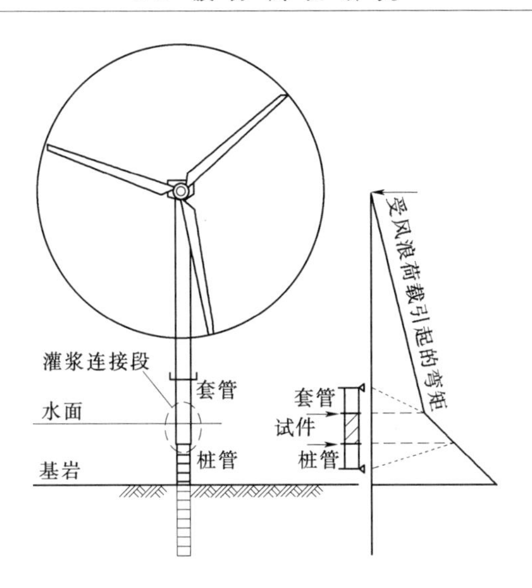


图 6-7 实际结构中弯矩分布示意图

失效可以用环向应力变化表征，有、无黏结时环向应力分布示意图如图 6-8 所示，当黏结未失效时，截面类似于有胶层的叠合梁，环向应力沿厚度方向分布较为均匀；而黏结失效后，截面类似于无胶层的叠合梁，环向应力沿厚度方向分布出现多个峰值。

(3) 第一阶段荷载不引起刚度的下降及裂缝的进一步开展。对此，本书作者认为的可能原因是：试验过程中，荷载每循环 50 万次时更换螺栓，螺栓的疲劳破坏吸收了能量，使连接段本身吸收的能量减小。

(4) 第二阶段与丹麦试验现象相反，在较少次数循环后观察到明显裂缝。原因如前所述，本试验径厚比更大，连接段长度更短，导致圆管椭圆化变形更明显，易在连接段端部出现径向的受拉裂缝，试件连接段端部截面裂缝示意图如图 6-9 所示。但是，裂缝的出现并没有引起结构失效和刚度明显下降，而实际工程中也有端部灌浆密封措施，不必考虑海水冲刷等不利影响。

由结论 (1)、(2) 可以认为，在整体结构的有限元模拟中，为简化分析，可不考虑灌浆材料与钢管之间的黏结。

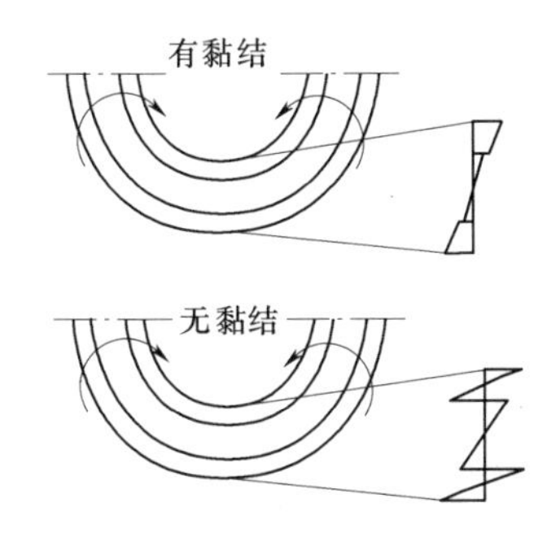


图 6-8 有、无黏结时环向应力分布示意图

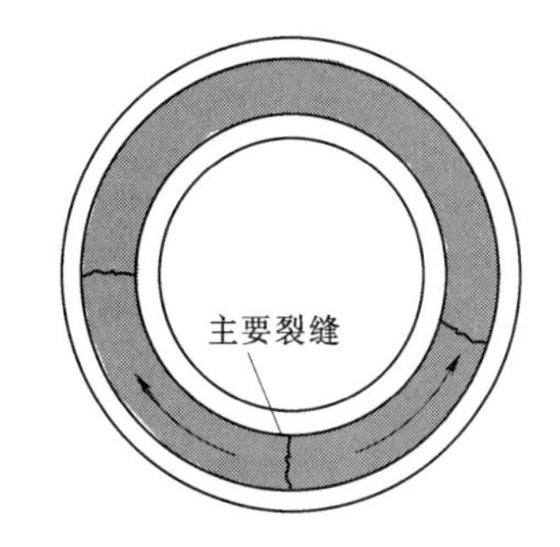


图 6-9 试件连接段端部截面裂缝示意图

2. 有剪力键试件

文献 [16]、文献 [17]、文献 [19] ～文献 [21] 中有剪力键试件的研究集中在有

无剪力键、连接段长度、灌浆料的抗压强度等因素对抗弯疲劳性能的影响。试验荷载状况与无剪力键试件相同。研究发现：使用剪力键的试件，整体抗弯刚度较无剪力键提升20%，钢管与灌浆料之间的张开间隙减小50%，可以通过图6-10及图6-11进行说明。图6-10表明了有剪力键试件和无剪力键试件顶部加载至100kN时环向应力沿连接段长度方向的分布，从图中可以看出，有剪力键灌浆连接段端部的环向应力下降了71%，说明管的局部椭圆化变形减小，即可认为张开间隙可有效减小；同时剪力键附近由于受压短柱的存在，环向应力较无剪力键试件略有上升，可以认为使用剪力键可以使整体的变形更加均匀。图6-11所示为在试件端部位移传感器记录的两钢管之间张开距离随荷载变化的荷载位移曲线，从图中可以明显观察到有剪力键试件张开的间隙较小。由此可以认为剪力键对结构的整体抗弯刚度具有提升作用，德国的Peter Schaumann认为可以用图6-12说明其中的原因。连接段受到弯曲时，剪力键可以与灌浆材料之间沿径向相互错动，使组合截面没有完全脱开，在有剪力键部分仍是整体受力，其受力模式介于图6-8中有黏结和无黏结的情况之间，所以在循环荷载作用下仍具有较大刚度。

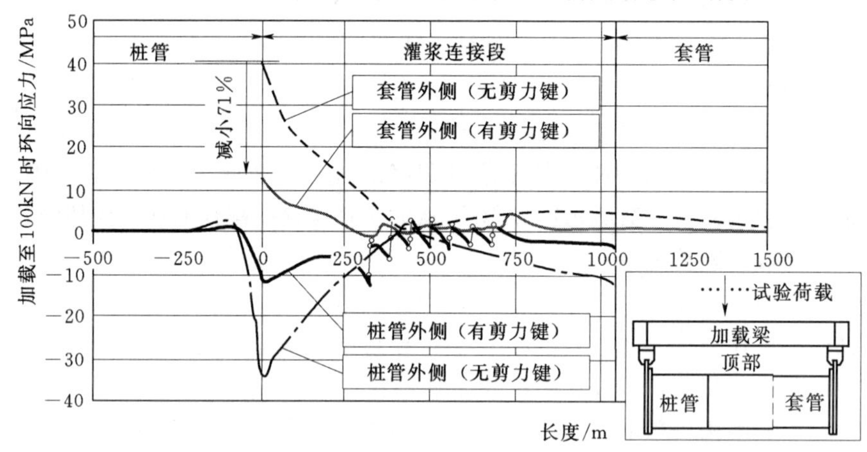


图6-10 相同荷载条件下有无剪力键试件环向应力沿长度方向分布对比图

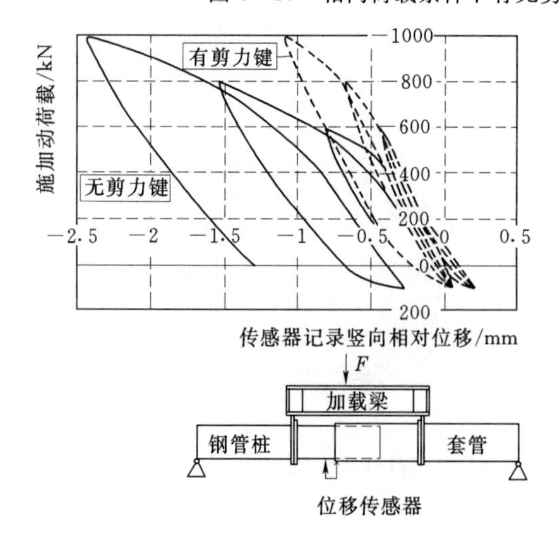


图6-11 传感器记录两钢管张开距离

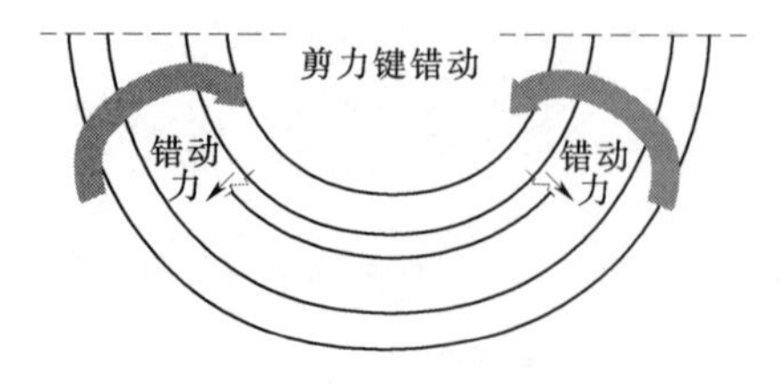


图6-12 剪力键与灌浆材料相互错动示意图

对于灌浆材料抗压强度和连接段长度的影响，文献只通过比较连接段末端张开间隙和试件整体刚度说明了参数的影响规律：①灌浆材料抗压强度越低，受弯时连接段末端钢管与灌浆材料张开的间隙越大；②灌浆连接段长度越小，受弯时钢管与灌浆材料张开的间隙越大；③从循环荷载作用下刚度的退化过程可以看出，采用抗压强度较高的灌浆材料及较长的连接段，在循环10000次左右后，刚度的退化曲线基本为水平线，即疲劳应力循环次数较多时，对构件的刚度影响较小。而连接段长度较短或材料强度较低时，则需要考虑在疲劳循环过程中材料性能的连续退化。同时文献［21］还表明，对经过弯曲疲劳后的试件残余轴向承载力进行监测，发现经过疲劳荷载后轴向承载力仍具有较好的延性，轴向承载力仍然是设计荷载的许多倍；且轴向承载力与灌浆材料抗压强度基本无关，只与连接段长度和剪力键个数密切相关。文献［15］表明有剪力键灌浆连接段在残余轴向承载力试验中，钢管屈服发生在灌浆连接段破坏之前，即极限承载力由钢管屈服控制。

#### 6.2.2.3 挪威局部体系试验

2011—2012年，DNV为验证其提出的无剪力键灌浆连接段抗弯承载力的公式，并进一步了解有剪力键灌浆连接段疲劳性能进行了局部试验研究。试件设计的思路是：考虑到圆管直径非常大，可以将其局部视为平板。进一步考虑到连接段施加荷载的对称性以及剪力键布置对称，可以将平板试件进一步对称，挪威局部试验试件示意图如图6-13所示。试验中采用了一个缩尺试件与第一次局部试验结果进行对照。其他试件情况见表6-2，第四次局部试验的中间板的剪力键间距并不是预定值350mm，而只有200mm，为试验结果带来了些许不确定性。

试验中缩尺试验采用定轴力、四点反复弯曲的方式进行加载，局部试验中在中间板上施加轴向反复荷载，在径向受到灌浆材料的约束作用，环向变形没有约束，试验装置荷载示意图如图6-14所示。可以认为局部试验模拟了受弯时位于圆管受拉区最底部的局部连接段的受力情况。

图6-13　挪威局部试验试件示意图

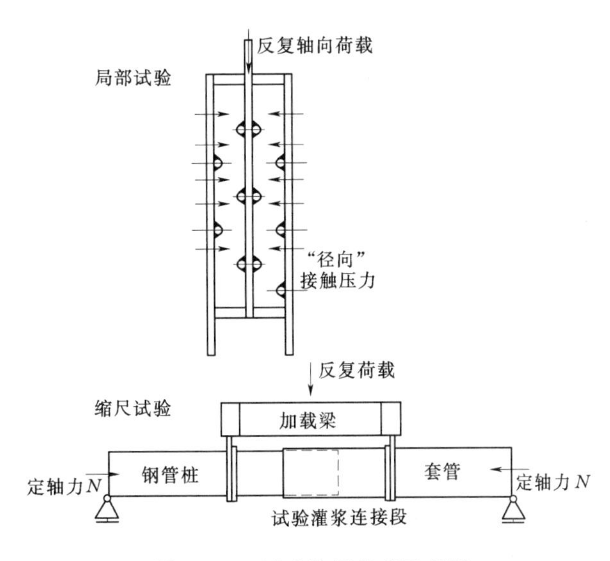


图6-14　试验装置荷载示意图

表6-2　挪威局部试验试件情况表

| 试验编号 | | 试验荷载 | 几何尺寸/mm | 剪力键情况 |
|---|---|---|---|---|
| 缩尺试验 | | 定轴力，反复弯矩 | 管直径800 | $s=60$mm，$h=3$mm |
| 局部试验 | 第一次 | 钢板轴向反复荷载，径向受灌浆材料压力，环向不约束 | 等效管直径800 | $s=60$mm，$h=3$mm |
| | 第二次 | | 等效管直径2200 | $s=200$mm，$h=12$mm |
| | 第三次 | | 等效管直径5000 | $s=200$mm，$h=12$mm |
| | 第四次 | | 等效管直径5000 | $s=200$mm，$h=12$mm |

试验中主要获得了以下结论：

(1) 试验结果验证了DNV-OS-J101 (2014) 规范中抗弯承载力近似理论解的可行性，对等效刚度采用设计系数$\psi$进行修正，即

$$k_{\mathrm{eff}}=\frac{2t_{\mathrm{TP}}s_{\mathrm{eff}}^{2}nE\psi}{4\sqrt[4]{3(1-\nu^{2})}t_{\mathrm{g}}^{2}\left[\left(\frac{R_{\mathrm{p}}}{t_{\mathrm{p}}}\right)^{3/2}+\left(\frac{R_{\mathrm{TP}}}{t_{\mathrm{TP}}}\right)^{3/2}\right]t_{\mathrm{TP}}+ns_{\mathrm{eff}}^{2}L_{\mathrm{g}}} \tag{6-1}$$

通过比较加载过程中的不同荷载条件下的荷载位移曲线，发现曲线位于$\psi=0.5$时的计算直线和$\psi=1.0$时的计算直线之间，局部第二次试验试件荷载位移曲线如图6-15所示。接触压力与弯矩之间的关系为

$$p=\frac{3\pi MEL_{\mathrm{g}}}{EL_{\mathrm{g}}[R_{\mathrm{p}}L_{\mathrm{g}}^{2}(\pi+3\mu)+3\pi\mu L_{\mathrm{g}}R_{\mathrm{p}}^{2}]+18\pi^{2}k_{\mathrm{eff}}R_{\mathrm{p}}^{3}\left(\frac{R_{\mathrm{p}}^{2}}{t_{\mathrm{p}}}+\frac{R_{\mathrm{TP}}^{2}}{t_{\mathrm{TP}}}\right)} \tag{6-2}$$

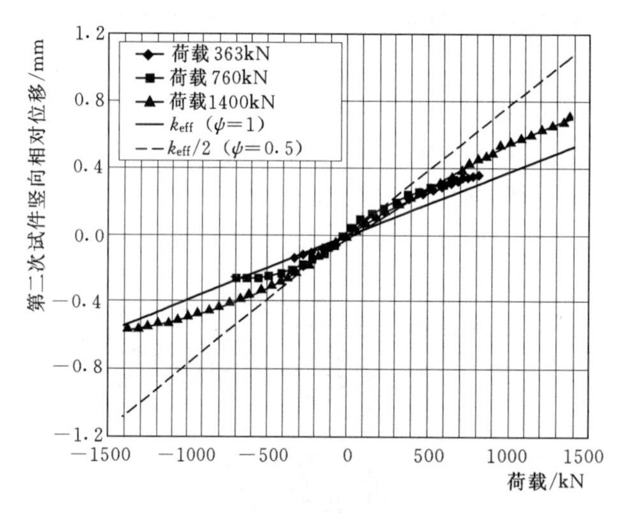


图6-15　局部第二次试验试件荷载位移曲线

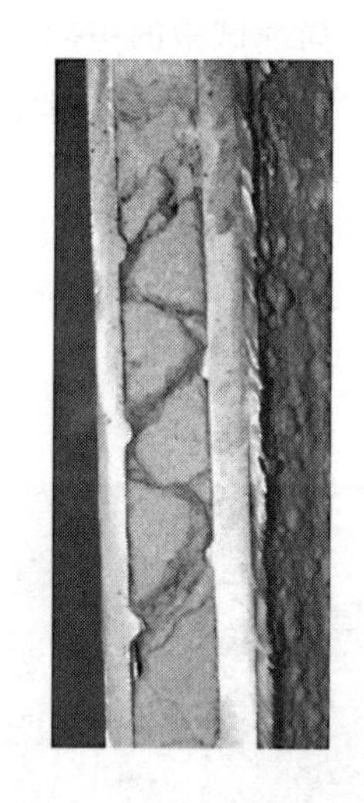

图6-16　缩尺试验断面灌浆材料破坏示意图

考虑到接触压力与弯矩之间的关系，对系数$\psi$的取值做出的规定为：①$\psi$取0.5用以计算最大的接触压力，此时可以看到接触压力$p$的表达式中分母较小，接触压力值较大；②$\psi$取1.0用以计算剪力键上的最大作用力，此时接触压力表达式中分母虽较大，接触压力值较小，但剪力键作用分担的弯矩最多，由此考虑剪力键的最不利情况。

(2) 试验中第一次试验局部模型所得到的承载能力比与之对照的缩尺试验承载力高，局部试验采用了关于中间板对称的方式，连接段长度较短，试验结果可能取决于破坏首

先发生在两侧板上还是中间板上。

(3) 缩尺试验的结果显示，破坏模式并不是沿着连接段中心对称的，即与第一次试验试件的构想有出入，如图 6-16 所示。图 6-16 所示为缩尺试验结束后从试件中取出的灌浆材料的断面，可以看到两端部剪力键附近的破坏情况明显不相同。由此，作者认为仍然应当采用缩尺试验进行研究。

#### 6.2.2.4 抗弯疲劳性能试验总结

目前的试验结果证明了小径厚比的缩尺试验不能真实地反映出现工程中的大直径薄壁钢管灌浆连接段抗弯疲劳性能，同时也证明了使用剪力键会增强结构的抗弯能力。研究者们主要针对灌浆材料的抗压强度、灌浆连接段的长度等参数进行了研究，给出了参数对于灌浆连接段抗弯疲劳性能的影响。并且有研究者提出了抗弯承载力近似理论解，并通过试验加以验证。

目前对于灌浆连接段抗弯疲劳性能的评估仍然是难点。灌浆连接段的破坏可能始于剪力键附近焊缝的破坏或者剪力键附近灌浆材料的碎裂，但是目前试验中为了达到缩尺的目的，所采用的剪力键与实际工程中并不相符。剪力键形式如图 6-17 所示，实际工程中多采用角焊缝焊接光圆钢筋的方式，而德国缩尺试验中采用的是焊珠形式的剪力键，挪威的试验中采用钢板一次压模成型的方式施加剪力键，这也解释了为何试验中会出现中间板剪力键间距不对，但却无法调整。

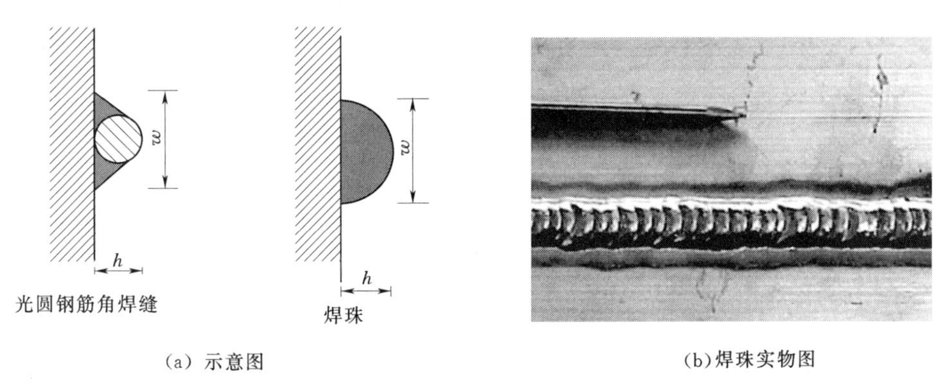


(a) 示意图　　(b)焊珠实物图

图 6-17　剪力键形式

## 6.3 疲劳性能分析

### 6.3.1 钢结构的疲劳性能

对于灌浆连接段中钢管的及其上焊接剪力键的疲劳性能，可参考的钢结构疲劳规范很多，为考虑所用规范的一致性，此处引用 DNVGL-RP-0005《近海钢结构疲劳设计推荐做法》，采用热点应力法对某一荷载工况下的灌浆连接段有限元模拟的计算结果进行分析，以此预估此灌浆连接段内钢管的疲劳寿命。由于钢管本身的缺陷相对于钢管表面焊接的剪力键来说较少，所以此处对结构的疲劳性能主要指焊接剪力键处的疲劳性能。

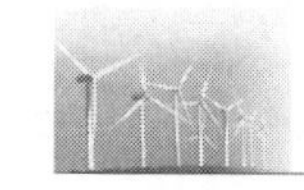



焊接剪力键焊趾处的实际应力由四部分组成，即名义应力、由总体几何尺寸引起的应力集中、由焊缝局部尺寸引起的应力集中以及残余应力。若只考虑前两者可得到焊趾处的几何应力，则几何应力中的最大值即为所谓的热点应力。热点应力的计算方式可用图6-18表示。取出距离焊趾0.5$t$和1.5$t$（$t$为焊接母材厚度）位置处的名义应力，通过线性插值即可得到焊趾处的热点应力，应当注意此处对0.5$t$和1.5$t$的定义是DNVGL-RP-0005中的规定，对于不同规范这两个值的取值可能不同。

如图6-19所示，平行焊缝方向的正应力可用$\Delta\sigma_{/\!/}$表示，平行于焊缝方向的剪应力可用$\Delta\tau_{/\!/}$表示，而垂直于焊缝方向的正应力可用$\Delta\sigma_{\perp}$表示。图6-19中符号代表应力变化值即应力幅。

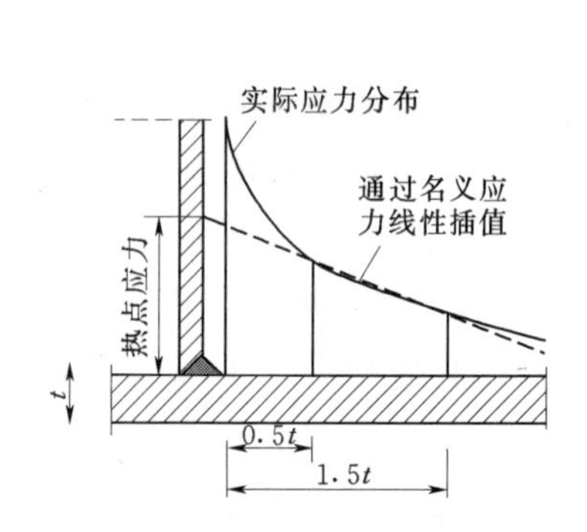


图6-18　热点应力计算方式示意图

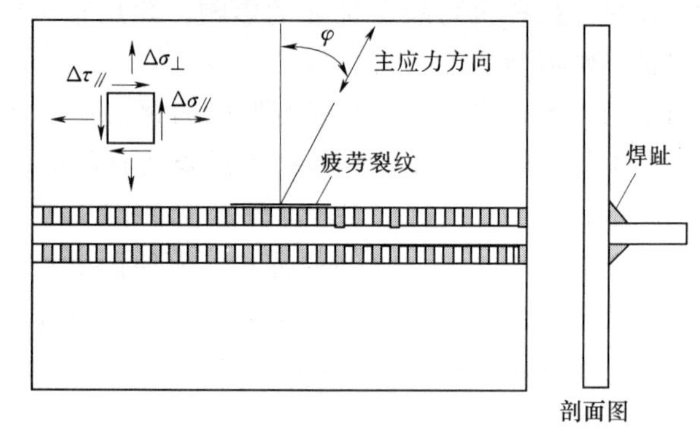


图6-19　焊缝应力的示意图

则距离焊趾位置0.5$t$和1.5$t$处的几何应力为

$$\sigma_{\text{eff}}=\begin{cases}\sqrt{\Delta\sigma_{\perp}^{2}+0.81\Delta\tau_{/\!/}^{2}}\\ \alpha\mid\Delta\sigma_{1}\mid\\ \alpha\mid\Delta\sigma_{2}\mid\end{cases}\tag{6-3}$$

其中

$$\left.\begin{aligned}\Delta\sigma_{1}&=\frac{\Delta\sigma_{\perp}+\Delta\sigma_{/\!/}}{2}+\frac{1}{2}\sqrt{(\Delta\sigma_{\perp}-\Delta\sigma_{/\!/})^{2}+4\Delta\tau_{/\!/}^{2}}\\ \Delta\sigma_{2}&=\frac{\Delta\sigma_{\perp}+\Delta\sigma_{/\!/}}{2}-\frac{1}{2}\sqrt{(\Delta\sigma_{\perp}-\Delta\sigma_{/\!/})^{2}+4\Delta\tau_{/\!/}^{2}}\end{aligned}\right\}\tag{6-4}$$

式中　$\Delta\sigma_{1}$——平面应力问题中最大主应力幅；

$\Delta\sigma_{2}$——平面应力问题中最小主应力幅。

关于参数$\alpha$的定义：文献［24］附录表A-3详细规定了焊缝的分类方法和等级评定，参数$\alpha$需根据此表格进行取值。

将上述0.5$t$及1.5$t$处的几何应力进行线性插值，可以得到焊趾处的几何应力（即热点应力）$\Delta\sigma_{\text{eff\_0t}}$，根据文献［24］，若不考虑板厚度的影响，则钢管焊接剪力键疲劳寿命与热点应力的关系可以用下述$S-N$曲线表示

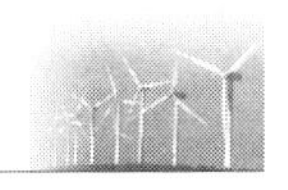

$$\lg N = \lg \overline{a} - m\lg\Delta\sigma \tag{6-5}$$

式中 $N$——在此荷载幅条件下可循环的疲劳次数。

参数$\overline{a}$及参数$m$决定了此$S-N$曲线的截距和斜率，可根据文献［24］选取，可以用有限元算例说明热点应力与钢管疲劳计算。

### 6.3.2 灌浆材料的疲劳性能

高强灌浆材料是一种超高强度、高弹模的水泥基类材料，资料显示，其性能与高强混凝土类似，故许多文献中采用混凝土的本构关系对灌浆料进行有限元模拟。对于灌浆材料疲劳性能的试验研究较少，其中有丹麦 Aalborg 大学的学者 Eigil V Sørensen 的研究报告及期刊论文。

文献［6］作者研究了直径 60mm、高度 120mm 的圆柱体灌浆材料试件在反复压力荷载下的疲劳性能，并探究了荷载幅和荷载频率对灌浆材料疲劳性能的影响，最为重要的是作者研究了在空气中和水中疲劳性能的不同。试验分组情况见表 6-3。由表 6-3 可知，计划中每组试件包含 6 个试件，但由于一些条件限制，并考虑试验结果，有些组并未完成 6 个试件，例如，在水中 0.35Hz 频率、最大压应力 45%试验时，由于试件在 150 万次荷载后未出现明显开裂，试验未继续进行；水中、5Hz、60%试验时，有 3 个试件由于试件受压表面不完整而未进行试验；而在空气中、10Hz、76%试验进行了两组，这是由于有一组欲在更高应力水平下进行试验，但是受限于试验装置的最大加载能力未能进行。而在空气中、0.35Hz、60%试验所测试的 2 个试件都在经历了 200 万次荷载后未发生破坏，故未进行进一步试验。

试件在浇筑完成后，在 20℃的空气中养护 1 天，随后脱模放入 20℃水中养护直到实验开始。由于试验周期较长，无法保证所有试件在同样龄期条件下进行试验，故需要标定试验时试件的静力抗压强度。每组试验前采用 6 个试件进行静力抗压强度测试，取 6 个试件平均值作为该组的平均抗压强度。该组疲劳试验的最大荷载则由该平均抗压强度确定。

试验采用荷载控制，加载速率为 0.88MPa/s，最小荷载 20kN，相当于试件内 7.1MPa 应力；循环荷载采用在正弦曲线加载，加载直到试件破坏，或 200 万次则停止。

**表 6-3 丹麦 Aalborg 大学灌浆材料疲劳性能试验分组及试件个数**

| 最大压应力（所占静力强度的百分比）/% | 试验环境 | 试验荷载频率 | | | | | |
|---|---|---|---|---|---|---|---|
| | | 0.35Hz | 龄期（月）/抗压强度平均值/MPa | 5Hz | 龄期（月）/抗压强度平均值/MPa | 10Hz | 龄期（月）/抗压强度平均值/MPa |
| 45 | 水中 | 1 | 9.7/164 | — | — | — | — |
| 60 | 空气中 | 2 | 未知 | 6 | 5.0/174 | 6 | 未知 |
| | 水中 | 6 | 5.0/174 | 3 | 未知 | 6 | 24.0/178 |
| 76 | 空气中 | — | — | — | — | 6 | 3.4/161 |
| | | — | — | — | — | 6 | 3.5/163 |
| | 水中 | 6 | 3.5/163 | — | — | — | — |

试验得到的结果见表6-4，将试验点绘制到横坐标为循环次数的对数、纵坐标为最大应力占静力强度百分比的图中，如图6-20所示。图中除了试验结果外，给出了规范DNV-OS-J101（2007）及DNV-OS-C502（2012）中的$S-N$曲线。

**表6-4　丹麦Aalborg大学灌浆材料疲劳性能试验结果汇总**

| 最大压应力(所占静力强度百分比)/% | 试验环境 | 最大循环次数及荷载频率 | | |
|---|---|---|---|---|
| | | 0.35Hz | 5Hz | 10Hz |
| 45 | 水中 | >1537229 | | |
| 60 | 空气中 | >2000000 | >2666547 | >2000007 |
| | | >2000000 | >2042980 | >2000007 |
| | | | >2039759 | 1223862 |
| | | | 71161 | 247247 |
| | | | 41554 | 164451 |
| | | | 4364 | 4212 |
| | 水中 | 11640 | 260964 | 260243 |
| | | 9158 | 135153 | 151062 |
| | | 7714 | 119684 | 148605 |
| | | 6744 | | 123141 |
| | | 2287 | | 113094 |
| | | 3248 | | 33324 |
| 76 | 空气中 | | | 23535 |
| | | | | 15554 |
| | | | | 7486 |
| | | | | 5076 |
| | | | | 4180 |
| | | | | 2823 |
| | | | | 18496 |
| | | | | 7787 |
| | | | | 3337 |
| | | | | 2853 |
| | | | | 1300 |
| | | | | 1096 |
| | 水中 | 3012 | | |
| | | 1843 | | |
| | | 1491 | | |
| | | 1264 | | |
| | | 1261 | | |
| | | 1133 | | |

图 6-20 中点划线为 DNV-OS-J101（2007）给出的 $S-N$ 曲线，此曲线引用了 FIB/CEB SR90/1 在 1990 年关于高强混凝土的报告。

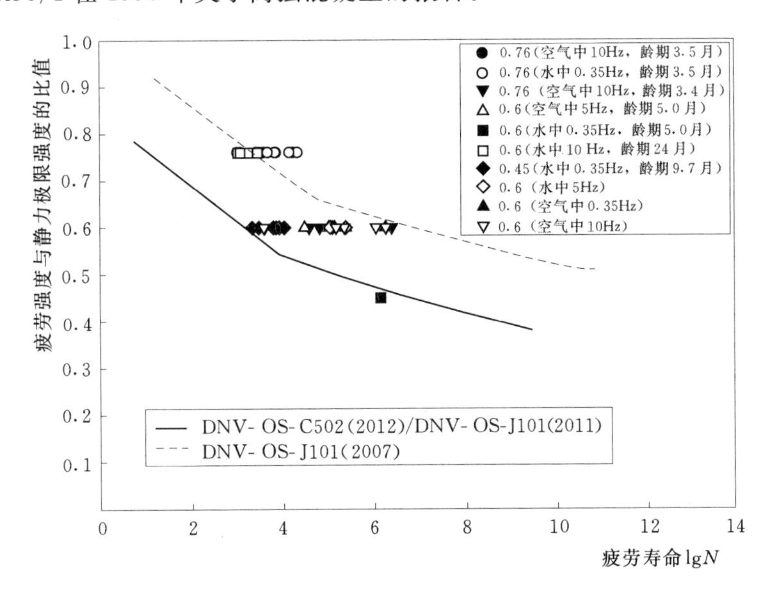


图 6-20 丹麦 Aalborg 大学灌浆材料疲劳性能试验结果及规范 $S-N$ 曲线

首先计算破坏时的循环次数的中间变量 $N_{\mathrm{I}}$。

$$\lg N_{\mathrm{I}}=(12+16S_{\min}+8S_{\min}^2)(1-S_{\max}) \tag{6-6}$$

则最终破坏时的循环次数 $N$ 可由下式确定

$$\lg N=\begin{cases}\lg N_{\mathrm{I}} & (0\leqslant \lg N_{\mathrm{I}}\leqslant 6)\\ \lg N_{\mathrm{I}}[1+0.2(\lg N_{\mathrm{I}}-6)] & (\lg N_{\mathrm{I}}>6)\end{cases} \tag{6-7}$$

其中

$$S_{\min}=\frac{S_{\min,\mathrm{f}}}{f_{\mathrm{cck,f}}}$$

$$S_{\max}=\frac{S_{\max,\mathrm{f}}}{f_{\mathrm{cck,f}}}$$

$$f_{\mathrm{cck,f}}=\frac{f_{\mathrm{cck}}}{\gamma_{\mathrm{m}}}$$

式中 $f_{\mathrm{cck,f}}$——疲劳强度设计值；

$f_{\mathrm{cck}}$——灌浆材料棱柱体抗压强度标准值，此处取所有静力试验得到的抗压强度的平均值；

$S_{\max,\mathrm{f}}$——循环中最大压应力值；

$S_{\min,\mathrm{f}}$——循环中最小压应力值；

$S_{\max}$——循环中最大压应力水平；

$S_{\min}$——循环中最小压应力水平；

$\gamma_{\mathrm{m}}$——材料参数，规范规定疲劳极限状态下，材料参数取为 2.6。

如果应力值小于 $0.30-0.375S_{\min}$，则可认为此荷载条件下，灌浆材料可无限次循环受荷而不发生破坏。

图6-20中实线为DNV-OS-C502（2012）中给出的混凝土或灌浆材料疲劳性能$S-N$曲线，该曲线在2011年被正式应用于DNV-OS-J101规范中，其表达式如下

$$\lg N=C_1\frac{1-\frac{\sigma_{\max}}{C_5 f_{rd}}}{1-\frac{\sigma_{\min}}{C_5 f_{rd}}} \tag{6-8}$$

其中

$$f_{rd}=C_5\frac{f_{cn}}{\gamma_m}$$

$$f_{cn}=f_{cck}\left(1-\frac{f_{cck}}{600}\right)$$

式中　$f_{rd}$——材料破坏时的抗压强度，此处是按照DNV-OS-J101（2014）的规定计算；

$\gamma_m$——材料分项系数，灌浆连接段灌浆厚度小于100mm时，$\gamma_m=1.5$，大于100mm时，$\gamma_m=1.75$；

$f_{cn}$——灌浆材料场地的抗压强度；

$f_{cck}$——灌浆材料圆柱体的抗压强度；

$\sigma_{\max}$——多应力循环条件下的等效最大压应力，此处可直接取试验中的最大压应力；

$\sigma_{\min}$——多应力循环条件下的等效最小压应力，此处可直接取试验中的最小压应力；

$C_5$——疲劳强度参数，对混凝土可取为1.0，对灌浆材料需要通过试验确定，当无试验时取为0.8；

$C_1$——参数，在空气中的结构取为12.0；水中受压—压循环时取为10.0，受拉—压循环时取8.0，由于本试验中最小应力仍为压应力，故取值为10.0。

如果计算所得的$\lg N$大于如下值$X$，则此计算值须乘以参数$C_2$

$$\left.\begin{aligned}X&=\frac{C_1}{1-\frac{\sigma_{\min}}{C_5 f_{rd}}+0.1C_1}\\C_2&=[1+0.2(\lg N-X)]>1.0\end{aligned}\right\} \tag{6-9}$$

如图6-20所示，两条$S-N$曲线形状相似，但在最大应力为静力抗压强度60%的许多试验点落在DNV-OS-J101（2007）规范中的曲线下方，即此曲线会高估试验灌浆材料的疲劳寿命；而试验点全部落在DNV-OS-C502（2012）规范曲线的上方，可见NDV-OS-C502（2012）规范的$S-N$曲线摒弃了原有曲线可能高估灌浆材料疲劳性能的缺点，采用了更加保守的估计方法，为灌浆连接段的设计增添了安全性。

而对于试验结果，从图6-20中易知，试验具有较大的离散型，这与大部分最大应力低于静力强度80%的素混凝土疲劳试验结果一致。然而在水中的试件整体上比空气中的试件疲劳寿命低，而在水中测试的试件中，0.35Hz荷载频率下的试件疲劳寿命又明显低于在5Hz及10Hz频率下的试件。这可能是由于在水中进行疲劳试验时，水分进入或被挤出开裂的试件，引起了局部的应力，导致了试件的疲劳寿命较低；而在0.35Hz下，水分

在一个荷载循环内有更多的时间进入构件内，故在此频率下疲劳寿命更低。

然而，与之相反的是在空气中的试验试件，其疲劳寿命几乎与荷载频率无关，这印证了丹麦 Aalborg 大学学者 Eigil V Sørensen 的观点。但是需要注意的是，在 45%静力强度的疲劳荷载下，试件在水中的疲劳寿命仍超过 150 万次，即在此荷载水平下，水中的疲劳强度并不比空气中的低。

### 6.3.3 灌浆连接段的整体疲劳性能

对于灌浆连接段的整体疲劳性能，DNV - OS - J101（2014）给出了单层剪力键上的作用力与其承载力的比值 $y$ 和疲劳循环次数 $N$ 的关系曲线。而本书 6.3.2 中给出的 $S-N$ 曲线为 DNV - OS - J101（2014）灌浆连接段疲劳性能的总述中给出的曲线，如前所述，此曲线实际为灌浆材料疲劳性能曲线。随后该规范结合带剪力键灌浆连接段静力极限承载力的相关验算结果，对单桩和导管架结构的 $y-N$ 曲线分别进行定义。值得注意的是这两种结构的疲劳寿命曲线是一致的，只是分别写出两种结构疲劳极限状态设计的曲线，即

$$\left.\begin{aligned} \lg N &= 5.400 - 8y & (y \geqslant 0.30) \\ \lg N &= 7.268 - 14.286y & (0.16 < y < 0.30) \\ \lg N &= 13.000 - 50y & (y \leqslant 0.16) \end{aligned}\right\} \tag{6-10}$$

其中

$$y = \frac{F_{\mathrm{V1Shk}}\gamma_{\mathrm{m}}}{F_{\mathrm{V1Shk\ cap}}}$$

式中 $y$——某一荷载循环下，单层剪力键上所受荷载和剪力键承载力的比值；

$\gamma_{\mathrm{m}}$——材料参数，在疲劳极限状态时可取为 1.5。

文献［23］中给出了 $y-N$ 曲线的来源。由于带剪力键的大尺寸灌连接浆段模型抗弯试验较少，只有在弯曲疲劳试验中描述的 2007—2011 年德国 GL 试验及 2011—2012 年 DNV 试验，该曲线的制定即参考这两组试验，其结果是形成这两组试验点的下包曲线，如图 6-21 所示。

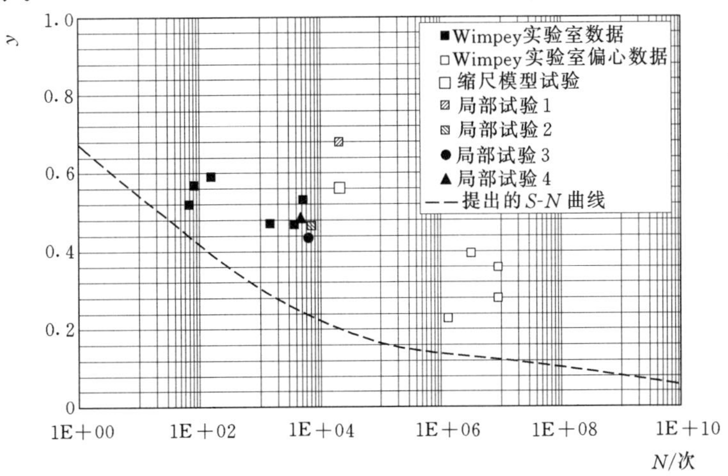


图 6-21 灌浆连接段疲劳试验数据及 $y-N$ 曲线

由图6－21可知，规范中给出的曲线是一条考虑了保证率的下包络线，较为保守，故此曲线并不能很好地预估灌浆连接段的疲劳寿命，只能用作疲劳极限状态的设计。需要进一步的试验及有限元研究才能更准确地评估灌浆连接段的疲劳寿命。

### 6.3.4　灌浆连接段疲劳性能算例

DNV系列规范对于灌浆连接段的疲劳性能验算方法给出了较为详细的规定，下面以某疲劳试验为原型，对上述灌浆材料、钢结构以及灌浆连接段疲劳性能进行验算。

此疲劳试验以海上风电单桩基础灌浆连接段为原型，试验采用缩尺比例试件，缩尺比例为1∶10，其原型和缩尺试件整体尺寸对比见表6－5。值得注意的是，由于灌浆材料厂商为保证灌浆料的强度，建议灌浆料厚度不小于25mm，因此灌浆材料厚度无法严格缩尺，此处采用保证钢管桩直径严格缩尺，而用将过渡段外径扩大的方法进行试件设计。

**表6－5　原型和缩尺试件整体尺寸对比**

| 部　　件 | 直径/mm | | 厚度/mm | |
|---|---|---|---|---|
| | 原型 | 缩尺试件 | 原型 | 缩尺试件 |
| 钢管桩 | 5500 | 550 | 92 | 10 |
| 过渡段 | 5800 | 612 | 60 | 6 |
| 灌浆料 | 2840 | 300 | 90 | 25 |

另外，由于剪力键采用焊接光圆钢筋的方式进行设置，根据我国规范，最小的钢筋直径为6mm，故剪力键尺寸也不能按照1∶10严格缩尺，由此剪力键间距也不可严格缩尺。此处采用的设计手段是保持剪力键高度与间距的比值$h/s$不变，得到的原型与缩尺试件细节尺寸对比见表6－6。保证$h/s$基本不变使得按表6－5及表6－6设计的缩尺试件按DNV－OS－J101（2014）计算的极限弯矩承载力与严格按照1∶10比例缩尺的试件相差在5%以内；并且保证$h/s$的值不变也使得灌浆连接段有效长度从$1.3D_p$变化到$1.7D_p$时有效剪力键个数不发生变化，以此可以研究灌浆连接段有效长度这一参数对灌浆连接段疲劳性能的影响。另外，缩尺试件灌浆连接段长度较1/10原型结构灌浆连接段长度的增加，保证了灌浆连接段试件的有效长度达到桩管外径的1.5倍［DNV－OS－J101（2014）的推荐值］。

**表6－6　原型和缩尺试件细节尺寸对比**

| 参　数 | 灌浆段长度/mm | 灌浆段有效长度/mm | 剪力键高度/mm | 剪力键间距/mm | 有效剪力键对数 |
|---|---|---|---|---|---|
| 原型 | 8450 | 8274 | 16 | 450 | 9 |
| 缩尺试件 | 875 | 825 | 6 | 170 | 2 |

根据对灌浆料材料性能的试验研究，得到边长为75mm立方体灌浆料的抗压强度为

117.24MPa，150mm×300mm 圆柱体抗压强度为 87.56MPa，灌浆材料弹性模量为 50711MPa，泊松比为 0.18。由于灌浆材料抗压强度较高，且具有较大脆性，试验中在达到峰值强度后迅速被压碎，无法获得完整的受压曲线，本书试以过镇海对于高强混凝土受压曲线下降段的定义，对灌浆材料受拉曲线定义，由于缺少试验，且灌浆材料与混凝土相近，本身并不主要承担拉应力，受拉曲线对结果的影响并不大，故可采用我国混凝土规范对于受拉曲线的规定作为灌浆材料的受拉本构曲线。

Abaqus 模型荷载、网格情况示意图如图 6-22 所示。在 Abaqus 建立灌浆连接段四点弯曲模型，由于结构对称，此处只建立结构一半的模型。为与实际试验加载模式相近，在模型中加入了加载梁，在加载梁与灌浆连接段交界处施加了竖直向下的荷载，使得灌浆段处于纯弯的状态，根据 DNV-OS-J101（2014）计算静力极限强度的计算方法，在此缩尺灌浆段试件中以 $p_{nom}\leqslant 1.5$MPa 为控制条件，可得该试件的静力极限抗弯强度为弯矩值 318.5kN·m；参考 Abaqus 模型局部德国汉诺威大学试验的荷载值，设置试验疲劳荷载为静力强度的 40%，因此施加竖向荷载为 63.7kN。至于网格划分情况，本模型所有构件都采用 8 节点减缩积分（C3D8R）单元，可以看到加载梁部位网格较稀疏，在剪力键部位网格进行了网格局部加密，如图 6-23 所示。此处考虑到圆形剪力键对网格有较高的依赖性，采用简化的梯形剪力键模型，梯形高度与剪力键高度相同，下底长度等于剪力键焊缝宽度，剪力键上底长度仍与剪力键高度相同。

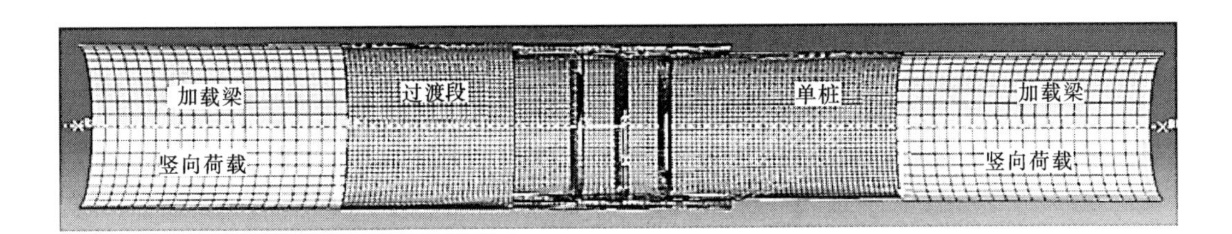


图 6-22　Abaqus 模型荷载、网格情况示意图

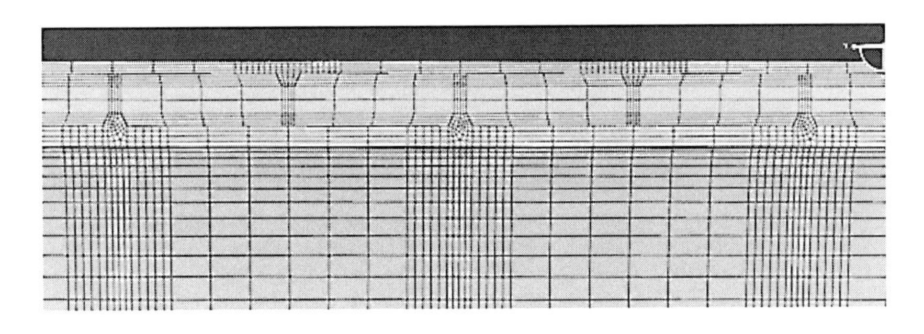

图 6-23　Abaqus 模型局部网格加密示意图

#### 6.3.4.1　钢材疲劳性能分析（热点应力计算）

考虑到灌浆连接段特有的管结构特点，适合采用柱面坐标系对结果进行分析，以获得垂直及平行于焊缝的应力，故引入如图 6-24 所示的柱面坐标系。其方向规定：沿管长度方向为 $Z$ 轴，钢管径向为 $R$ 轴，钢管圆周切向为 $T$ 轴。由此可得，垂直于焊缝方向正

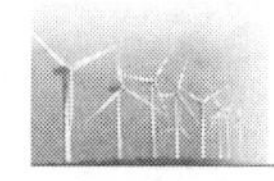



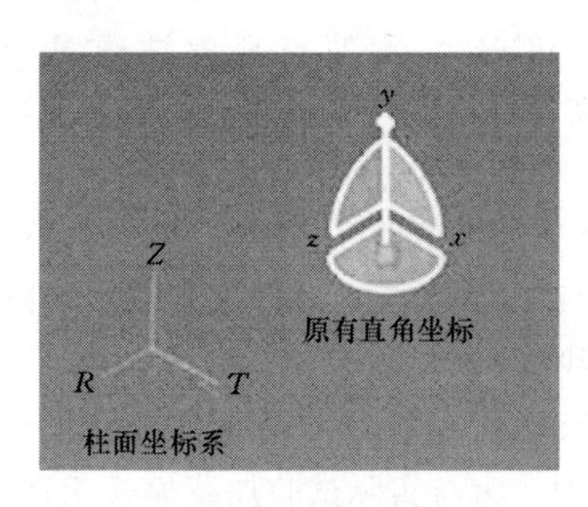


图 6-24 原有直角坐标系与柱面坐标系的对比

应力为 S33，平行于焊缝方向正应力为 S22，平行于焊缝方向的剪应力为 S23。为比较与原有坐标系的关系，将原有坐标系也画在图 6-24 中。

由于计算中涉及上述三个应力值，分别在结果文件中显示上述三个应力值，如图 6-25～图 6-27 所示，选取某处可能的热点应力位置，给出热点应力法的具体分析步骤，其余可能热点应力处可依照相同方法进行分析。值得注意的是，由于此处只施加一个弯矩荷载，在钢结构的疲劳性能分析中所述的应力幅即为无荷载下的应力变化至该弯矩荷载下的应力，则应力幅即为该荷载下的应力值。

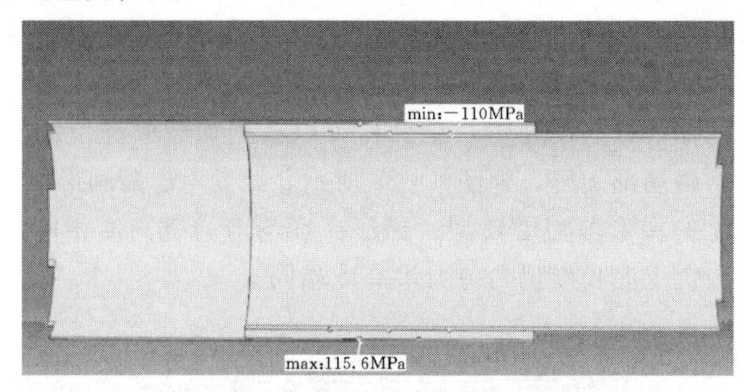


图 6-25 灌浆连接段结果 S22 应力分布

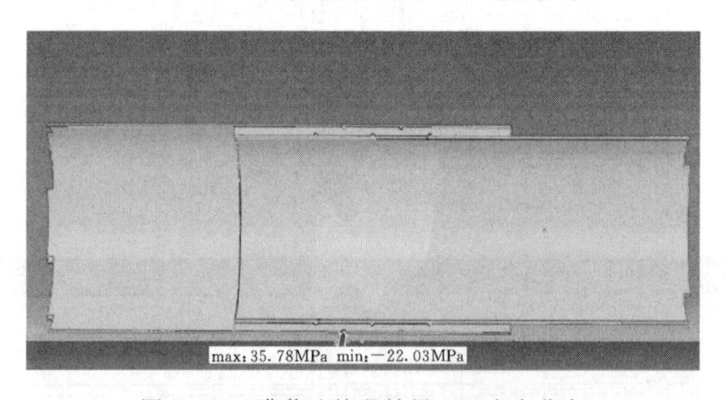


图 6-26 灌浆连接段结果 S23 应力分布

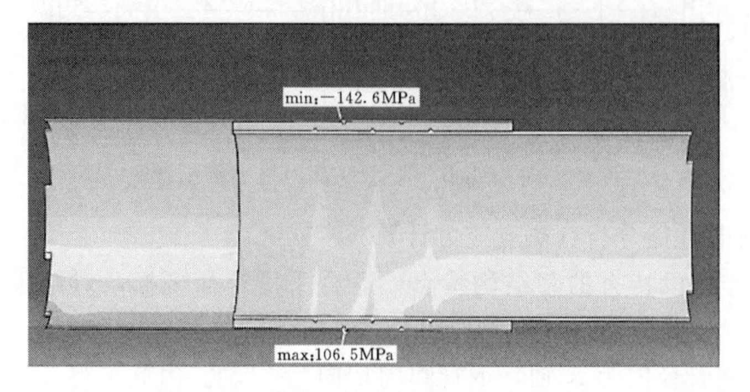


图 6-27 灌浆连接段结果 S33 应力分布

取出的热点应力计算位置如图 6-28 所示。

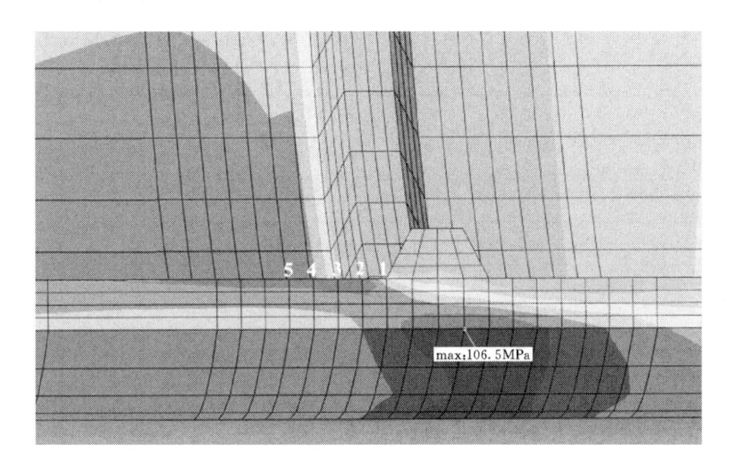


图 6-28　计算剪力键处局部 S33 应力分布示意图

在 Abaqus 结果文件中读取剪力键焊趾附近应力数值，见表 6-7。

**表 6-7　剪力键焊趾附近应力**　　单位：MPa

| 点　编　号 | S22 | S23 | S33 |
|---|---|---|---|
| 1（焊趾） | 58.38 | −15.20 | 46.00 |
| 2 | 41.14 | −22.03 | 98.37 |
| 3 | 20.22 | −12.43 | 91.85 |
| 4 | 14.55 | −8.029 | 90.98 |
| 5 | 10.08 | −5.128 | 90.43 |

由上述剪力键附近的应力分布进行线性插值，求得 0.5$t$、1.5$t$ 和 0$t$ 处各应力分量，见表 6-8。此处考虑到应力主要为垂直于焊缝方向应力，故式中参数取值 $\alpha$=1.0。

**表 6-8　计算剪力键焊趾处热点应力计算表**　　单位：MPa

| 位置 | S22 - $\sigma_{//}$ | S23 - $\tau_{//}$ | S33 - $\sigma_{\perp}$ | $\sqrt{\Delta\sigma_{\perp}^2+0.81\Delta\tau_{//}^2}$ | $\alpha\mid\Delta\sigma_1\mid$ | $\alpha\mid\Delta\sigma_2\mid$ | $\sigma_{eff\_0t}$ |
|---|---|---|---|---|---|---|---|
| 1.5$t$ | 13.88 | −7.59 | 90.90 | — | — | — | — |
| 0.5$t$ | 40.09 | −21.55 | 98.05 | — | — | — | — |
| 0$t$ | 53.19 | −28.53 | 101.62 | 104.81 | 114.82 | 39.99 | 114.82 |

由计算结果可知，计算剪力键焊趾局部处的热点应力值为 114.82MPa，按照钢结构的疲劳性能中所述 $S-N$ 曲线进行计算，若考虑灌浆连接段钢管处于空气中，可按照文献 [24] 2.4.4 节相关规定选取参数，见表 6-9，根据文献 [24] 4.3.5 节中的相关规定，热点应力法所使用的 $S-N$ 曲线一律采用 D 类曲线，则按照图中数据计算可得

$$\lg N = \lg \overline{a} - m\lg\Delta\sigma = 12.164 - 3\lg 114.82 = 5.983947$$

其中，$N$=963712 次。

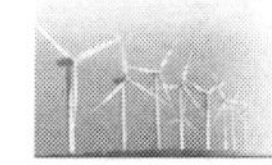



**表 6-9　文献 [24] 规定的在空气中的钢材疲劳性能 $S-N$ 曲线参数**

| $S-N$ 曲线 | $N\leqslant 10^7$ 次循环 | | $N>10^7$ 次循环 $\lg\bar{a}_2$ $m_2=5.0$ | $10^7$ 次循环下的疲劳极限强度 | 厚度参数 $k$ |
|---|---|---|---|---|---|
| | $m_1$ | $\lg\bar{a}_1$ | | | |
| B1 | 4.0 | 15.117 | 17.146 | 106.97 | 0 |
| B2 | 4.0 | 14.885 | 16.856 | 93.59 | 0 |
| C | 3.0 | 12.592 | 16.320 | 73.10 | 0.05 |
| C1 | 3.0 | 12.449 | 16.081 | 65.50 | 0.10 |
| C2 | 3.0 | 12.301 | 15.835 | 58.48 | 0.15 |
| D | 3.0 | 12.164 | 15.606 | 52.63 | 0.20 |
| E | 3.0 | 12.010 | 15.350 | 46.78 | 0.20 |
| F | 3.0 | 11.855 | 15.091 | 41.52 | 0.25 |
| F1 | 3.0 | 11.699 | 14.832 | 36.84 | 0.25 |
| F3 | 3.0 | 11.546 | 14.576 | 32.75 | 0.25 |
| G | 3.0 | 11.398 | 14.330 | 29.24 | 0.25 |
| W1 | 3.0 | 11.261 | 14.101 | 26.32 | 0.25 |
| W2 | 3.0 | 11.107 | 13.845 | 23.39 | 0.25 |
| W3 | 3.0 | 10.970 | 13.617 | 21.05 | 0.25 |
| T | 3.0 | 12.164 | 15.606 | 52.63 | $SCF\leqslant 10.0$ 时，$k=0.25$<br>$SCF>10.0$ 时，$k=0.30$ |

### 6.3.4.2　灌浆材料疲劳性能分析

灌浆材料的疲劳性能可按规范 DNV-OS-C502 中给出的 $S-N$ 曲线进行验算，式中需验算压应力，故取出计算结果灌浆材料第三主应力云图，如图 6-29 所示。

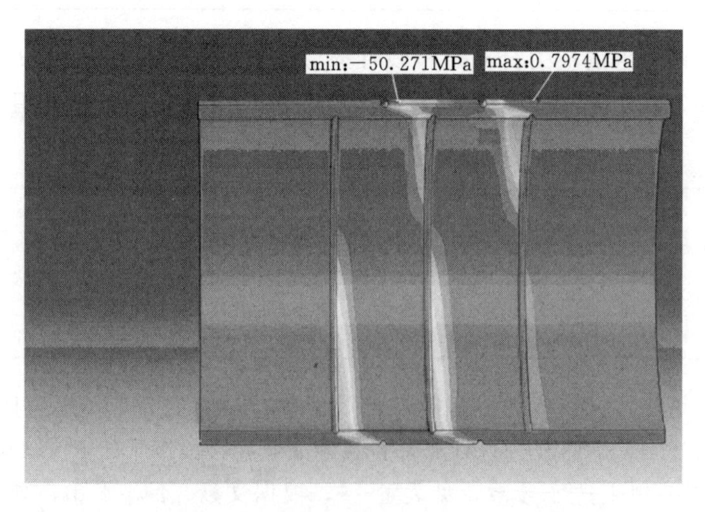


图 6-29　灌浆材料第三主应力云图

若取出结构对称截面灌浆材料第三主应力云图如图 6-30 所示，则可以验证剪力键之间形成受压灌浆材料短柱这一公认的试验现象。

图 6-30　结构对称截面灌浆材料第三主应力云图

提取出第三主应力最大值附近单元如图 6-31 所示，图中高亮单元为第三主应力最大单元。从图中可以知道此单元位于剪力键上方，单元积分点上第三主应力为 −50.271MPa，第一主应力和第二主应力分别为 −0.40MPa 和 −5.31MPa，由此可知单元处于三维受压的复杂应力状态，此状态难以利用“灌浆材料的疲劳性能”中所述 DNV-OS-C502（2012）中给出的曲线进行疲劳分析，且此单元应力值具有较强的网格依赖性，本例中共在剪力键高度 $h$ 方向划分四层单元，该单元位于四层单元的最外面一层，剔除此单元查找其下一层单元应力，如图 6-32 所示，得到内部一层单元第一至第三主应力分别为 0.30MPa、−2.90MPa、−37.78MPa。同理可得再内层单元第一至第三主应力为 1.51MPa、−0.82MPa、−27.76MPa。由此值可以知道越外层的剪力键上的单元应力值越大，且有较大增长，由此可知剪力键高度方向单元层数越多，应力值越高，即所谓的“网格依赖性”，原因在于剪力键附近的应力集中现象严重，使得灌浆材料处于三维复杂受力状态下。文献［31］中也阐明了上述观点：剪力键附近的应力强烈依赖于有限元分析中所使用的网格尺寸，现有的疲劳性能分析实践中推荐使用远离剪力键处不受应力集中影响部位的应力进行计算。

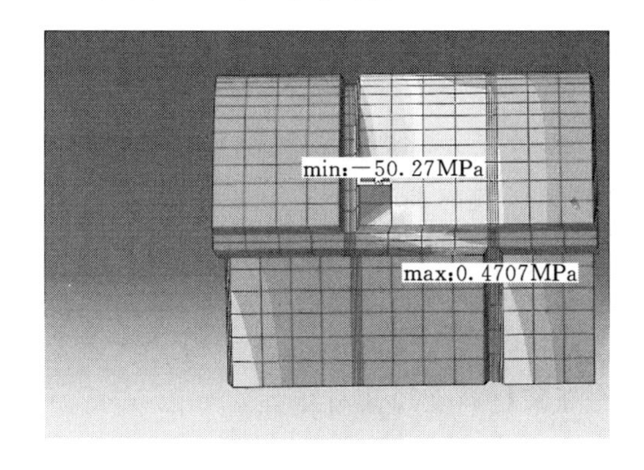


图 6-31　第三主应力最大值附近单元

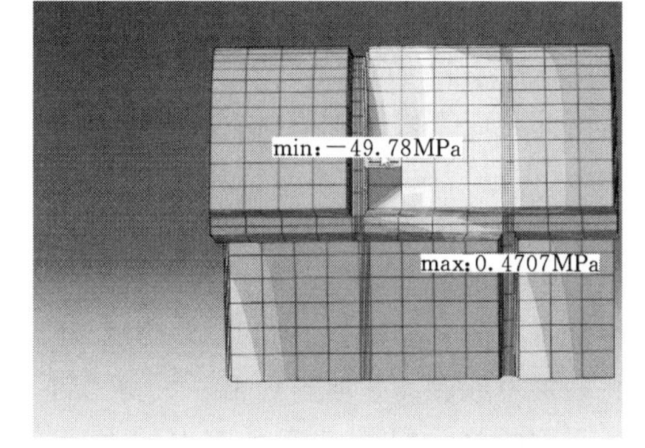


图 6-32　剥离最外层单元示意图

此处若尝试通过“灌浆材料的疲劳性能”中所述 DNV-OS-C502（2012）中给出的曲线进行疲劳分析，采用灌浆材料破坏强度 $f_{rd}$，此处有限元模拟中不考虑材料系数，即取 $\gamma_m = 1.0$，则

$$f_{cn} = f_{cck}\left(1 - \frac{f_{cck}}{600}\right) = 87.56 \times \left(1 - \frac{87.56}{600}\right) = 74.78(\text{MPa})$$

$$f_{rd} = C_5 \frac{f_{cn}}{\gamma_m} = 0.85 \times 74.78 = 63.56(\text{MPa}) \tag{6-11}$$

而最小受压应力值即在零载下，为0，按照文献［7］相关取值，此处取 $C_1=8$，按照文献［32］中 $C_5=0.85$，可得

$$\lg N = 8 \times \left(1 - \frac{37.78}{0.85 \times 63.56}\right) / \left(1 - \frac{0}{0.85 \times 63.56}\right) = 2.40566 \tag{6-12}$$

并且

$$X = \frac{8}{1 - \frac{0}{0.85 \times 63.56} + 0.1 \times 8} = 4.44444 > 2.40566$$

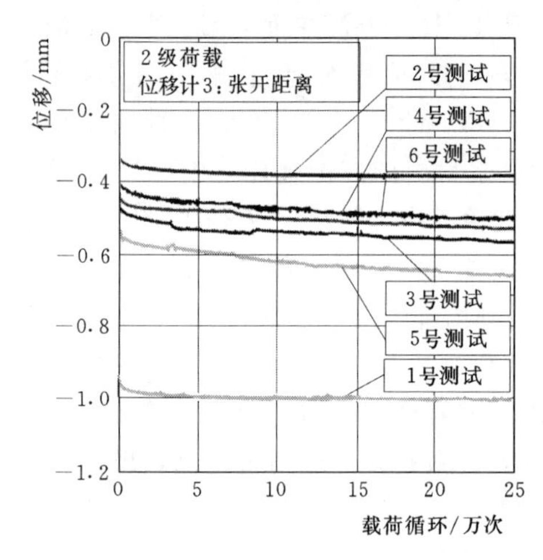


图6-33 德国汉诺威大学疲劳试验灌浆材料与套管间张开距离的试验结果

故无需进行进一步计算，可得 $N=254$ 次。

由此可知，剪力键附近处灌浆材料在实际反复荷载作用下，在很少的荷载循环下，出现局部压碎现象；德国汉诺威大学疲劳试验灌浆材料与套管间张开距离的试验结果如图6-33所示，剪力键局部的灌浆材料碎裂不明显影响灌浆连接段的整体疲劳性能，图中曲线在最初的少数荷载循环下，灌浆材料与套管间的张开距离就有较大发展，由此合理认为在初始的几次循环下灌浆材料已经出现和钢管壁的脱开，且剪力键局部灌浆材料已经出现灌浆材料的局部压碎，然而灌浆连接段仍可以继续承受疲劳荷载达到25万次不发生明显的刚度退化现象，由此证明剪力键局部灌浆材料的局部碎裂不影响灌浆连接段的整体疲劳性能，只要剪力键之间的灌浆材料受压短柱不发生破坏，则可以继续承担疲劳荷载。

因此，应当取出灌浆材料受压短柱的受压主应力代入“灌浆材料的疲劳性能”式(6-8)中进行疲劳性能的估算。取出图6-31局部区域内两剪力键之间灌浆材料受压短柱单元如图6-34所示，所谓剪力键之间的单元，可将剪力键层单元剥离，留下图中所示的中间的8个单元，可以得到此8个单元内单元积分点上的第三主应力最大值位于图中2号单元，为−14.34MPa，考虑到图6-31中最大单元并不位于结构对称面上，故将表层单元剥离，取出内部一层剪力键之间的灌浆材料受压短柱单元，如图6-35所示，得到的单元积分点第三应力最大值在图6-34中2号单元下方的单元位置，为−15.49MPa。重复上述操作，取出更内部的三层单元积分点的第三主应力值，分别为−16.09MPa、−15.85MPa和−15.37MPa，由总体云图6-29可知，更内部的单元不会出现更大的应力值，故灌浆材料受压短柱最大主压应力为−16.09MPa。

如前方法，将上述应力值代入 $S-N$ 曲线进行计算，可得

$$\lg N = 8 \times \left(1 - \frac{16.09}{0.85 \times 63.56}\right) \Big/ \left(1 - \frac{0}{0.85 \times 63.56}\right) = 5.61744 \tag{6-13}$$

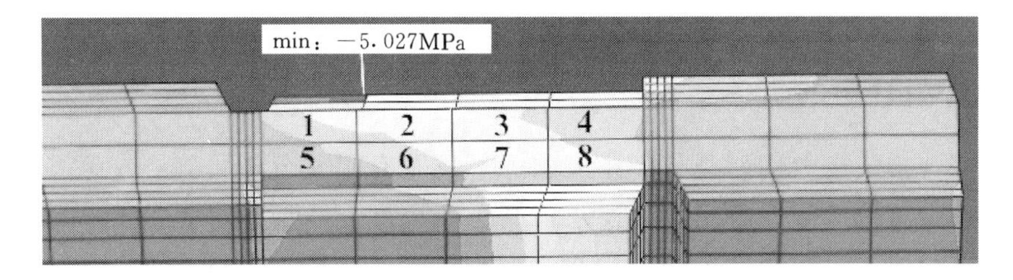


图 6-34　剪力键间灌浆材料受压短柱单元示意图

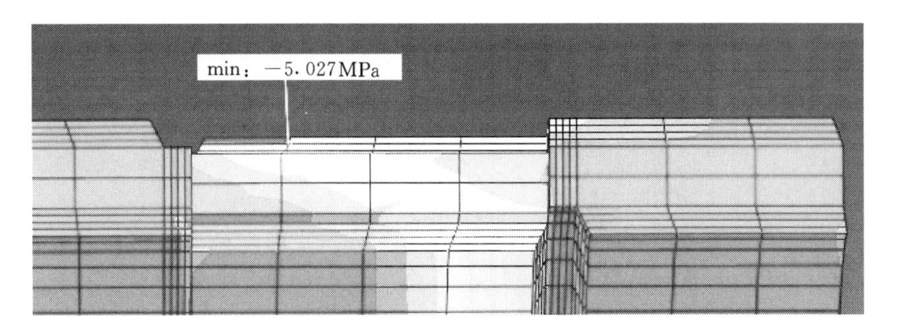


图 6-35　内部一层的剪力键间灌浆材料受压短柱单元示意图

并且
$$X=\frac{8}{1-\dfrac{0}{0.85\times 63.56}+0.1\times 8}=4.44444<5.61744$$

故需进行进一步计算，可得

$$C_2=1+0.2(\lg N-X)=1+0.2\times(5.61744-4.44444)=1.23461$$

$$\lg N_1=C_2\lg N=6.93534$$

$$N_1=8616685\text{ 次}$$

#### 6.3.4.3 灌浆连接段整体疲劳性能分析

灌浆连接段整体疲劳性能的分析可以按照"灌浆连接段的整体疲劳性能"中所述方式进行，但仍应注意此处不考虑材料系数等设计参数，根据缩尺试件几何尺寸和真实的材料性能，可按照"无剪力键单桩基础灌浆连接段变形计算"相关验算方法，得到每一个剪力键上的平均作用力 $F_{V1Shk}=163.24\text{kN/m}$，而单个剪力键的标准承载力 $F_{V1Shk\ cap}=686.19\text{kN/m}$，由此得到 $y$ 值为

$$y=\frac{F_{V1Shk}}{F_{V1Shk\ cap}}=0.238$$

$$\lg N=7.286-14.286y=3.8874$$

$$N=7716\text{ 次}$$

应当注意，此处 $N$ 值远小于海上风电场服役期内可能循环次数有两个原因：首先此处荷载考虑到试验需要，取为灌浆连接段的静力极限抗弯承载力即静力极限状态（ULS）的 40%，远大于一般设计中的疲劳极限状态（FLS）荷载值，而上述有限元算例中的热点应力、灌浆材料受压短柱疲劳分析及整体疲劳性能分析都应在 FLS 状态下进行；其次，如前所述规范 DNV-OS-J101（2014）给出的曲线为试验中的下包线，以确保设计时的

安全性。

### 6.3.5　疲劳设计中的有关结论

由“灌浆连接段疲劳性能算例”中有限元算例及有限元分析可知，在某一荷载幅状态下，若整体疲劳性能分析满足设计要求，则无需进行进一步钢材焊接剪力键热点应力分析以及灌浆材料受压短柱疲劳性能分析；如需进一步分析，上述计算结果证明灌浆材料受压短柱相较于剪力键局部焊缝可能的疲劳寿命更高，但是应当注意在疲劳循环中已经发生了剪力键局部灌浆材料被压碎的现象，并不能认为灌浆材料不发生破坏，只是认为灌浆材料的局部碎裂对整体的疲劳性能没有较大影响。因此在疲劳性能设计验算中，应当有设计人员把握控制的相关尺度，考虑经济与安全的综合因素，得到合理的灌浆连接段设计。

## 参 考 文 献

[1]　殷之平．结构疲劳与断裂［M］．西安：西北工业大学出版社，2012.

[2]　Schijve J. Fatigue of Structures and Materials（2nd edition）［M］. Dordrecht：Kluwer Academic，2014.

[3]　中国建筑科学研究院．混凝土结构研究报告选集［R］. 北京：中国建筑工业出版社，1991.

[4]　赵凯．不同频率循环荷载下石灰岩疲劳特性试验研究［J］．岩石力学与工程学报，2014，33：3466－3475.

[5]　Billington C J，Tebbett I E. The Basis for New Design Formulae for Grouted Jacket to Pile Connections［C］. Offshore Technology Conference. Offshore Technology Conference，1980.

[6]　Sørensen E. Fatigue Life of High Performance Grout in Dry and Wet Environment for Wind Turbine Grouted Connections［J］. Nordic Concrete Research，2011：1－10.

[7]　DNV－OS－C502（2012）　Offshore Concrete Structures［S］. Norway：Det Norsk Veritas，2012.

[8]　Boswell L F，Mello C D，CITY T. The Fatigue Strength of Grouted Repaired Tubular Members［C］. Offshore Technology Conferences. 1986：147－152.

[9]　LOHAUS L，ANDERS S. High－cycle Fatigue of“Ultra－High Performance Concrete”and“Grouted Joints”for Offshore Wind Energy Turbines［G］//Wind Energy. Berlin Heidelberg：Springer，2007：309－312.

[10]　Schaumann P，Wilke F. Fatigue of Grouted Joint Connections［C］. Proceedings of the 8th German Wind Energy Conference（DEWEK）. 2006.

[11]　Schaumann P，Lochte－holtgreven S，Bechtel A. Fatigue Design for Prevailing Axially Loaded Grouted Connections of Offshore Wind Turbine Support Structures in Deeper Waters［C］. Proceedings of the European Wind Energy Conference. 2010：2047－2054.

[12]　Ingebritsen T，Hjellens A S，Nielsen S G. OTC 6344 Fatigue Design and Overall Safety of Grouted Pile Sleeve Connections［J］. 1990（1）.

[13]　Andersen M，Petersen P. Structural Design of Grouted Connection in Offshore Steel Monopile Foundations［C］. Global Windpower Conference. 2004：1－13.

[14]　Moller A. Efficient Offshore Wind Turbine Foundations［J］. Wind Engineering，2005，29（5）：463－469.

[15]　Wilke F. Load Bearing Behaviour of Grouted Joints Subjected to Predominant Bending［M］. Shak-

er, 2013.

[16] Schaumann P, Wilke F, Lochte - holtgreven S. Nonlinear Structural Dynamics of Offshore Wind Energy Converters with Grouted Transition Piece [J] . European Wind Energy, 2008.

[17] Schaumann P, Wilke F, Lochte - holtgreven S. Grout - Verbindungen von Monopile - Gründungsstrukturen - Trag - und Ermüdungsverhalten [J] . Stahlbau, 2008, 77: 647 - 658.

[18] Schaumann P, Wilke F. Design of Large Diameter Hybrid Connections Grouted with High Performance Concrete [J] . Isope, 2007: 340 - 347.

[19] Schaumann P, Lochte - holtgreven S, Wilke F. Bending Tests on Grouted Joints for Monopile Support Structures [J] . Dewec 2010, 2010: 6 - 9.

[20] Schaumann P, Lochte - holtgreven S. Schädigungsmodell Für Hybride Verbindungen in Offshore - Wind energieanlagen [J] . Stahlbau, 2011, 80: 226 - 232.

[21] Klose M, Mittelstaedt M, Mulve A. Grouted Connections - Offshore Standards Driven by the Wind Industry [J] . Isope, 2012, 4: 434 - 439.

[22] Sele a. , Veritec S, Kjeoy H. Background for the New Design Equations for Grouted Connections in the DnV Draft Rules for Fixed Offshore Structures [J] . Proceedings of Offshore Technology Conference, 1989.

[23] Lotsberg, I, Bertnes H L. Capacity of Cylindrical Shaped Grouted Connections with Shear Keys [R] . Hovik, Norway: 2012.

[24] DNVGL - RP - 0005 (2014) Fatigue Design of Offshore Steel Structures [S]. Norway: Det Norsk Veritas, 2014.

[25] DNV - OS - J101 (2007) Design of Offshore Wind Turbine Structures [S] . Norway: Det Norsk Veritas, 2007.

[26] DNV - OS - J101 (2014) Design of Offshore Wind Turbine Structures [S] . Norway: Det Norsk Veritas, 2014.

[27] 过镇海．钢筋混凝土基本原理 [M] ．北京：清华大学出版社版，1999.

[28] GB 50010—2010 混凝土结构设计规范 [S]. 北京：中国建筑工业出版社，2010.

[29] Lotsberg I. Structural Mechanics for Design of Grouted Connections in Monopile Wind Turbine Structures [J] . Marine Structures, 2013, 32: 113 - 135.

[30] Löhning T, Muurholm U. Design of Gronted Connections in Offshore Wind Turbines [C] //IABSE Symposium Report. International Association for Bridge and Structural Engineering, 2013, 99 (13): 1252 - 1259.

[31] Pryl D, Republic C. Fatigue Assessment of Grouted Connections from High - strength Concrete in Offshore [J] . 2013, 7 (Cd): 1 - 6.

[32] Basf Construction Chemicals. Masterflow 9500 - Fatigue resistant Exagrout - Study results[R/OL]. http://www. windenergy. basf. com/group/corporate/wind - energy/en/function/conversions:/publishdownload/content/microsites/wind - energy/downloads/BASF _ Masterflow9500 _ Study _ Results. pdf.

# 第7章　辅助与附属构件

海上风电灌浆系统除了灌浆连接段外，还包括构成系统的辅助与附属构件，如灌浆密封圈、灌浆管线、接头以及其他辅助构件等。这些辅助与附属构件有些是临时的结构，有些是永久性构件，虽然它们不像灌浆连接段结构直接参与承受荷载，但却是海上风电灌浆系统有机且不可缺少的部分，有些甚至可能影响到基础结构的安全。因此，在设计海上风电的灌浆系统时应加以考虑。

## 7.1　灌浆密封圈

灌浆密封圈是一种用于封堵灌浆材料、防止灌浆施工中灌浆料泄漏的措施和产品。目前欧洲发展海上风电的水平较高，基于项目积累的经验和计算，灌浆密封圈还作为灌浆接头的永久性组成部分起着相应的作用，必须保证能够在基础整个寿命期间将灌浆保持在原位。密封圈通常跟灌浆体一起达到设计使用寿命25年或更长。

灌浆密封圈通常被安装在风机基础灌浆连接段的底部，沿钢管一圈根据不同密封形式通过螺栓和压板进行固定。依据是否需要额外的系统帮助划分，密封圈一般分为主动式与被动式，对于不同的基础结构形式及不同的施工工艺应选择相对应的密封方案。以下分别针对这两类灌浆密封圈进行介绍。

### 7.1.1　主动式灌浆密封圈

主动式密封圈主要通过充气或充水的方式调节气囊大小来实现不同范围的密封。主动式密封圈未膨胀时为比较规则的截面，在充入微小的气压下，截面慢慢改变，随着充气压力逐渐增大，在无外力约束下其任何截面和外周边形状都趋向于椭圆，主动式灌浆密封圈示意图如图7-1所示，椭圆形截面的短轴长度大于密封间隙和密封圈槽宽度的总和。

图7-1　主动式灌浆密封圈示意图

由于主动式密封圈与外界的充气系统相关，因此，密封圈的膨胀范围可实时调整，适应性较好，图7-2所示为不同大小的主动式灌浆密封圈。对于钢管桩与导管架腿柱或者钢管桩与桩套管之间存在偏差的情况，通过主动式密封圈优异的延展性能，加大截面积和改变形状可以达到良好的密封效果。主动式灌浆密封圈在极端情况下的示意图如图7-3所示，一侧的密封圈已经完全贴

在钢管桩壁与腿柱或套管，另一侧的密封圈仍然可以随气压的增大而扩张，直至贴紧两侧以达到密封效果。

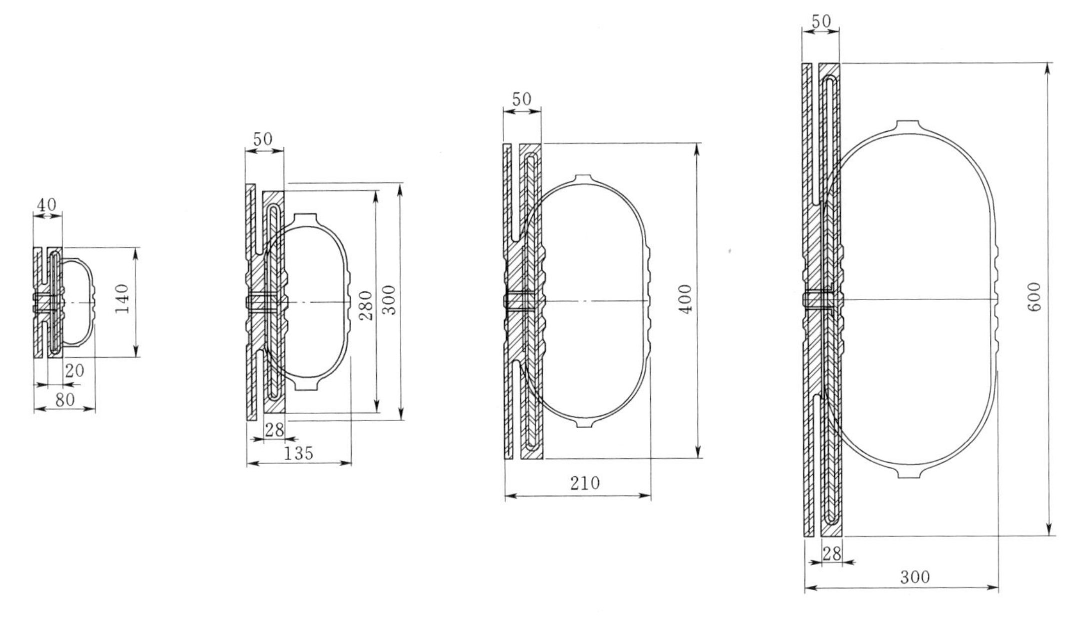


图 7-2　不同大小的主动式灌浆密封圈（单位：mm）

图 7-3　主动式灌浆密封圈在极端情况下的示意图

### 7.1.2　被动式灌浆密封圈

被动式灌浆密封圈在欧洲海上风电项目中得到应用并取得优异效果，它不需要外界的能量干预，本身具有优异的延伸性能，如图 7-4 所示。被动式灌浆密封圈通常分两种，即挤出式纯橡胶密封圈和模压式带加强层的密封圈。图 7-5 所示为两种不同类型的被动式灌浆密封圈。图 7-5（a）所示密封圈全采用天然橡胶，图 7-5（b）所示密封圈中含加强层，强度较高，同样条件下比挤出式能提供的最大间隙大，这两类密封圈在海上风电场中均有应用。

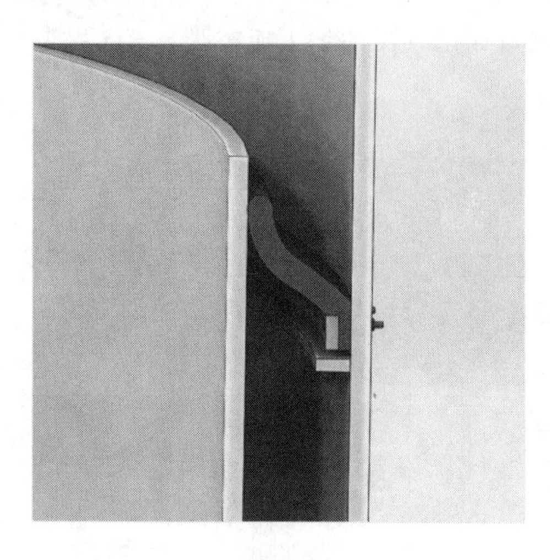

图7-4　被动式灌浆密封圈示意图

单桩基础在全球海上风电场中应用最为广泛，大多数海上风电场建设中采用被动式灌浆密封圈，单桩基础的密封圈一般安装在过渡段上。先桩法导管架基础与水上三桩基础也大多采用该类型密封圈，一般安装在腿柱上。在这些基础中，钢管桩先施工，随后将安装密封圈的过渡段结构或导管架腿柱结构下放至钢管桩内，以避免密封圈与钢管桩的摩擦太剧烈，通常设置单层被动式密封圈即可。一般而言，被动式灌浆密封圈可允许的灌浆高度高达15m，如需要更大灌浆高度或更大灌浆间隙则需采用主动式灌浆密封圈或者双层密封圈。

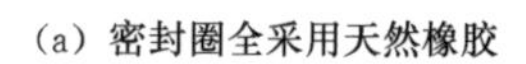

(a) 密封圈全采用天然橡胶

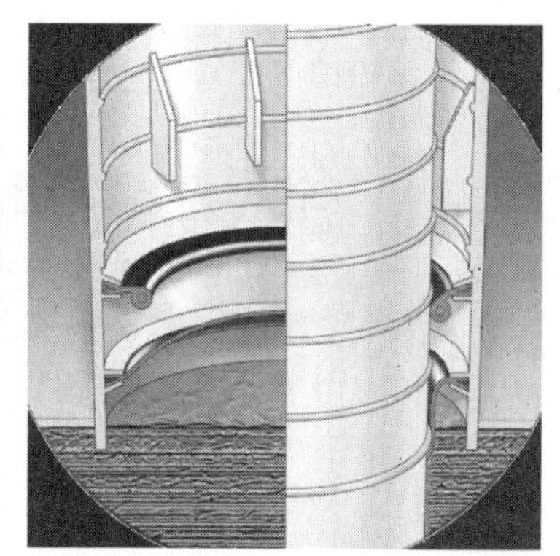

(b) 密封圈中含加强层

图7-5　两种不同类型的被动式灌浆密封圈

在海上风电场的基础灌浆施工中，密封圈失效不仅增加灌浆量，还会影响施工的工期，甚至是灌浆质量，从而对工程的造价与进度造成严重后果，因此，密封圈的可靠性至关重要，有些项目为此采用双层密封。图7-5所示的均为双层被动式密封，这种方式冗余度较高，在后打桩类型的基础中应用较多，其造价也较高。如果担心灌浆密封失效的后果比较严重，即使是单桩基础，设置双层密封圈是比较明智的选择，这种情况在丹麦的Anholt海上风电场单桩基础上应用过，其双层密封圈剖面图如图7-6所示。

随着密封技术的发展以及人们对灌浆密封的重视，也出现了混合式双层密封圈，即主动式密封圈与被动式密封圈联合在一起密封，Gwynt y Môr海上风电场就是采用这种方式进行密封，其密封圈剖面图如图7-7所示。这种方式可利用两类密封圈的优点，既能有效调节密封圈范围，又相对比较简单。

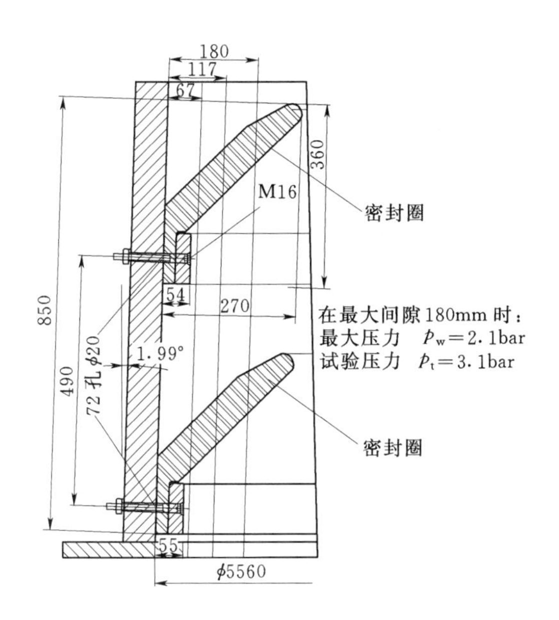


图 7-6 Anholt 海上风电场双层密封圈剖面图（单位：mm）
（注：1bar$=10^5$Pa，Trelleborg 提供）

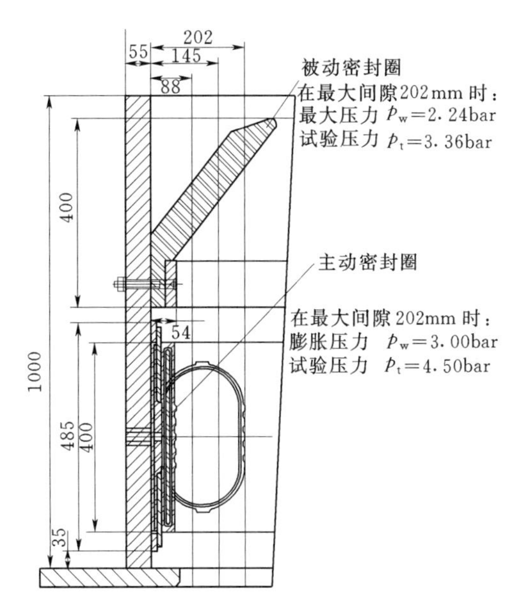


图 7-7 Gwynt y Môr 海上风电场混合双层密封圈剖面图（单位：mm）
（注：Trelleborg 提供）

表 7-1 列出了主动式灌浆密封圈与被动式灌浆密封圈的特点对比。

**表 7-1 不同类型密封圈的特点**

| 被动式灌浆密封圈 | 主动式灌浆密封圈 |
|---|---|
| 简单，无需额外的系统；<br>最大工作压力可达 $3\times10^6$Pa；<br>可密封的最大间隙达 220mm | 需要充气系统；<br>最大工作压力可达 $10^6$Pa；<br>可密封的最大间隙达 300mm；<br>密封圈内部压力可达 $10^6$Pa；<br>同样适用于后桩工艺 |

### 7.1.3 灌浆密封圈的设计

在确定密封圈形式前，密封圈所需的设计参数有灌浆高度、灌浆料密度以及最大最小环面间隙，密封圈厂商根据这些参数对其进行设计与计算。通过有限元分析对密封圈与钢管桩的接触过程进行模拟。图 7-8 所示为单桩基础过渡段在下放过程中密封圈处于不同工况下的有限元分析，其中包括单桩基础过渡段在下放过程中灌浆密封圈与桩顶接触；过渡段定位好后，未灌浆之前的密封圈；完成灌浆后的灌浆密封圈等三个工况。通过有限元数值仿真，确保密封圈的设计能满足各类工况的要求。通常由于每一个项目位置、环境、基础型式不同，选择的密封圈的型式也不同，因此，需根据每个项目的情况进行设计和生产，图 7-9 所示为不同海上风电场使用过的灌浆密封圈，图 7-9（d）所示的密封圈为带加强层的，其最大可密封间隙比挤出式大，相应制造难度与成本较高。

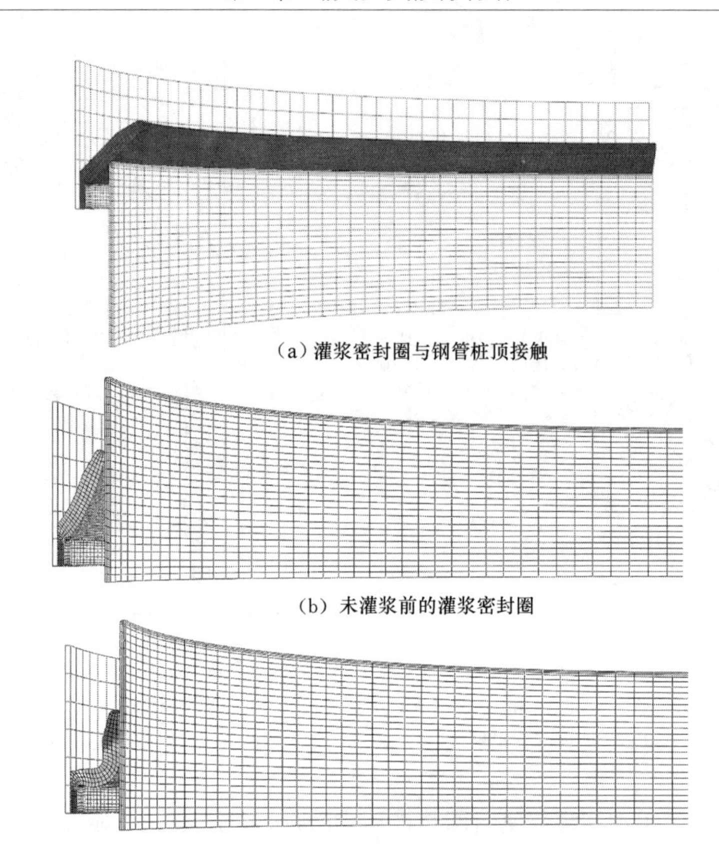

(a) 灌浆密封圈与钢管桩顶接触

(b) 未灌浆前的灌浆密封圈

(c) 完成灌浆后的灌浆密封圈

图 7-8 灌浆密封圈的有限元分析

### 7.1.4 灌浆密封圈性能测试

在实际工程中，钢管桩和基础之间的空隙会从最小间隙到最大间隙不等，密封的设计必须考虑到这一变化。灌浆密封还作为灌浆接头的永久性组成部分起着相应的作用，必须能够在基础整个寿命期间将灌浆保持在原位。因此，灌浆密封圈除了需要数值分析外，为核实强度，还需进行灌浆密封的全尺寸性能测试，试验至少包括以下内容：

(1) 最大安装压力试验，包括安全系数为1.5时，钢管桩和基础之间的最大和最小间隙，并使用水为介质。灌浆密封能够维持压力2h，并且无泄漏现象。其中最大能承受环面间隙与最小环面间隙需根据设计的施工图纸，密封圈的密封范围不仅要保证能够覆盖上述区间，还要保证一定的容差。密封圈应能够承受选定的灌浆材料相应的灌浆压力和一定的温度范围，保证密封的可靠性。

(2) 加压至灌浆密封失败。当压力无法再增加，或者达到试具的设计极限时，即认为测试完成。

(3) 一段时间后的螺栓紧固控制。检查一段时间后的螺栓预加载行为。

特别需要注意的是主动式灌浆密封圈，由于密封内部含高压介质，安全是非常重要的一个注意事项。在密封参数（压力、高度、间隙）确定后，再根据最终过渡段尺寸对

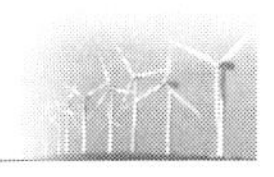

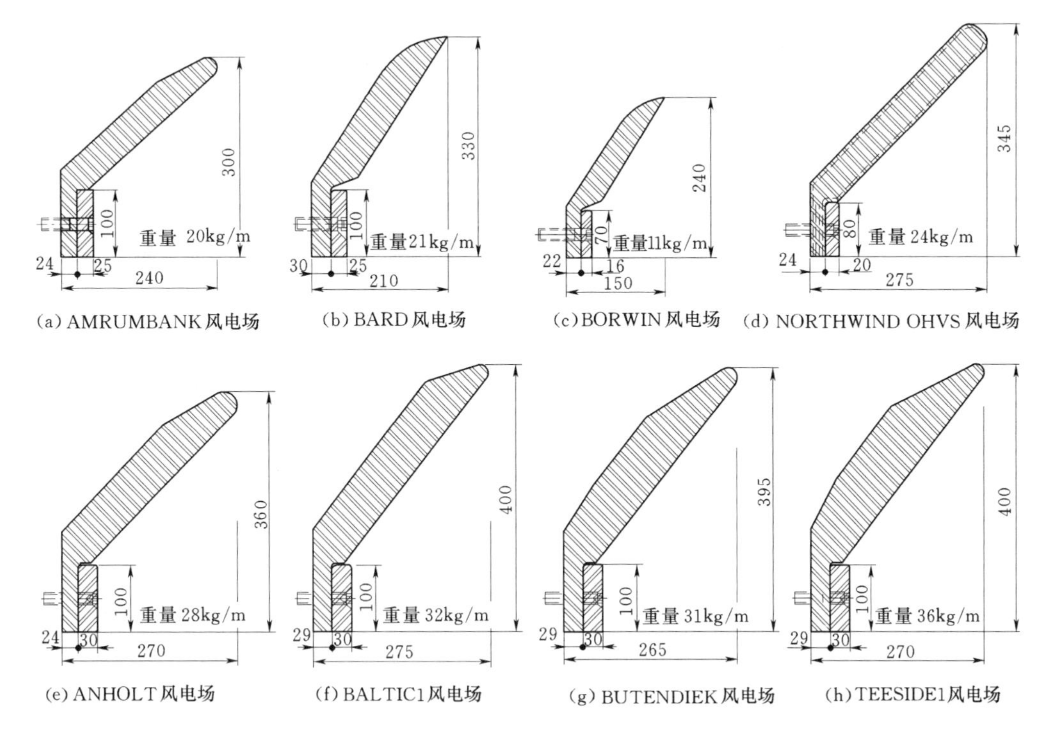

(a) AMRUMBANK风电场　(b) BARD风电场　(c) BORWIN风电场　(d) NORTHWIND OHVS风电场

(e) ANHOLT风电场　(f) BALTIC1风电场　(g) BUTENDIEK风电场　(h) TEESIDE1风电场

图 7-9　不同海上风电场使用过的灌浆密封圈（单位：mm）

（注：Trelleborg 提供）

密封圈本体内部压力进行设计和计算，此种密封圈出厂前必须100%进行压力检测。密封圈经过1.5倍压力测试后，通常会再加大压力，测试其安全裕量，测试后的密封圈由于已经变形，不能应用在实际项目中。

## 7.2 灌浆管线与接头

### 7.2.1 灌浆管线

灌浆管线是一种将灌浆料输送至灌浆连接段环向空间的细长钢管。导管架基础的灌浆管线如图7-10所示。根据设计与施工需要，灌浆管线可设置一级、二级、三级灌浆管线，其中：一级灌浆管线又称主要灌浆管线，正常情况下，承担主要的灌浆料输送任务；二级灌浆管线又称次要灌浆管线，只有当一级灌浆管线出现堵塞或者初次灌浆过程发现密封失效时才会使用二级灌浆管线；当二级灌浆管线也失效后，三级灌浆管线作为最后一道防线被使用，因此，三级灌浆管线一般用于应急情况，形式上不仅可以是应急灌浆管线，也可以为应急灌浆孔。

一般来说，一级灌浆管线与二级灌浆管线各有1根安装在4根导管架腿柱内部（从底部至顶部），如图7-11所示。三级灌浆管线有时直接安装在套筒外侧，采用单向阀控制浆体流向，防止外溢，如图7-12所示，有时将应急孔设置于钢管桩顶部的支撑板处。深

图 7-10 导管架基础的灌浆管线

水海域的海上灌浆施工，在一级灌浆管线、二级灌浆管线失效的情况下，由水下机器人操作完成灌浆作业。

灌浆管线不宜有脏物或者阻碍灌浆施工的物质残留其内，在建造过程中和建造完成后，要做好相应的措施，保证灌浆管线的清洁和完整性，这个过程一般在灌浆管线压力试验测试时顺带完成。对于浅水海域的灌浆，在连接灌浆管线的开始端为一段较长的软管，软管的工作压力为灌浆管线的3～4倍。为了保障灌浆管线的完整性，尤其是灌浆管线较长、弯头较多时，一般需要进行灌浆管线的压力测试。

图 7-11 一级灌浆管线与二级灌浆管线

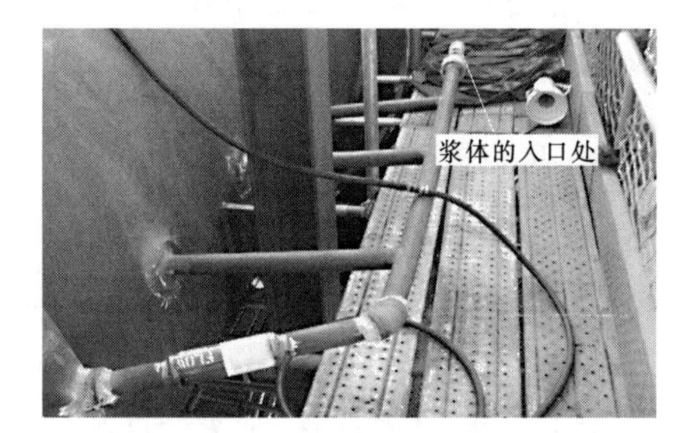


图 7-12 三级灌浆管线

灌浆管线的压力测试是为了检验灌浆管线在一定压强下是否存在泄漏现象，保证浆体不会外漏，其测试过程依次为管线吹扫（去除管线内部杂物）→管线试压（试压介质为水，在冬天为防止结冰，要添加防冻液）、保压等，详细步骤如下：

(1) 先用工业用水对灌浆管线进行清管，保证管内没有任何焊渣、油脂、泥土和浮锈等杂物。

(2) 管线清理干净后，将整个系统灌满水，并在高端设置排气阀，以避免空气积存。试验用水的温度和大气温度不得低于2℃。在试验期间，要设置温度计连续观测温度的变化。

(3) 系统的低端和高端均设置有压力表，压力表必须在试验前进行标定，选择压力表的原则是保证试验压力位于压力表范围的40％～80％之间。为了试验的安全，系统中还设置有减压阀，其控制压力比实验压力高10％。

(4) 按照每次20％的压力梯度对系统逐渐加压，直至达到规定的试验压力，这个压力根据具体工程而定，每一步加压后保持10min的稳定期。在达到试验压力后，将系统密闭2h，在此期间，连续观测压力的变化，要求系统的压降不得大于0.2MPa。

(5) 试压完成后，将整个系统泄压、排水，并将所有管线用空气吹干。撤除所有试

验用阀门和仪表后，对开口进行临时密封，以防止异物进入。最后，做好所有管线的标注工作。

图 7－13 所示为灌浆管线试压的阀门。调试时，在管线入口处安装上阀门，防止液体泄漏，调试后再去除。

图 7－13 灌浆管线试压的阀门

### 7.2.2 灌浆接头

灌浆接头是灌浆管线与灌浆软管或者灌浆软管之间的连接部件。灌浆接头的形式多种多样，但都要求在海上灌浆施工操作时能方便地进行连接，使灌浆施工高效完成。图 7－14 所示为两类典型的灌浆接头实物。图 7－14（a）所示为导管架基础上的灌浆接头，位于平台上，其后有灌浆终端面板，图 7－14（b）所示为单桩基础的灌浆接头，位于过渡段内部平台上。

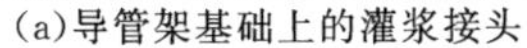
(a)导管架基础上的灌浆接头

(b)单桩基础的灌浆接头

图 7－14 灌浆管线终端的接头实物图

对于导管架基础灌浆管线与灌浆软管接头的位置一般有两种选择，主要取决于施工船舶。如果用于施工的船舶容易接触到中间的休息平台，灌浆管线的端口位置可设置在靠船构件的休息平台上，如图 7－10 所示。倘若用于施工的船舶是自升式平台，灌浆管线的端口位置宜放在风机基础的大平台上，灌浆管线的终端面板如图 7－15 所示。

灌浆软管是灌浆施工过程中安放在船上用于传输灌浆料的一种特殊管道，其耐压力性能相当好，造价比一般的软管昂贵。因此，在灌浆施工过程中，要注意对灌浆软管的

(a)正面

(b)背面

图7-15　灌浆管线的终端面板

保护，尤其应在灌浆施工完毕后对其进行彻底的清洗。灌浆施工过程中，灌浆软管的加长需要进行快速处置，防止浆体凝结过快，造成对灌浆软管不可逆的损害。图7-16所示为一种典型的灌浆软管之间的接头形式，与上面所述接头的要求类似，需能在现场进行快速更换，且保证在高压作用下不漏浆。

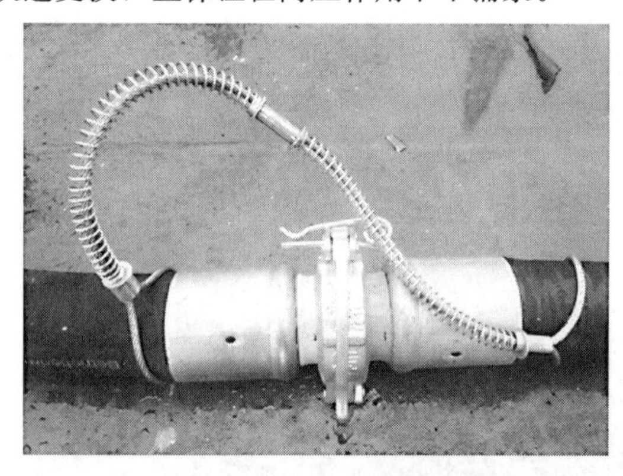

图7-16　灌浆软管之间的接头形式

以上介绍了在水面以上的灌浆接头，对于某些项目，需水下灌浆接头才能完成工作，这种接头的性能要求与操作要求要比以上所述接头的更高，要求更便利与稳定。图7-17所示为水下灌浆接头示意图，其详细样图如图7-18所示，这类接头分公头与母头，已被用于世界各地不同水深的海域，它的优点是能减少陆上制造成本和海上安装成本，无需在基础结构上安装灌浆管线。同前面所述的应急工况，需由水下机器人操作完成灌浆作业。

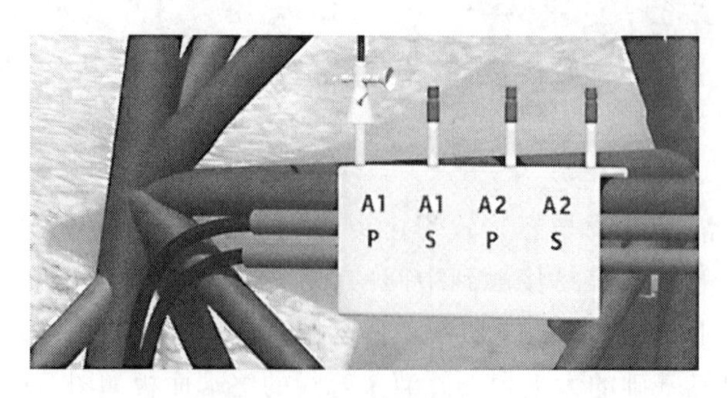


图7-17　水下灌浆接头示意图

在海上风电场中，用这类接头进行水下灌浆比较少见，但随着海域水深的加深，也有可能会用到这类接头。一般而言，灌浆接头的公头安装在导管架基础水下的某个位置，可以采取如图 7-17 所示的终端面板，也可采用每个灌浆连接段一个接头，母头位于灌浆软管一端，通过水下机器人连接公头与母头，最后完成灌浆。

(a)母头

(b)公头

图 7-18 灌浆接头详细样图

# 参 考 文 献

[1] 侯金林．导管架调平与灌浆系统 [J]．中国海上油气（工程），2000，12 (4).

[2] Found Ocean. http：//www. foundocean. com/en/what - we - do/products/subsea - grout - connectors/＃sthash. 71Q038N2. dpuf.

# 第8章 海上风电灌浆施工及验收

海上风电灌浆连接的设计与施工原则在德国《海上风力发电机组认证指南（2010)》规范和DNV-OS-J101（2014）已经予以明确规范，并与海上风电发展以及海上风电场设计水平的发展保持同步。我国可以供设计人员参考的只有DL/T 5148—2012《水工建筑物水泥灌浆施工技术规范》、YB/T 9261—1998《水泥基灌浆材料施工技术规程》，但这些规范均属于陆上灌浆施工，其灌浆结构非主要传力构件，不适用于海上风电高强灌浆材料的施工。截至目前，国内外不同的工程灌浆施工往往因为缺乏经验或者海洋环境差异，需要开展模拟现场实际的试验，然后总结操作经验，形成操作手册。即便如此，仍有问题发生。根据国内外已有工程的统计，在灌浆过程经常出现缺乏浆料返回、密封失效、灌浆过程设备故障、灌浆管堵塞等问题。

海上风机基础灌浆分为水上灌浆（水上三桩基础等）和水下灌浆（单桩基础、导管架灌浆等)。水下灌浆施工相比水上复杂，不易控制，且此类灌浆方式在海上风电应用中比水上灌浆多。因此，本章重点介绍海上风电水下灌浆施工技术。

## 8.1 灌浆施工程序

海上风电场基础灌浆非常重要且难度较大，主要体现在：①海上风电高强灌浆材料的价格通常为普通C30混凝土材料的60倍左右，要合理安排灌浆工艺，否则会造成大量的浪费；②风机基础与桩基间的灌浆一旦失败，将很难修复，直接影响整个基础安装施工的成败；③海上作业窗口短，且突发短时异常天气可能性较大，因此必须顺利且快速完成灌浆并达到基础稳固强度。

概括来说，基础灌浆的施工分为以下阶段：

（1）搅拌及泵送设备的进场。

（2）人员安排，健康及安全装备。

（3）准备工作。具体为：①灌浆前的准备工作；②软管的安排与布置；③注入海水；④材料与测试模具。

（4）灌浆施工。具体为：①开始工序；②搅拌；③泵送；④质量控制及文件的填写。

（5）停止工序。

（6）搅拌及泵送设备的离场。

### 8.1.1 单桩基础灌浆施工程序

单桩基础的过渡段套入预先安装好的大直径钢管桩中，进行过渡段结构的微调平工

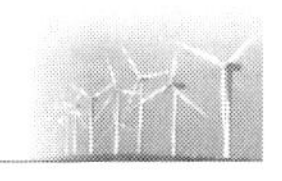

作和灌浆连接准备工作，一般而言，过渡段的微调平工作可通过调节螺栓系统或液压调平装置进行，待调平稳定后，通过高强灌浆将过渡段与桩基连接。单桩基础灌浆的现场如图 8-1 所示。

(a) 灌浆施工中

(b) 清洗灌浆管线

(c) 端部溢浆

(d) 端部浆体凝结

图 8-1 单桩基础灌浆的现场图

单桩基础灌浆施工工艺流程为：灌浆前期室内工作部署及准备→桩基施工→过渡段安装并调平→灌浆工作船驶入→抛锚使船停靠在有灌浆接口一侧→清洗灌浆管线→向注浆管道压注水泥砂浆，湿润灌浆管道→灌浆料拌制→连接注浆管，向灌浆连接段灌注灌浆材料→当钢管桩管口有浓浆溢出，即完成单个连接段灌浆→检查验收→灌浆结束并拆除灌浆管线、清洗机器→移至下个机位进行灌浆作业。

图 8-2 所示为单桩基础灌浆工艺流程图。

目前，除非应急情况，基础灌浆多是采用从底部往上灌浆的施工工艺，单桩基础灌浆示意图如图 8-3 所示。因为采用从顶部往下灌浆，浆体内部会产生大量的蜂窝状孔隙，与管壁黏结不紧密，灌浆效果较差；若采用从底部往上灌浆，浆体与管壁黏结比较密实，结石体内部的蜂窝状孔隙很小，且较少，灌浆效果较好。因此，建议连接段灌浆采用从底部灌注的施工工艺。

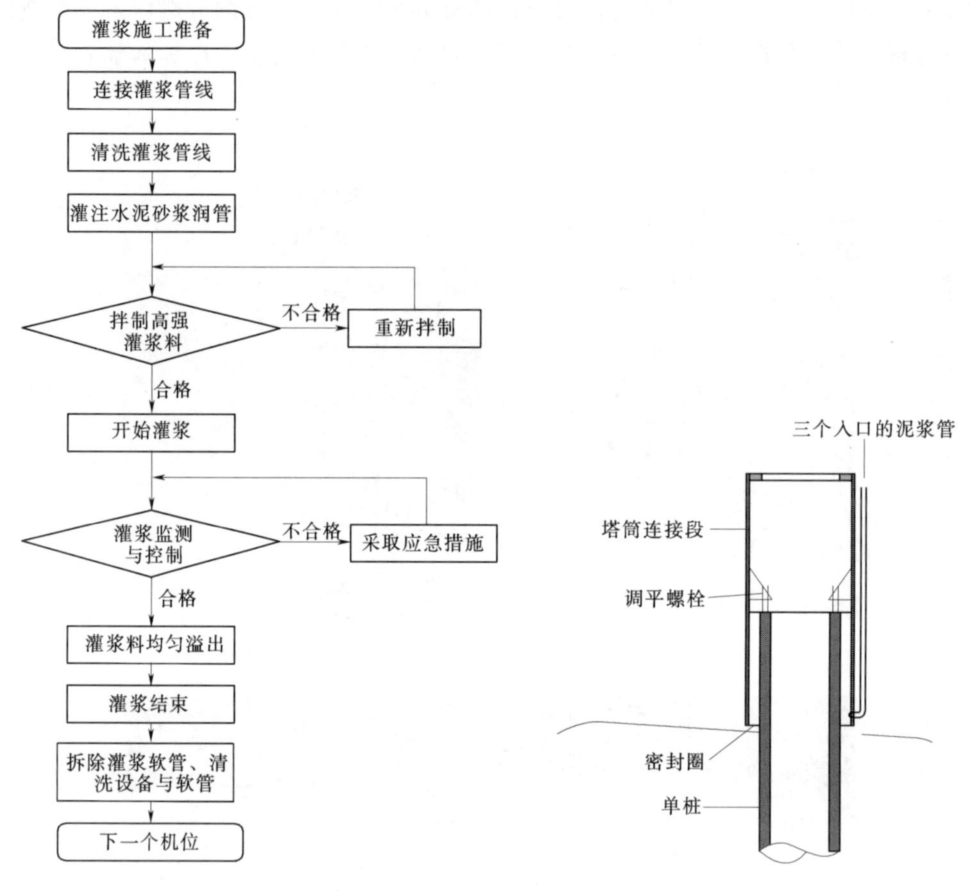


图8-2　单桩基础灌浆工艺流程图

图8-3　单桩基础灌浆示意图

### 8.1.2　导管架基础灌浆施工程序

对于先桩法导管架基础，如图8-4（a）所示，导管架四根腿柱插入四根预先安装好

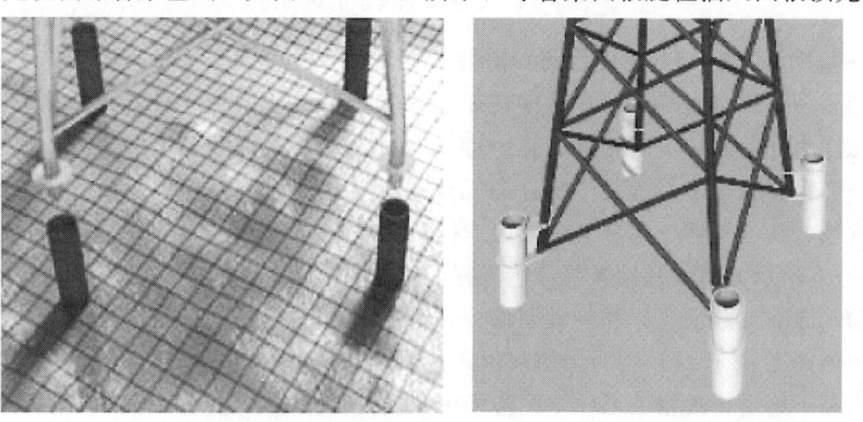

（a）先桩法导管架基础　　（b）后桩法导管架基础

图8-4　两类导管架基础灌浆连接段示意图

的桩基中，通过高强灌浆将基础与桩基连接；对于后桩法导管架基础，如图 8-4（b）所示，钢管桩顺着导管架基础桩靴沉桩，待沉桩结束后，通过高强灌浆将桩基与基础连接。

导管架基础灌浆施工工艺流程为：

（1）灌浆前期室内工作部署及准备→桩基施工→导管架安装并调平→灌浆工作船驶入→抛锚使船停靠在有灌浆终端面板的导管架一侧→清洗灌浆管线→向注浆管道压注浆料，湿润灌浆管道→灌浆料拌制→连接注浆管→向灌浆连接段灌注灌浆材料。直到钢管桩管口有浓浆溢出，即完成单个连接段灌浆（水下视频监控，潜水确认）。

（2）连接平台上另一连接段注浆管进行灌浆→单个灌浆平台上两个连接段灌浆完成后，移动注浆管至另一灌浆平台上进行另外两个连接段的灌浆→灌浆结束并拆除灌浆管线、清洗机器→移至下个机位进行灌浆作业。

图 8-5 所示为导管架基础灌浆施工工艺流程图。

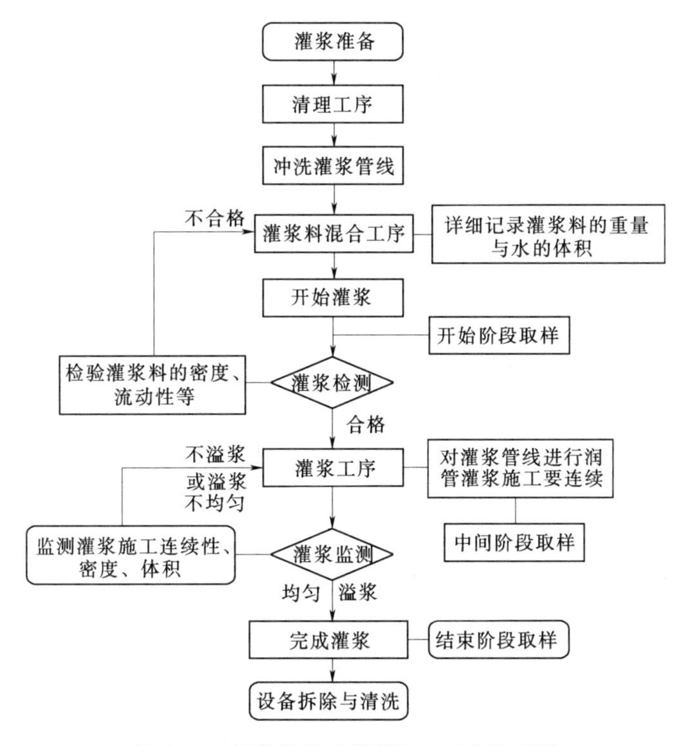


图 8-5　导管架基础灌浆施工工艺流程图

### 8.1.3 灌浆施工的前期准备

灌浆流程中最重要的就是前期室内工作及施工的前期准备工作，具体有以下方面（但不局限于此）：

（1）陆上灌浆测试试验室，对每批次的材料根据设计要求进行取样检测。

（2）绘制灌浆、取样和测试等所有设备以及设备布局和连接示意图。

（3）灌浆泵送的功能测试。

（4）取样设备及海上试验设备的调动和部署。

（5）灌浆样品测试设备的验收检查。

（6）灌浆密封详图及补救灌浆密封方案准备。

（7）浆料泵送系统的连接工序。

（8）灌浆前对钢管桩内壁与导管架腿柱外壁的清理工序（含油脂、油漆、海生物等）。

（9）海水冲洗注浆管工序。

（10）经陆上试验验证过并经认可的灌浆料混合工序。

（11）灌浆试验指导（海上）。

（12）包含所有取样及检测程序与确保灌浆质量的QA/QC工序。

（13）灌浆密封泄漏的补救措施准备。

（14）设备故障的补救措施准备。

（15）灌浆料输送系统故障的补救措施准备。

（16）未达到预期灌浆质量的补救措施准备。

（17）其他可能发生的应急措施的提前部署准备。

## 8.2　施工主要设备

### 8.2.1　灌浆系统布置

灌浆系统占地面积一般为50～150$m^2$（不含船上取样实验室），并且整套灌浆系统均需要部署在施工船机上。通常灌浆工程量大且需要连续作业时，应采用船只作为灌浆施工的专用船舶；反之，当基础安装及沉桩船舶空间允许时，可以利用这些船只，节省船机费用。

搅拌及泵送装置输送设备尽可能安放于工作船的边缘，该位置距离灌浆管线端口最近；此外，主起重机和辅助起重机必须能够覆盖到搅拌及泵送装置、灌浆材料存放位置、沉淀容器以及备用泵；必须留出足够的空间以便能够快速地更换泵送装置；搅拌及泵送装置与容器必须放在靠近灌浆口的位置。

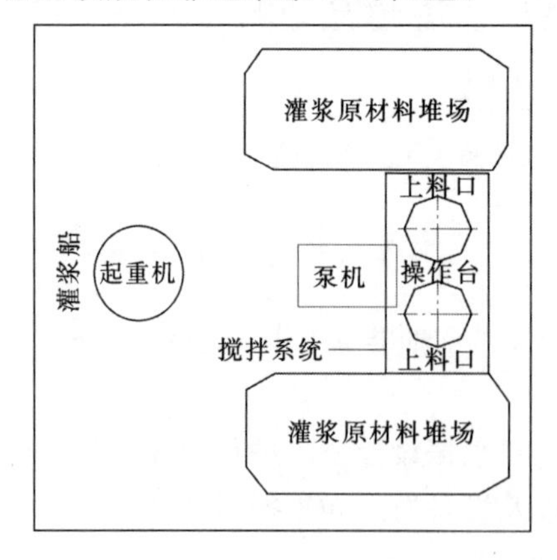


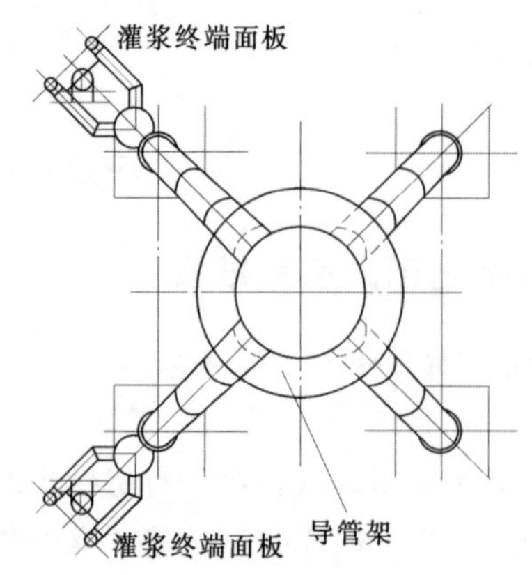


图8-6　灌浆船舶与导管架平面布置示意图

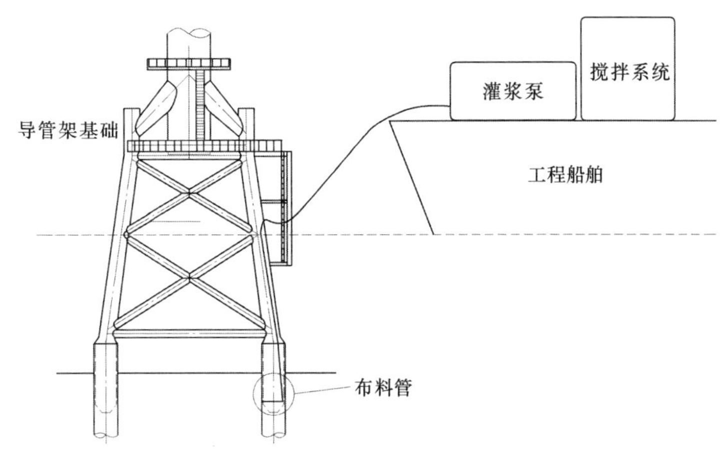


图 8-7 灌浆船舶与导管架立面示意图

图 8-6 与图 8-7 所示分别为某项目灌浆船舶与导管架平面布置与立面示意图，图上所示主要包括两台搅拌系统、一台灌浆泵与起重机以及堆料区等，灌浆料检验合格后，通过灌浆软管连接设置在中间休息平台上的灌浆管进行灌浆，最后通过导管架腿柱中的布料管向环向空间里均匀分配浆体。

图 8-8 所示灌浆及泵送系统平面布置图与图 8-6 所示平面布置图非常相似，该系统布置为某项目的设备布置，表 8-1 给出了主要设备外框尺寸，图 8-9 所示为典型的灌浆输送系统安装现场照片。

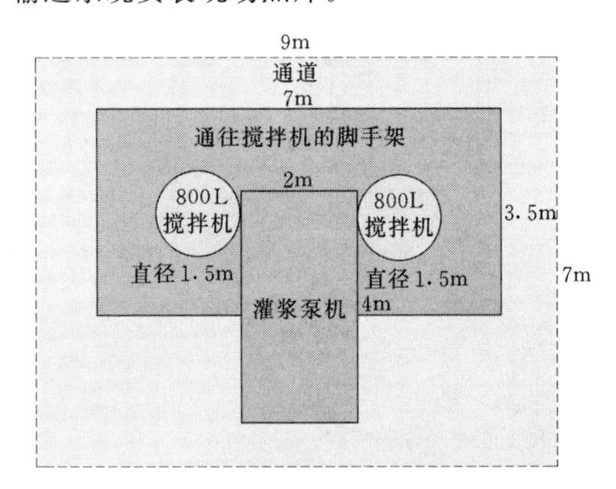


图 8-8 灌浆及泵送系统平面布置图（Densit 提供）

图 8-9 典型的灌浆输送系统安装现场照片

**表 8-1 设 备 外 框 尺 寸**

| 序号 | 设备 | 数量 | 尺寸/(m×m) | 总占地面积/$m^2$ |
|---|---|---|---|---|
| 1 | 混凝土泵 | 2 | 4×2 | 16 |
| 2 | 混凝土搅拌器 | 2 | 2×2 | 8 |
| 3 | 设备容器 | 1 | 6×2 | 12 |
| 4 | 海上移动实验室 | 1 | 6×2 | 12 |
| 5 | 搅拌器顶盖 | 2 | 2×2 | 8 |
| 6 | 空气压缩机 | 2 | 3×1.5 | 9 |

## 8.2.2 灌浆设备

### 8.2.2.1 主要灌浆设备

海上灌浆施工的主要灌浆设备主要包括提供灌浆作业、用于连接主要工作驳船的含隔离器的配电板、消耗品和工具、灌浆材料和水的储存设施、用于灌浆作业的专用软管等。同时，海上灌浆还需在主要工作驳船上提供柴油燃料和电力供应。由于海上允许作业的时间短，因此在选择灌浆搅拌及泵送的设备时，应充分考虑允许的作业窗口时间，选择具有足够能力的搅拌及泵送设备。以某一海上风电场工程为例进行说明。

1. 灌浆主要设备

（1）含一台或两台搅拌机（40t/h 搅拌能力或 20t/h 搅拌能力）的搅拌系统，如图 8-10 与图 8-11 所示，一般的搅拌机由 10～12mm 的耐磨钢制造，搅拌器的顶部有破袋器，破袋器如图 8-12 所示，当袋子降到破袋器上时，将被破袋器刺破，灌浆材料倒入搅拌机中；为了方便清洗与拆装，搅拌机的臂可以轻松地调整位置；卸料口由一个执行器控制打开。执行器可以很简单地拆下来进行手工操作，搅拌机的电机功率为 22kW，由三条传动皮带与齿轮箱连接。

（2）一台用于施工的混凝土泵，不同大小的泵送设备如图 8-13 所示。

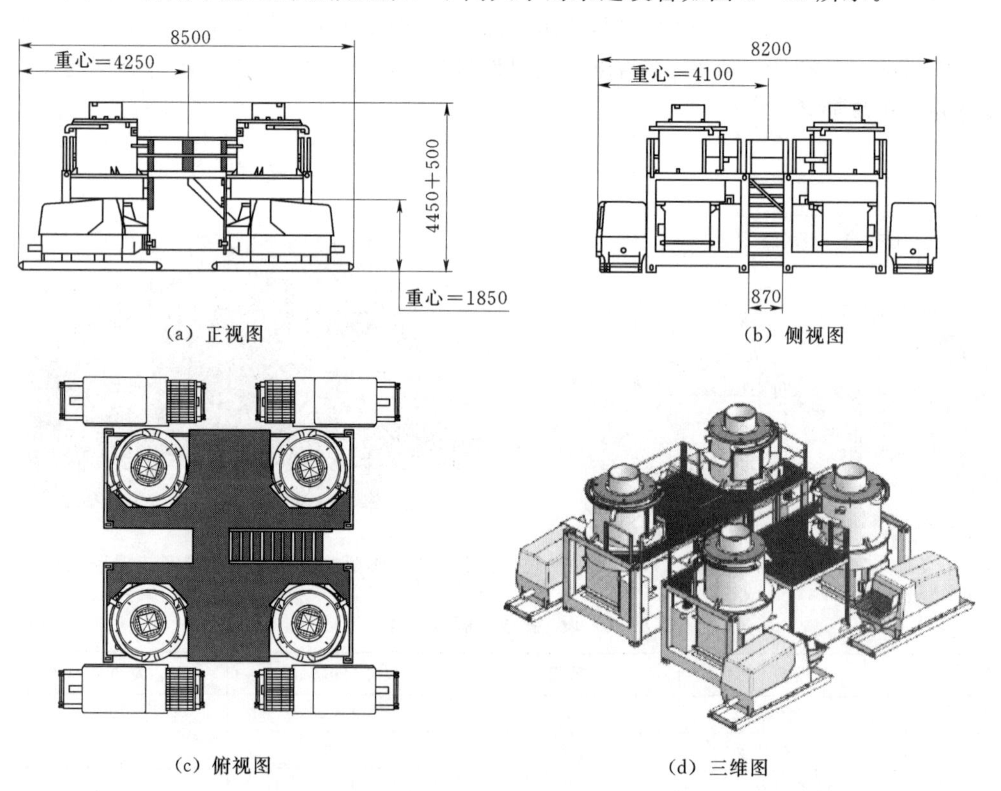


图 8-10 40t/h 搅拌能力的搅拌系统（Densit 提供）

（3）一套 50.8mm 弹性灌浆软管用于将灌浆材料输送至圆环区域。50.8mm 弹性灌浆

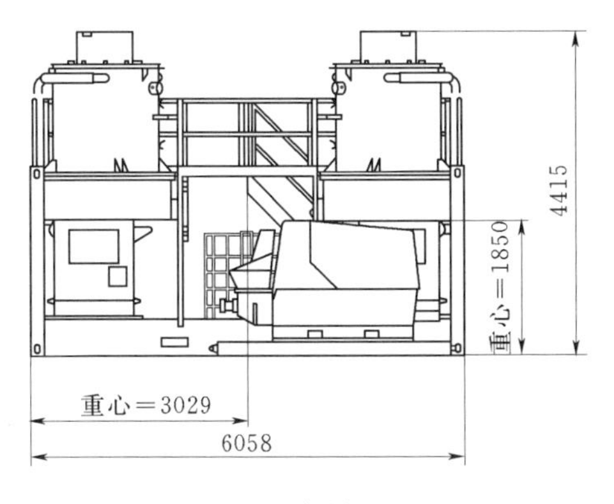


(a) 正视图

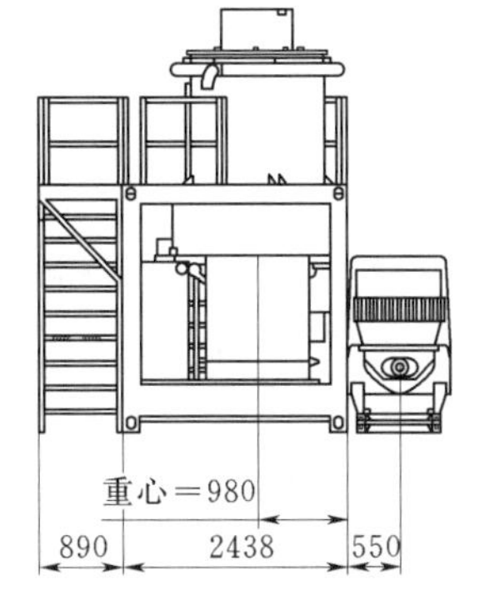


(b) 侧视图

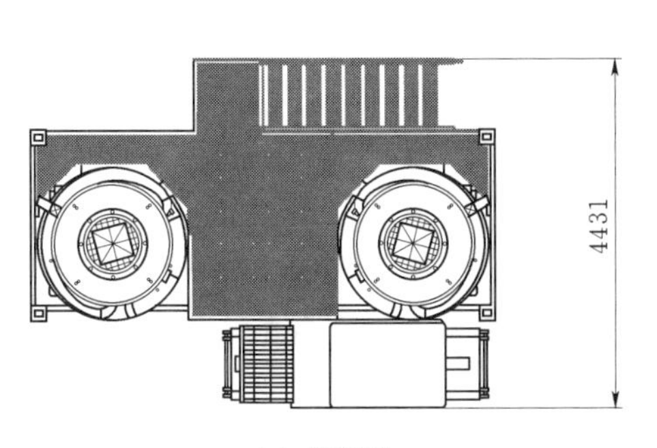


(c) 俯视图

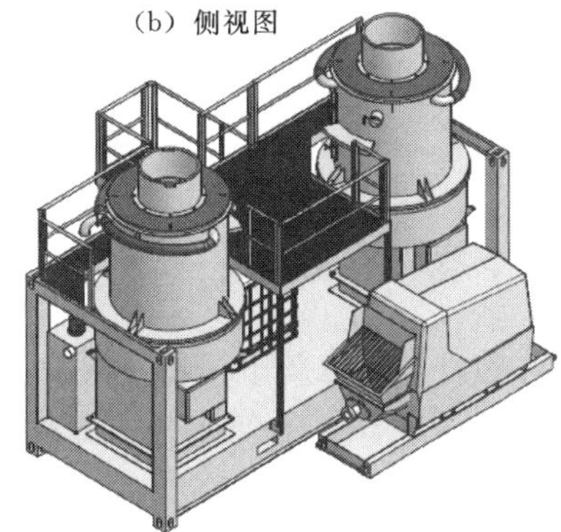

(d) 三维图

图 8－11　20t/h 搅拌能力的搅拌系统（Densit 提供）

图 8－12　破袋器

软管与 50.8mm 灌浆管接口通过过渡连接件相连。通常泵管长度（泵送距离）与泵管内径的关系见表 8－2。总之，应预留足够的长度以达到灌浆管线的端口处。为了提高灌浆效率，泵管内径现达到了 76.2mm 和 101.6mm，以满足海上施工需求。

**表 8－2　泵管长度（泵送距离）与泵管内径的关系**

| 泵管长度/m | 10 | 10～25 | >25 |
|---|---|---|---|
| 泵管内径/mm | 25.4 | 38.1 | 50.8 |

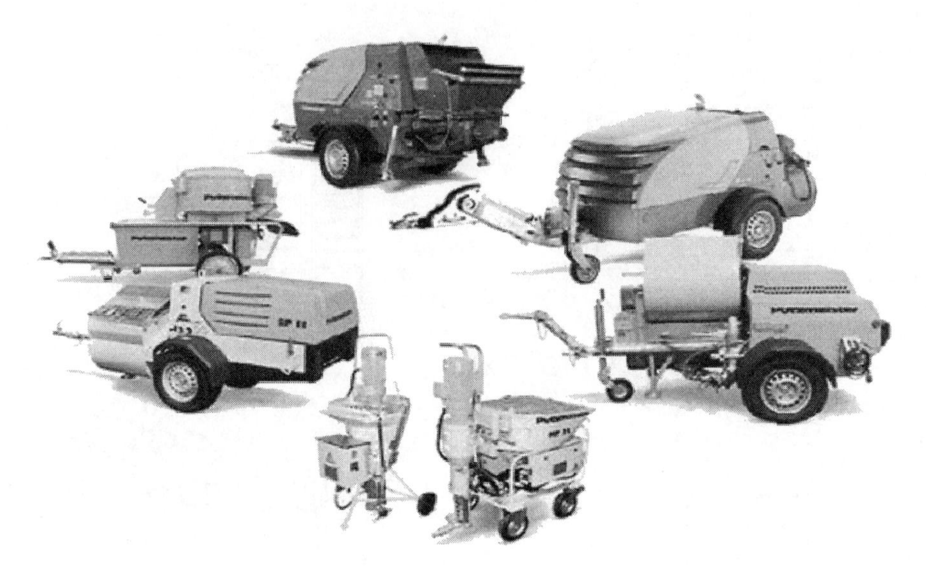

图 8-13 不同大小的泵送设备（Basf 提供）

(4) 搅拌器和混凝土泵各自处于独立单元，设备安装如图 8-10、图 8-11 所示的典型灌浆分配系统，表 8-3 为 20t/h 搅拌能力的配套参数表。工作台整个灌浆设备总尺寸为 6m×7m×2m（长×宽×高）。灌浆输送设备必须放置于吊车工作区域内，并合理摆放在主甲板边缘的甲板工作区域。以水平面为参照物，起重设备的起重高度要能够使灌浆材料包装袋上升到 6m 以上。安装灌浆输送设备时应考虑预防措施以防粉尘污染到敏感区域或灌浆输送设备。

**表 8-3 20t/h 搅拌能力的配套参数**

| 灌浆管线外径/cm | 不同质量单包灌浆材料的搅拌能力/($t \cdot h^{-1}$) | | | 灌浆软管/($kg \cdot m^{-1}$) | 水泥浆/($kg \cdot m^{-1}$) | 总计/($kg \cdot m^{-1}$) |
|---|---|---|---|---|---|---|
| | 1t | 1.5t | 2t | | | |
| 5.08 | 5 | 5 | 5 | 2.6 | 4.8 | 7.4 |
| 7.62 | 10 | 15 | 15 | 5.2 | 10.8 | 16 |
| 11.43 | 10 | 15 | 20 | 11.1 | 19.2 | 30.3 |

(5) 施工方必须提供电力供应，提供符合饮用标准的淡水和用于柴油发电机设备运转的燃料以及用于灌浆输送设备固定的脚手架材料。

2. 设备适用性及要求

(1) 电力供应：可选用船上电源设备或从发电机配电盘选择。

(2) 饮用级淡水：用于灌浆材料混合及每天灌浆设备使用后进行高压清洗，淡水储存，要足以供应混合灌浆材料并能在每次灌浆作业后进行清洗（如 2000L 储水罐，确保供水不中断）。

(3) 柴油：用于柴油发电机、灌浆料泵及其他柴油驱动设备运转。

(4) 脚手架材料：由于大袋包装灌浆材料下降并放入混合设备并进行高性能灌浆料混合。脚手架必须直立环绕在灌浆输送设备周围，保证工作台有足够安全的工作区域。

3. 灌浆前设备检查

对于主要设备，如搅拌机与泵送系统，在灌浆前要进行检查，以减少在灌浆过程中发生障碍。

（1）对于搅拌机，需要检查以下内容：

1）控制点：①在启动之前，搅拌桨和轴必须在正确的位置；②润滑搅拌机，出料斗出料门都需要润滑；③两个开关盒都要正确地连接到电源上；④正确地连接两个遥控器；⑤装好破袋器并确保安全可靠；⑥确保在主开关上正确地安装安全按钮；⑦校对计量泵的精度；⑧水箱里装满清洁的饮用水；⑨调试水泵系统；⑩所有的安全设备都正确有序地准备；⑪测试所有的遥控功能。

2）清理清洁：①拆下破袋器；②清洗搅拌机、泵和管线；③用油润滑出料门；④关闭主开关；⑤为防止霜冻，要放空搅拌/泵送设备里的水；⑥拆下遥控装置，放置在开关盒容器内。

（2）对于泵送系统，需要检查以下内容：

1）控制点：①发动机油；②液压油；③从液压油缸里把冷凝水排空；④加满柴油；⑤水箱无油或者浆料沉淀物；⑥水箱里面装满干净清洁的饮用水（不可以是盐水）；⑦装上软管，耐磨盘，搅拌器和密封圈（目测检查）；⑧马达启动-停止；⑨检查所有的功能，包括转换水箱和遥控；⑩检查料斗上面的格栅的安全性，起吊安全格栅的时候，软管和搅拌机必须停用；⑪检查液压缸是否有漏油，检查软管和液压系统的匹配；⑫对所有需要润滑的部位进行润滑。

2）清洗：使用指定的清洗剂清洗软管和活塞等。

### 8.2.2.2 辅助设备

1. 主起重机和辅助起重机

一些工程也可以配备起重机配合灌浆施工，用于设备进场和离场的起重机至少有8t的起吊能力；用于灌浆施工的起重机至少有一台有2t的起重能力，主要用于泵的切换；还有一台1t的起重机用于起吊大袋材料。这里提到的起重能力都是指在最大活动半径内的有效起重能力。起重机作业示意图如图8-14所示。在正常搅拌和泵送过程中，需要每5min吊装一次大袋灌浆材料，因此，起重机必须能够每小时吊装12次。

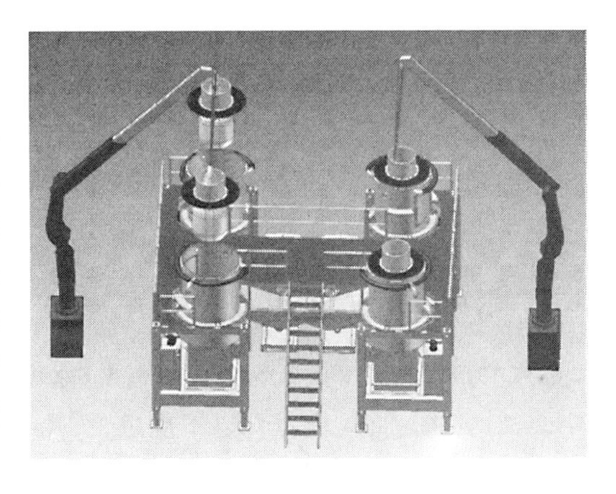

图8-14 起重机作业示意图

2. 废液及废弃物容器

废液及废弃物容器必须100%密封并且足以盛放从软管和搅拌机中排出的废水或废浆，以及用于清洗设备的废水。该容器必须足够大以便废浆沉淀。沉淀时间不超过20h。

该容器可以做成一个单独的水箱，水箱在回到港口时倒空，容器的侧面可以做成锥形以方便倒空，值得注意，该容器必须用防水油布盖好。

3. 筒仓系统

筒仓系统是用于存储灌浆材料并运输其至搅拌机，它不是必须有的，有些材料是用袋子存储。图8-15所示筒仓系统应具有足够的体积容纳灌浆材料，去填充钢管桩和导管架腿柱或者过渡段之间的环向空间，并能应对突发事件以及进行返回检查。

4. 其他辅助设备

其他辅助设备包括用于清洗的水泵，用于持续监控灌浆料密度的密度计、养护容器、带有效校准报告的压缩机，以及足够的立方体模具来对灌浆料进行取样。水泵如图8-16所示。

图8-15　筒仓系统（Nautic提供）

图8-16　水泵

#### 8.2.2.3　备用设备

海上灌浆施工时还需提供足够的预备措施以防止某些部件的突然破坏或失效，备用设备要能够起到在突发事件后30min内继续工作的作用，其中包括用于100%应急灌浆作业的方案、拌浆机、淡水分配器、灌浆泵、软管和接头等。

## 8.3　灌浆材料的供应与储存

### 8.3.1　灌浆材料的供应

灌浆材料应符合GB/T 50448—2008《水泥基灌浆材料应用技术规范》的有关规定，并应满足设计要求。同时应符合以下规定：①灌浆材料供应商应提供灌浆料产品型式检验报告、出厂检验报告、质量保证书（合格证）、产品使用说明书等，产品包装应标识明确；②进场材料应通过监理见证取样，由施工方委托具有相关资质的检测单位进行检验。

灌浆材料在施工过程中要求具有的特性为：①不产生离析或泌水，确保始终如一的最终物理性能，并可防止泵堵塞；②在水下灌浆时不会被冲掉；③可进行长距离和大高度泵送；④操作时间长至超过4h；⑤粉尘低，易于处理，且可保障工人的安全。

当国内海上风电采用的高强灌浆为进口材料时，需关注到货时间，通常灌浆材料到国内的到货周期2～3个月，然后由施工方负责运到施工现场。灌浆材料要求采用特殊的防潮及不透水袋包装供应，包装一般分为250kg/袋或1000kg/袋。产品应储存在干燥阴凉的环境中，在有效期限内使用（有效期一般为12～14个月）。因此，关于灌浆材料，当采用进口材料时，既要保证灌浆施工前材料到货，也要考虑到货后，材料有效期限的约束。

### 8.3.2 灌浆材料的储存

灌浆材料通常采用大袋包装，外袋是聚丙烯编织层，内袋是聚丙烯薄膜；袋子防水，耐紫外线性能好。袋子是一次性包装，不会破坏环境。

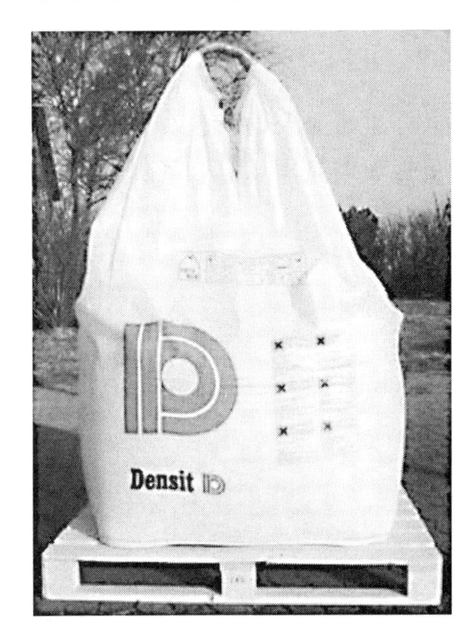


图8-17 灌浆料储存照片（Densit提供）

在运输和储存的过程中，一般会使用叉车，叉车的运输能力要足够大，叉车的叉子上带有弯形吊具，可进行提升，当没有弯形吊具时，用绳子系好，然后用叉车举升。不能直接用叉车的叉子，因为尖锐的形状会破坏袋子。运输过程中，有些灌浆材料可能会变硬，当刺破袋子、灌浆材料倒出时就恢复正常。大袋材料用油布、塑料布遮盖，在船上时，材料可以放置在一个顶部敞开的集装箱里面，然后用重载防水油布遮盖，以避免气候对材料产生影响。

在施工基地设立一个仓库用于存放灌浆材料，大袋材料应储存在托盘上，以防止湿气或者露水进入，灌浆料储存照片如图8-17所示。材料应放在远离水的地方。在运输和储存过程中，大袋材料必须用油布塑料布等遮盖；在船上，材料可以放置在一个顶部敞开的集装箱里面，然后用重载防水油布遮盖，以避免天气的影响，否则日光和雨水可能会破坏袋子；在项目进行期间，大袋包装的灌浆材料储存在仓库中时，采取先进先出的原则，以确保在保质期之内使用，包装袋破损的材料将不予使用。此外，要关注材料的温度变化。

## 8.4 施工前期准备及灌浆实施

### 8.4.1 预灌浆准备

#### 8.4.1.1 安全防护措施

在每天灌浆工作开始和结束时，应进行安全简报、准备、总结会议，处理与工作相关的安全问题，了解灌浆施工队个人工作和任务，确保灌浆的每个环节安全可靠。

在甲板上工作时，必须穿戴和使用工作服、安全鞋、安全帽、护目镜、手套等，这些均有相关的规范要求。施工时，在倒入灌浆材料等过程中会有灰尘散出，施工人员需要配置以下额外个人防护装备：

（1）护目镜，需配备紧密配合的眼罩。

（2）耳塞，整个工作期间都要戴。

（3）手套，整个工作期间都要戴。

（4）呼吸过滤器，倒空袋子的时候必须戴。

在船上的大工具箱里，最好配备洗眼器，如发生灌浆材料迷眼的情况，马上冲洗，严重的需就医。泵的操作人员一般不会处于粉尘环境中，但在泵送过程中，软管及灌浆料入口处有可能出现堵塞，必须有操作员随时观察回压数值，一旦压力超过额定的压力，则立刻停止泵送以免影响设备和人员安全。

#### 8.4.1.2　灌浆软管装配

在组装软管之前，检查软管根部的内凹槽是否松散并进行必要的清洗。所有连接件和接头必须牢固地固定。发现灌浆软管破坏时，及时更换新的备用软管。确保并检查软管有不少于 1m 的弯曲度，以减少在输送线路中的潜在阻力。

#### 8.4.1.3　电力、水和燃油供应

施工单位必须确保在灌浆施工过程中电力、水和燃油的供应。

（1）电力供应最小为 400kVA，并按照要求连接配电柜：额定电流最大 95A，有直径 12mm 电缆接线头与螺栓相连。

电力主要供应以下设备：

1）灌浆料搅拌器。

2）高压喷射洗涤器。

3）计量水泵。

（2）淡水及柴油供应。灌浆工艺需要每 7min 供一次干净的淡水。干净的淡水需要先储存在一个至少 2000L 的罐内，保证可以在整个过程中不会因为任何原因导致停水，这是灌浆施工的必要条件。因此，柴油和淡水持续不断地供应对于灌浆施工操作自始至终都很重要。

#### 8.4.1.4　通信

施工单位需要配备必要的通信设备（如手持式对讲机）以便灌浆监督者和施工单位人员进行通信交流，以确保灌浆施工顺利安全地进行。

#### 8.4.1.5　清洁

施工单位需要提供垃圾箱或垃圾袋以收集用过的灌浆材料包装袋。当灌浆料对周围海洋环境没有任何影响且获得海洋环保部门的批准时，可以直接投入海中处理掉。反之，施工单位需要在现场准备一些容器，用于处理废弃的灌浆料。

### 8.4.2　准备工作

在环形桩套管灌浆之前，需要进行以下准备工作，有部分需提前在陆上做好。

#### 8.4.2.1　灌浆管线的试压与布置

在风机基础装船运输前，需要对所有灌浆管线进行压力试验。灌浆管线先在地面上进

行预试压，当所有灌浆管线焊接到基础上之后，对整个系统进行试压。试压的主要步骤详见第7章。

由于在海上灌浆通过高压灌浆软管灌入，必须在甲板上把从搅拌机泵到灌浆入口的软管布置好。灌浆软管在船舷边上垂挂的部分也必须用绳索系好以免缠绕。任何软管的弯曲半径不得小于700mm。任何情况下，当软管没有连接起来时，所有接口必须用塑料盖或者类似的东西封起来；在连接之前，必须检查软管中是否有东西，之后所有接口必须安全地锁紧。

如果遇到灌浆管路堵塞的情况，要使用导管进行灌浆。导管必须随时保持备用状态。在使用导管之前，必须对导管进行检查。

**8.4.2.2　密封圈的压力试验**

对于灌浆压力较小的情况，只要选择合适的密封圈即可保证密封的安全性。但当灌浆压力较大时，在密封圈安装之前，需要对密封圈进行抽样试压。

(1) 按照基础灌浆连接段1∶1制作模型，进行密封圈压力试验。环形灌浆空间的一端采用密封圈，另一端采用钢板封死，同时在环形钢套管的侧壁开孔，进行注浆压力试验。灌浆密封圈压力试验如图8-18所示。

(a)密封圈一端

(b)钢板一端

图8-18　灌浆密封圈压力试验

(2) 试验按照实际灌浆压力的1.5倍进行。为了试验的安全，系统中还需要做好迅速减压措施。

(3) 按照每次20%的压力梯度对系统逐渐加压，直至达到的设计试验压力，每一步加压后保持10min的稳定期。在达到试验压力后，将系统密闭2h，在此期间，连续观测压力的变化，要求系统的压降不得大于0.2MPa。

(4) 试压完成。

**8.4.2.3　现场灌浆模拟试验**

由于海上风机基础灌浆为一次性不可逆的施工工序，而海上各种突发状况多，因此，一般建议在实际灌浆施工前进行现场灌浆模拟试验，图8-19所示为某项目模拟实际灌浆的足尺试验模型，主要有以下目的：

（1）了解设备状况，熟悉操作性能，了解搅拌与泵送的匹配性。

（2）对灌浆料的施工性、灌浆的实际效果有进一步了解。

（3）对不同泵送距离及高度的优化确定。

（4）确定人员配备的合理性与操作培训。

（5）帮助预测潜在的问题。

（a）足尺模型外观

（b）足尺模型内部

（c）足尺模型的加强肋

（d）模拟实际的水下灌浆

图8-19　灌浆足尺试验模型

#### 8.4.2.4　主要设备进场

在施工开始前，需安排主要设备进场，搅拌及泵送系统应安置在离灌浆位置尽可能近的地方；此外，必须保证做到三方面的要求：①主起重机和辅助起重机必须能够覆盖到搅拌及泵送装置、灌浆材料存放位置、垃圾箱、沉淀容器以及备用泵；②必须留出足够的空间以便能够快速地更换泵送装置（40min之内）；③搅拌泵送系统、容器及备用泵必须放在靠近的位置。

测量出搅拌及泵送系统的尺寸（长、宽、高）、重量，供准备布置设备做参考。对于灌浆管线，以某典型的灌浆管线与灌浆料为参考，主要有以下条件：

（1）7.62cm软管的重量。没有灌浆料情况下5.55kg/m；有灌浆料的情况下10.3kg/m。

（2）11.43cm软管的重量没有灌浆料情况下7.6kg/m；有灌浆料的情况下16kg/m。

与搅拌/泵送系统相关的服务及设备有以下方面：

（1）对整个搅拌/泵送装置、工具箱和备用泵的适航固定。

（2）燃料、电力及水的供应。

（3）起吊大袋材料和泵的起重机，从甲板开始计算，起重高度要满足一定的要求。

（4）盛放空袋子的垃圾箱。

（5）盛放废浆液的沉淀箱。

（6）工作照明灯，要能覆盖整个搅拌/泵送装置和工具箱。

（7）现场通信设备，联络灌浆位置，搅拌/泵送装置等。

如果用于较长时间的工作（超过一周），在灌浆开始前必须进行全面的检查与测试。

#### 8.4.2.5 灌浆端口准备

检查确认导管架上的灌浆管路完好无损、安全有效，并有与灌浆软管连接的接口。确认接口完好无损、干净无污染，因油漆、污物都有可能使连接失效。检查并确认灌浆线路的安排、灌浆入口完好无损；在进一步连接之前，检查并确认灌浆软管的接口工作良好。

#### 8.4.2.6 软管连接器准备

假定灌浆结构上3个灌浆入口尺寸为7.62cm。首先，7.62cm管螺纹接头安装在其中一个灌浆入口上，而将另外两个灌浆入口封住。7.62cm阀门安装到灌浆入口的7.62cm管螺纹接头上。

7.62cm阀门安装到7.62cm灌浆入口管螺纹接头上之后，另一个7.62cm管螺纹接头将被安装到阀门上，而后7.62cm外螺纹快速接头连接器将被装在管螺纹接头上。在阀门和快速接头连接器上，灌浆进入口可以接收位于灌浆软管根部的内螺纹快速接头连接器，灌浆进入口如图8-20所示。

图8-20 灌浆进入口

#### 8.4.2.7 注入海水

将灌浆管连接到泵上，泵里灌入海水，通过灌浆管路泵送到灌浆空间中；用高流量低压力冲洗灌浆空间，保持高流量低压力冲洗；待专业工程师确认后停止灌海水；观察压力，低压表明管路系统内没有堵塞。如果管路压力不正常且无法修复，则需要启用应急灌浆方案；在灌浆开始之前，再次目视检查灌浆管路。

#### 8.4.2.8 测试模具

在每台基础进行灌浆之前，准备若干个模具（尺寸为75mm×75mm×75mm），以四桩导管架为例，每个腿4个模具，共16个模具。模具需要分解开来再清洗、涂油并组装起来。样块脱模后，用专用容器包装起来，发送回陆地上。

### 8.4.3 灌浆施工实施

#### 8.4.3.1 灌浆料混合

灌浆料混合前，拿开覆盖在灌浆料上面的油布，准备起吊。在恶劣天气下，油布必须重新覆盖剩余的材料，以保持灌浆料干燥。起吊前检查灌浆料的包装，每一个破损的袋子都要向专业工程师汇报。

在每一次灌浆施工之前，都必须确保有足够的灌浆料可用；以四桩导管架为例，每台基础需要至少200kg的润管料和至少20t的灌浆料。每次施工需要至少多准备20%的灌浆料备用。

灌浆料混合时，大袋装可直接用吊车提升，按照搅拌人员的指示，把大袋灌浆料吊至搅拌器上方。吊到正确位置后，放低大袋灌浆料，破袋器将刺破袋子，灌浆料倒入搅拌机。灌浆料混合过程如图8-21所示。

图8-21　灌浆料混合过程

#### 8.4.3.2　灌浆料搅拌

原则上，灌浆时一次混合1大袋或1t（采用小袋时）灌浆材料，两个搅拌设备同时运行，根据施工配合比加入淡水，按规定时间进行搅拌。一台搅拌另一台向泵输出搅拌好的灌浆料，注入输送泵并通过灌浆软管泵入环形灌浆区域，如此循环工作。

以四桩导管架基础为例，首先在一台搅拌机内搅拌润管料，润管料配合一定比例的饮用水搅拌，搅拌4min后，再加入一定量的水进行搅拌，由专业工程师确认搅拌完成后才可以泵入管路系统。润管料的主要作用是润滑整个管路系统和灌浆空间，搅拌好的润管料通过管路系统泵入灌浆的环形空间。在搅拌润管料的过程进行到一半时，开始搅拌灌浆料。把1t包装的大袋灌浆材料倒入另一台搅拌机，加入约65kg水开始搅拌，最终的水量需根据现场的流动度而定。同时，搅拌用的水温也需要根据现场要求进行调整，因此，最好在现场准备一些降温的冰块。用于搅拌降温的冰块如图8-22所示。

灌浆料的搅拌工序为：

(1) 两个搅拌机同时进行工作，一台搅拌时另一台向泵输出搅拌好的灌浆料。搅拌好后向泵输出时，另一台开始搅拌新一批灌浆料，如此循环工作。

(2) 在整个操作过程中，起重机操作人员必须随时与相关人员保持目光接触。任何人不允许停留在起重机载荷（吊起的灌浆材料或其他材料）下面。大袋材料在降到破袋器之前必须保持自由状态。

图 8-22 用于搅拌降温的冰块

(3) 按照搅拌操作人员的指示，把大袋灌浆料吊至搅拌器上方。吊到正确位置后，放低大袋灌浆材料，破袋器将刺破袋子，灌浆材料倒入搅拌机。整个过程必须在安全条件下进行。

(4) 如果在起吊之前发现大袋材料袋有破损，则不能起吊，必须更换成完好的袋装材料。

(5) 加入 65L 水搅拌，至少搅拌 8min。由专业工程师认可后，把搅拌好的灌浆料倒入泵中。

(6) 按照灌浆现场检测、监测及验收的规定和要求浇筑测试用的样块。

(7) 倒空的袋子塞入塑料袋，捆扎好后放入废料箱。

(8) 起重机吊起下一袋灌浆材料。

(9) 如果在施工过程中下大雨，则必须把搅拌机遮盖起来以控制总的含水量，仅在装入新的一袋灌浆材料时打开。

(10) 保持甲板处于整洁干净的状态，可能会有粉尘从空袋子中漏出，必要时进行打扫。

#### 8.4.3.3 泵送

取得泵操作人员的同意后开始泵送。在开始阶段采用较大流量，持续泵送。搅拌和泵送组合应用本项操作，工作效率 2.0～3.0$m^3/h$。在水下视频或潜水员监控下，持续泵送直到灌浆料开始从环形灌浆空间的出浆管溢出，工程师确认后停止泵送。

#### 8.4.3.4 停止工序

观察并确认灌浆料是否已经密实地完全充满环形空间，若已充满，则停止灌浆。泵要停止 15min，可排出气泡，以便灌浆料稳定下来。如果需要，在 15min 后，可再次泵送灌浆。

在现场，确认灌浆料是否已经完全灌满环形空间有以下方法：

(1) 比较理论用量和实际泵送的灌浆量。

(2) 水下潜水员目测或者 ROV 观察确认灌浆料从灌浆环形空间上部开始溢出。

(3) 静置灌浆料，排出可能存在的气泡。

卸开灌浆软管并连接到下一个灌浆口，重复灌浆工序和停止工序直至桩腿全部灌好。拔出软管并清洁冲洗软管，完成该基础的灌浆施工。

### 8.4.4 灌浆结束后清理工作

灌浆结束或输送泵因故障停用并切换至备用泵时，需要立刻开始进行清理和清洗工

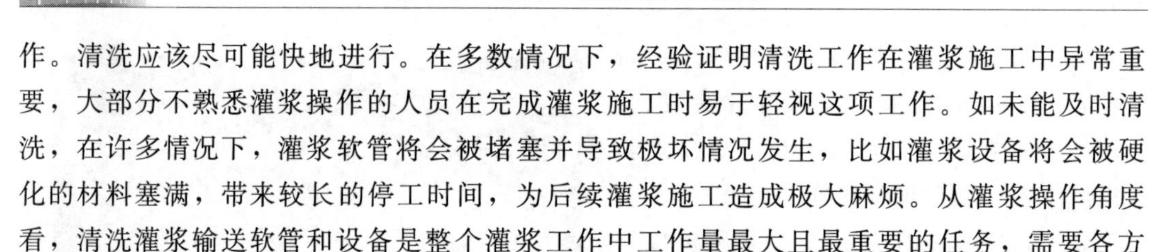

作。清洗应该尽可能快地进行。在多数情况下，经验证明清洗工作在灌浆施工中异常重要，大部分不熟悉灌浆操作的人员在完成灌浆施工时易于轻视这项工作。如未能及时清洗，在许多情况下，灌浆软管将会被堵塞并导致极坏情况发生，比如灌浆设备将会被硬化的材料塞满，带来较长的停工时间，为后续灌浆施工造成极大麻烦。从灌浆操作角度看，清洗灌浆输送软管和设备是整个灌浆工作中工作量最大且最重要的任务，需要各方面大力协助并引起高度注意，所有涉及灌浆施工的人员在清洗工作时都应保持高度配合。

冲洗软管有以下步骤：

（1）把料斗内多余的灌浆料倒入废料箱。

（2）把软管从泵上拆下来，用水清洗泵。

（3）清洗出的污水倒入废料（液）箱。

（4）把3个海绵球塞入软管并冲洗连接软管。

（5）料斗内装满水，加压推动管内的海绵球和残存的灌浆料通过管道。

（6）再塞入另外3个海绵球，重复上面工作。

（7）用水冲洗软管直到干净。

具体而言，当7.62cm灌浆软管从灌浆注入口拆开后，将一组7.62cm海绵球塞入靠近泵一侧，泵前段灌浆软管用水注入整个灌浆软管，将多余的灌浆材料从软管内排出。如果灌浆材料在7.62cm软管内并仍然保持液体状态，可用水冲刷过量的灌浆料。将灌浆软管与水泵连接，保证泵送压力至少0.5MPa，将过多灌浆材料排出。所有过多灌浆料和海绵球在多数情况下可直接投入海中处理。若不允许此操作，可将过多的材料冲到施工方提供的废料桶内。所有灌浆设备必须彻底清洗。注意，在清理灌浆设备时，将工作区灌浆料溢出物一同清理。

### 8.4.5　其他工作

其他工作主要包括灌浆后的检查与设备离场工作。

所有的检查项目都必须通知灌浆施工单位与灌浆材料供应商，所有的检查项目必须有专业工程师在场。样块强度未达到28d强度（20℃）的50%之前，不应进行破坏性测试。所有采集到的数据必须发给灌浆材料供应商或者灌浆施工单位。

拆卸搅拌和泵送设备、软管等其他设备一起收起打包装入工具箱。当施工船回到港口停稳后，把搅拌设备、泵送设备和工具箱等从船上拆下来，把设备和工具箱从船上卸下，将设备放置在安全的条件下。

## 8.5　人员组织安排

海上灌浆施工需要流水线上多岗位员工配合，主要包括灌浆施工项目经理、灌浆施工技术工程师、安全员、搅拌机操作工程师、泵机操作工程师、现场试验人员、设备维护及维修工程师等。通常海上作业窗口较短，为确保施工的连续24h灌浆作业，海上灌浆团队成员数量应足以保证连续作业需要。

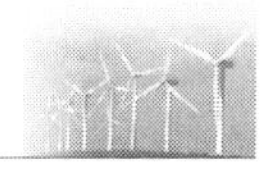

在正式施工前，应确保上岗人员进行灌浆施工培训，灌浆安排1～2位有经验的全职灌浆工程师进行现场管理、指导、监督和实施工作，直到工作完成。当灌浆引进国外单位时，对于许可证申请，承包商应当提供额外50%以上的人员备份，以防签证或许可遭拒。

图8-23所示为一个典型海上灌浆施工人员及组织架构。

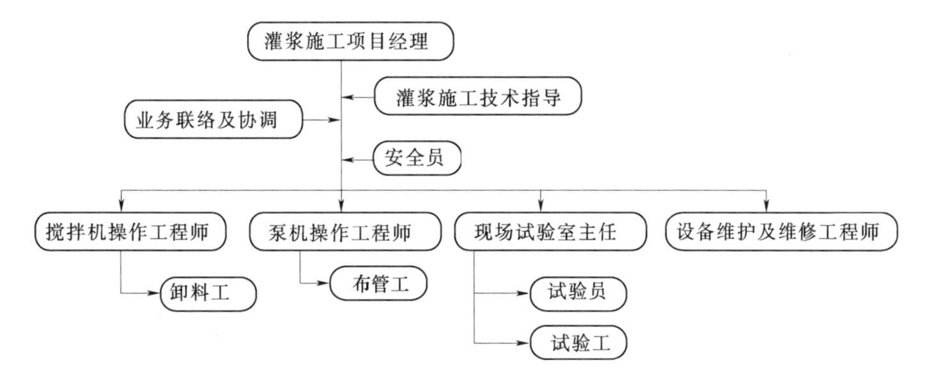


图8-23 典型海上灌浆施工人员及组织架构

# 8.6 灌浆现场检测、监测及验收

灌浆施工过程中，现场检测是整个灌浆施工质量控制的重要保证。材料进场检查、拌和料搅拌质量检查、灌浆溢浆检查，灌浆全过程的每个环节都需要对其质量严格把控。

## 8.6.1 浆料的取样及测试

### 8.6.1.1 取样与检测

在海上风电基础灌浆施工中，每个桩腿灌浆期间均应取样进行检测。一般样品要在搅拌完成后立即从搅拌机中取样。泵口灌浆料取样如图8-24所示。取样后，需对浆料进行流动度测试。软管出口处灌浆料取样测试如图8-25所示。流动度测试是衡量灌浆料可施工性的重要指标，一般进行初始流动度、0.5h流动度以及1h流动度测量。

图8-24 泵口灌浆料取样

图8-25 软管出口处灌浆料取样测试

取样的很大部分工作主要用于制作试块进行强度试验，浇筑样块时，不要振动。在灌浆料装满模具容量一半的时候，从至少 3cm 的高度落下至少 5 次；当模具装满后重复这个动作。模具装满后，用一个钢制工具刮平。留样试块制作如图 8－26（a）所示。一旦浇筑满模具，立刻用一个塑料片紧紧贴住灌浆料露出的一面进行保护。浇筑完成 2d（48h）后（与温度有关），样块进行脱模。用湿布包裹样块并用塑料布密封，然后储存在 20℃的水中保存 28d，最后取出样块准备进行测试。强度试验如图 8－26（b）所示。

在运输过程中，样块必须用湿布包裹并用塑料布密封好。样块至少在固化 2d 后才可以上岸，并在脱模出来的样块上标记基础的编号和样块顺序号。

(a)留样试块制作

(b)强度试验

图 8－26　留样试块制作与强度试验

#### 8.6.1.2　灌浆料主要指标检测

在灌浆施工的过程中，应对每个基础搅拌完成的浆料取样，以四桩导管架为例，每个导管架基础需要制备 12 个样块，即每个腿柱制备 3 个，样品要在搅拌完成后立即从搅拌机中取样，并制作立方体试块。立方体试块应在制作完成后立即放入恒温控制的养护槽内养护，温度容差不超过 1℃，直至取出进行试验。因此，必须在海上施工船舶上设置一个现场实验室，如图 8－27 所示。

图 8－27　海上现场实验室

根据表8-4所列的灌浆材料技术指标要求进行试验测试，如果在规定龄期立方体试块的平均抗压强度低于表8-4中所给的适当值或者任意的单个试验结果低于表8-4所给的适当值的15%，应该直接停止灌浆直至发现导致差值的原因并纠正。

**表8-4 灌浆材料的技术指标要求**

| 性能指标 | | 验收标准 | 试验方法 |
|---|---|---|---|
| 表观密度 | | 2250～2450 /（kg·$m^{-3}$） | GB/T 50080—2002《普通混凝土拌合物性能试验方法标准》 |
| 初始流动度 | | ≥290mm | GB/T 50448—2008《水泥基灌浆料应用技术规范》 |
| 0.5h流动度 | | ≥260mm | GB/T 50448—2008《水泥基灌浆料应用技术规范》 |
| 1h流动度 | | ≥230mm | GB/T 50448—2008《水泥基灌浆料应用技术规范》 |
| 含气量 | | ≤4.0% | GB/T 50081—2002《普通混凝土力学性能试验方法标准》 |
| 1d抗压强度/MPa | | ≥设计提供 | GB/T 50081—2002《普通混凝土力学性能试验方法标准》 |
| 3d抗压强度/MPa | | ≥设计提供 | GB/T 50081—2002《普通混凝土力学性能试验方法标准》 |
| 28d抗压强度/MPa | | ≥设计提供 | GB/T 50081—2002《普通混凝土力学性能试验方法标准》 |
| 1d弹性模量 | | ≥12GPa | GB/T 50081—2002《普通混凝土力学性能试验方法标准》 |
| 28d弹性模量 | | ≥35GPa | GB/T 50081—2002《普通混凝土力学性能试验方法标准》 |
| 泌水率 | | 无泌水 | GB/T 50080—2002《普通混凝土拌合物性能试验方法标准》 |
| 竖向膨胀 | 3h | 0.1%～3.5% | GB/T 50448—2008《水泥基灌浆料应用技术规范》 |
| | 24h与3h差 | 0.02%～0.05% | GB/T 50448—2008《水泥基灌浆料应用技术规范》 |
| | 1d | 0.02%～0.10% | GB/T 50448—2008《水泥基灌浆料应用技术规范》 |

#### 8.6.1.3 功能测试及检测

功能试验应用于检验浆料具有足够的流动能力。试验程序应包含但不局限于以下要求：

(1) 用于准备测试的灌浆料要具有技术要求中规定的灌浆扩散能力。

(2) 所有灌浆扩散的功能应进行现场试验以确保其可行性。

(3) 灌浆工序应在功能测试时进行试验以保证其可行性。

(4) 应在功能测试程序中包含所有灌浆料样品和测试设备以及相应工序。

(5) 密度、刚度、流动性、凝固时间以及1d和28d特定温度环境下的抗压强度、弹性模量需在技术要求中给定。

### 8.6.2 浆料过程的监测

灌浆施工单位应提供灌浆测试密度计以确保连续实时地监控浆料的密度以及泵送至钢管桩和导管架腿柱间溢出的浆料体积。对于经认可的灌浆料配合比设计，还应提供浆料密度和抗压强度之间的关系表。浆料密度计的校准应在灌浆开始前的设备功能试验和现场浆料混合工作中进行。校准应该按照表8-4所列的要求进行。

在灌浆开始之前，应采用饮用水每日进行密度计校准工作，并将结果记录于每日工作报告中。应在钢管桩的顶部的出口部位监控浆料的返回，通过 ROV 或水下潜水员水下取样并取出样品表面的浆料样品进行密度和流动性测试是监测浆料返回的主要方法，也可采用安装好的放射性密度计系统。允许的返回浆料的最小密度应和规定的相一致。因高性能灌浆料不能回收和重新使用，从灌浆工作开始，灌浆工作就必须持续到灌浆工作完成。以单桩基础为例，在灌浆工作开始之前，确保有足够好的天气条件保证至少一个单桩过渡段的灌浆施工能够完成。若在恶劣天气状况下，除非所有参与方同意可以进行安全施工，并且不会增加异常终止操作的风险，否则灌浆操作不能进行。

### 8.6.3　浆料过程的记录

应该每天做灌浆记录直至项目完成，这些记录数据是评价灌浆质量的重要信息，灌浆记录应包括但不局限于以下内容：

（1）剩余干料量、已使用的干料量以及之前 24h 内装载的干料量。

（2）添加剂的已用量和剩余量。

（3）之前 24h 内所做的工作，包括灌浆连接段编号、海水温度、空气温度、水计量刻度、搅拌编号、大袋编号、搅拌温度、搅拌开始时间、取样块编号、测试模具、泵压和其他说明等。

（4）过去 24h 内各样品的密度和位置记录。

（5）6h 间隔测定的试块养护容器内的温度及测试的时间。

（6）过去 24h 内所测定的立方体试块重量及强度。

（7）过去 24h 内的任何违规或不合格记录，如停工。

（8）从桩顶溢出来的灌浆料的密度。

### 8.6.4　验收

灌浆施工的验收主要包括以下内容：

（1）根据表 8-4 验收灌浆试块的技术指标。

（2）检查灌浆过程的记录文件，是否符合相关技术规格书的要求。

（3）确认灌浆料已灌满基础桩和套筒之间的环形空间。施工中，需要通过确认灌浆料从灌浆空间溢出来验证灌浆料已经完全灌满灌浆空间，同时还需要对比实际泵送量和理论灌浆量来确保灌浆料已充满灌浆空间。

## 8.7　灌浆实施注意事项

灌浆实施中配合的工序及工种较多，并且一些关键用料需要严格控制，本节总结了国内外灌浆施工技术要求，将灌浆过程注意事项总结如下。

### 8.7.1　灌浆实施限制性要求

灌浆实施限制性要求主要有以下几点：

（1）风机基础过渡段安装在桩基并且调平，满足基础法兰面平整度要求并得到监理单位认可，才能对环形空间进行灌浆。

（2）在灌浆实施前，应确保灌浆监测系统正常运行，否则不应进行灌浆操作。

（3）在灌浆实施前，应确保灌浆料的密度和流动性满足实施要求，才能对环形空间灌浆。

（4）确保水下监测（ROV、水下摄像头或潜水员）完全投入运行，否则不应进行灌浆操作。

（5）灌浆过程中必须严密监测灌浆料的密度，发现不符合规定的情况，必须停工检查。

（6）当停止灌浆时间超过材料允许可工作时间时，则必须及时对灌浆管道进行清洗，防止发生堵管。

（7）高温下施工时，需要特别注意：确认灌浆料的可施工温度范围；对灌浆材料、水、灌浆管路、灌浆空间等采取降温措施，如将灌浆材料保存在温度较低环境下，遮蔽灌浆设备、管路，防止阳光直射；对灌浆管路及空间进行冲洗降温，考虑夜间作业，采用冷水进行搅拌等；图 8-28 给出了某典型的灌浆材料在不同的环境温度下硬化-时间变化曲线。

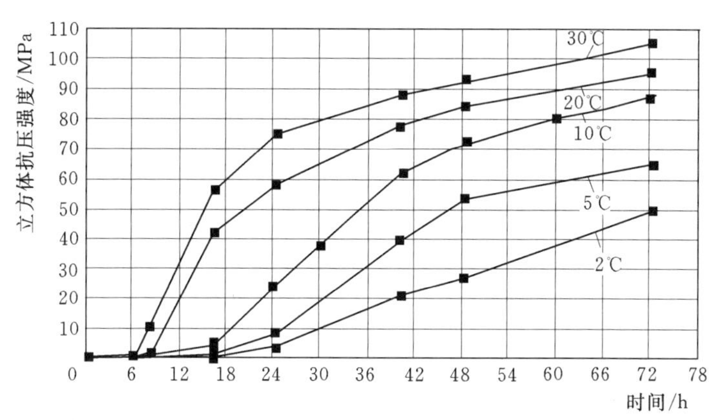


图 8-28 某典型灌浆材料在不同的环境温度下硬化-时间变化曲线

（8）在施工过程中，首先在施工前密切关注天气及海况预报，避免在有雨或风浪较大情况下施工；选择能够连续施工不小于 48h 的气象条件，并且天气预报显示最大浪高不超过表 8-5 所示范围的情况下，才能对环形空间进行灌浆；其次，若施工过程中下雨，需马上用油布遮挡灌浆料及设备，避免灌浆料中加入数量及质量无法控制的外来水源。

（9）施工温度以 5 ～ 30℃为宜。

**表 8-5 环形空间灌浆参考浪高**

| 自桩灌浆开始后起算的时间/h | 预测最大浪高/m |
| --- | --- |
| 18 | 1.5 |
| 24 | 2.5 |

### 8.7.2　灌浆材料及设备的限制性要求

#### 8.7.2.1　施工用水的要求

灌浆料搅拌用水必须采用淡水（一般为饮用自来水），出海前将饮用自来水存储在灌浆施工用船的水舱内备用，灌浆施工用水用石蕊试纸检查pH值不小于4，并且不大于9。

#### 8.7.2.2　原材料质量控制要求

原材料应该具有质量证明书，并经过复检合格后才能使用。水泥浆的技术指标为：用比重计检查水面以上返出的水泥浆的比重不小于表8－4的值；28d抗压强度不小于120MPa。

材料搅拌应均匀，先加水再加料，采用低速搅拌，根据用量进行配置，避免浪费。

#### 8.7.2.3　灌浆软管及预设的灌浆管线

对灌浆软管与预设的灌浆管线主要有以下限制要求：

（1）大体积泵送或距离超过25m时，必须使用至少50mm内径的软管。

（2）尽可能缩短泵送距离。

（3）灌浆料出口与基面的垂直距离应尽可能小。

（4）为避免软管受到太阳照射升温，可用湿麻布覆盖在软管上，或用白漆涂在软管表面，极端时也可采用冰覆盖。

（5）灌浆管的尺寸变化不应过大（变径）。

（6）所有阀门必须使用快开型，允许灌浆不受限制的通过，不应使用球形阀门或其他类似阀门，否则会严重阻碍灌浆料的通过。

（7）泵送前必须用混合或纯水泥砂浆湿润泵送管，完成后应立即进行灌浆施工。

#### 8.7.2.4　灌浆气隙检查

当水下潜水员目测检查灌浆料出口溢出，停止灌浆后，需要等待15min让可能的气泡溢出，然后再次注满。

## 8.8　灌浆施工常遇问题的分析及处理

### 8.8.1　缺乏浆料返回

如果超过预计数量的灌浆料被泵送到一个套管中，而在套管顶部出口处并未发现有灌浆料，则有几种失效可能性：①底部灌浆密封圈或灌浆塞失效；②浆料供给线失效；③浆料进口喷嘴或套管/导管架腿漏浆。

主要有以下预防措施：

（1）在灌浆前，需要用海水冲洗整个管路及灌浆空间。此时可以通过海水溢出情况初步观察是否有管路泄漏、密封失效等问题。

（2）施工时对灌浆料进行计数，并观察灌入浆料与浆料上升水平是否对应。通常建议灌入4袋灌浆材料后就对灌浆高度进行观察，确认是否有漏浆情况。

若存在上述可能性，建议降低灌浆料泵送率以查明漏浆原因，应用水下监测设备检查套管/导管架腿。

### 8.8.2 灌浆过程中密封失效

如果密封圈已明显失效，则有以下几种失效可能性：

（1）灌浆压力大于密封圈允许最大压力。

（2）桩与桩套管间间隙太大，超出了密封圈密封保护范围。

（3）打桩或者基础安装过程中造成密封圈损坏。

如果密封圈已明显失效，则灌浆料泵应立即停止并让灌浆料自由结硬形成封头或采取其他措施尽快堵住漏点。

当灌浆料结硬之后，环形空间内的灌浆料高程应通过次要灌浆管线与辅助灌浆管线以及套管顶部口测定，同时尝试向两条灌浆料管中注入灌浆料。

### 8.8.3 灌浆过程中的设备故障

在灌浆过程中，设备发生故障，有以下情况：

（1）如果灌浆设备的停止时间不超过 30min，应从搅拌器和泵中取样测灌浆料的密度和流动性。如果发现其能满足验收标准，则可恢复正常灌浆。

（2）如果设备故障导致灌浆停止超过 30min，或是灌浆料不满足前述验收标准的要求，则搅拌器和灌浆料泵内的灌浆料应当废弃并注入新鲜灌浆料后再继续灌浆。

（3）如果灌浆作业停止超过 1h，应从另一个应急管道中注入新鲜灌浆料后再继续作业。

### 8.8.4 注浆管堵塞

如果堵塞发生在某软管内并且在最大容许压力下尚无法疏通，那么应替换注浆软管，如果这发生在预装的管道中，先尝试疏通，包括捶打管道寻找并疏通堵塞点，如尚无法疏通，可采用应急管道以保证灌浆工作的进行。

另外，海上风电高强灌浆材料常具有早凝时间短的特点，并且随着环境温度的升高，这种现象将更加明显，因此，在施工灌浆前应与材料供应商确认施工温度及其早凝时间，可以采用降温或者非日晒时段降低施工温度，避免早凝造成灌浆管线堵塞。

控制灌浆管线的长度，缩短内部输送时间，保证初凝之前的流动度。搅拌灌浆料时，加入冰水混合物冷却灌浆浆液，降低搅拌后灌浆浆液温度。内部输送采用泵送时，输送管道应覆盖湿布，用冰水定时将布浇湿。灌浆施工时段应避开高温时段，选择在早晨或者傍晚环境温度低时进行灌浆施工。

### 8.8.5 炎热气候下的灌浆

环境温度高会加速灌浆料的固化，成功的搅拌和灌浆则要求灌浆温度保持在工作温度范围内。因此，解决方案主要有：①降低材料的温度（例如储存在凉爽的环境下，使用冰水或冷却基础），可延长灌浆应用时间和可工作时间；②降低灌浆料泵送的长度，必要时增加软管的直径，实现较快速的操作。

针对在炎热气候下的灌浆，有以下建议：

（1）将灌浆材料储存在尽量低温的地方，至少是在阴凉处，一般在灌浆材料使用前，对其温度进行测量，如此可以预判用水的温度，如图 8－29 所示。

（2）冷却混合水。降低灌浆混合时的温度，可使用冷水。必要时，在水中加入浮冰；使用多个储水罐，当水倒出时，另一罐水有时间降温，将罐子隔热或使用湿袋子裹在外面可以保持水温。不能直接将冰加入到灌浆料中混合，同时也不能使用干冰作为冷却剂。

如果大批量的灌浆料要混合，同时袋中的产品已经超过 30℃时，考虑使用等质量的细碎冰块代替水来混合灌浆料。一般来说，可以用细碎冰块代替 50％～70％的水。不能用太多的冰，防止在搅拌过程中无法融化。

没有融化的冰会在灌浆料的表面，在施工过程中或以后才会融化，导致在灌浆连接件中出现小水坑，降低承重能力。通常灌浆混合料需过滤，去除其中没有融化的冰、结块及外来材料。

最好在混合前测量原始包装中灌浆料的温度，判断是否需要相对多还是少的冷却过程。混合温度低于 2℃会破坏灌浆的性能，因此，必须控制混合水中及搅拌过程中添加的细碎冰块量。

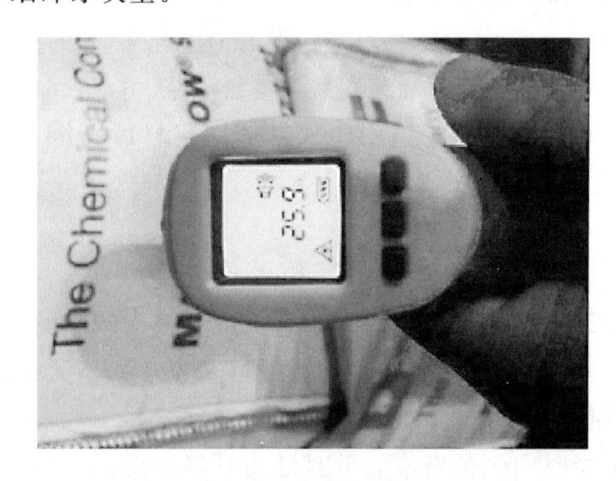

图 8－29　测量材料温度

图 8－30　白色土工布覆盖灌浆管线

（3）如果搅拌机中温度较高，装入冷水或冰水冷却，将有助于降低灌浆料的温度。

（4）灌浆泵送时，热的泵送管会传热给灌浆并可能造成堵塞。将管子表面涂上白色的油漆有助于降低管子的温度。也可以考虑表面使用反射隔热材料或将管子直立从而躲避太阳照射，灌浆管线采用白色土工布覆盖，如图 8－30 所示，并采用冰水喷淋降温。采取白色土工布包覆并不停喷水的方式可以确保灌浆管线温度不至于过高，也可以在泵送灌浆料前装满冷水或冷的水泥砂浆从而冷却管道温度。然而，在灌浆前必须除去泵送管里面装的冷却料。

（5）在温度较低的早晨或是晚上灌送。

当无法采取冷却手段时，可以考虑以下方法处理在炎热气候中快速固化的问题：

(1) 准备相对更大搅拌容量的搅拌器，从而能迅速连续地灌浆。

(2) 覆盖软管表面，如使用白色油漆，防止软管吸热。

(3) 控制环境，降低搅拌和存放的灌浆温度，减小用水量，实现更长的工作时间和更高的终凝强度。

### 8.8.6 寒冷气候下的灌浆

凉爽及寒冷气候也会影响灌浆的性能，类似于对混凝土和砂浆的影响。低温会延长凝结时间，减缓强度发展，温度低的基础会很快吸收相对体积较小的灌浆料的热量。

因此，在低温天气下，要将干灌浆粉末储存在温暖的地方，或者考虑使用暖水增加混合时的温度。然而，基础及机器等设备的温度是决定是否灌浆及是否使用特殊灌浆的指导因素。对于一些灌浆料，2℃是搅拌后的最低温度，环境温度也必须大于 2℃。

在寒冷气候下成功灌浆有以下重要因素：

(1) 混合后灌浆料的温度及稠度。检查搅拌前包装袋中灌浆料的温度、混合水的温度、一次搅拌的量和搅拌时的温度以及搅拌环境对混合后灌浆料温度的影响。

1) 寒冷气候下灌浆产品最适宜储存的温度要超过 10℃。

2) 使用暖水从而保证混合后的灌浆料温度合适，但必须不高于所需温度。对于一定的稠度，灌浆料温度越高需要越多的混合水，因此应根据温度调节操作时间。不要使用高于 25℃的水混合。

3) 用水量少则强度高，低温下操作的早期强度相对较低，但是在低温下储存及固化的灌浆与正常储存的灌浆的 28d 强度类似，并且最终强度相对较高。

4) 相比常温灌浆，低温灌浆的流动度保持得更久。因此，相对低流动度的低温灌浆工作时间基本与流动度更大的温度较高的灌浆类似。

(2) 基础与设备温度。具体如下：

1) 准确测量基础的温度。

2) 如果基础的温度低于最低灌注温度，升高基础的温度到最低温度或者等基础达到最低温度 2℃时再灌注，均匀加热，在高于最低温度的基础上，灌浆料的温度越低越好，除非对早期强度有要求。

(3) 周围环境（固化）温度。具体如下：

1) 刚灌注的灌浆料需要保护以防冰冻。灌浆以后，必须保持灌浆料温度不低于最低温度，直至其到达终凝。

2) 较低的温度会延缓达到早期强度的时间。使用加热过的水，并且保证灌浆料的温度 24h 均高于 20℃，早期强度会加速发展。然而，必须均匀平缓，防止温度冲击损坏灌浆强度。

灌浆的目的是使打入海底的桩基和安装在桩基上的基础结构稳固可靠地连接在一起，灌浆连接段是整个基础结构传力承上启下的关键部位，灌浆施工是整个基础结构承前启后的关键工序。海上风电上部荷载是通过灌浆连接段传递给桩基的，而海上风机基础灌浆大部分为水下灌浆，并且其灌浆工艺不同于普通灌浆操作，因此，灌浆施工质量及验收方法是灌浆连接段质量的重要保证。

## 参考文献

[1] DNV-OS-J101　Design of Offshore Wind Turbine Structures [S]. Det Norske Veritas, Hovek, Norway. 2007.

[2] DL/T 5148—2012　水工建筑物水泥灌浆施工技术规范 [S]. 北京：中国水利水电出版社，2012.

[3] GB/T 50448—2008　水泥基灌浆材料应用技术规范 [S]. 北京：中国计划出版社，2008.

[4] JC/T 986—2005　水泥基灌浆材料 [S]. 北京：中国建材工业出版社，2005.

[5] 黄立维，杨锋，张金接. 海上风机桩基础与导管架的灌浆连接 [J]. 水利水电技术，2009，40 (9).

[6] 梁迎宾. 浅谈海上风机桩基础与导管架水下灌浆连接施工质量控制 [J]. 中国水运，2015，15 (3).

[7] 龚顺风，沈雄伟，李峰，等. 海洋平台的灌浆卡箍技术研究 [J]. 海洋工程，2001，19 (3).

[8] 崔秀芳，崔耀正. 海上平台导管架环形空间灌浆工艺研究 [J]. 石油天然气学报，2010，32 (1).

[9] U K Department of Energy. Grouted and mechanical strengthening and repair of tubular steel offshore structures [R]. Report No. OTH-88/283, HMSO, 1988.

[10] Densit. 单桩和过渡段项目灌浆工艺流程 [R]. 上海，2011.

[11] BASF. 珠海桂山海上风电示范项目——基础施工工程灌浆作业指导书 [R]. 珠海，2013.

[12] 中国能源建设集团广东省电力设计研究院有限公司. 珠海桂山海上风电示范项目：详细设计灌浆与密封规格书 [R]. 广州，2014.

[13] Monopile Transition Piece Grouting, http://www.foundocean.com/en/what-we-do/foundation-grouting/monopile-transition-piece-grouting.

[14] 侯金林. 导管架调平与灌浆系统 [J]. 中国海上油气（工程），2000，12 (4)：20-22.

# 第9章　既有灌浆连接段的病害及监测

灌浆连接段在长期服役过程中持续受到各种荷载及海洋环境条件等多种因素的复合作用，其性能会发生退化，进而直接影响风电基础结构的安全。随着海上风电的大规模兴建，开展既有灌浆连接段的病害监测、健康诊断与评价技术研究具有重要的理论价值和现实意义。

## 9.1　既有灌浆连接段病害的原因

灌浆连接段的长期性能对于风电基础至关重要，连接段在长期疲劳荷载、海水以及各种环境因素的作用下，会产生各种损伤和性能退化。

2010年以前设计的灌浆连接段通常未采用剪力键，对于大直径的单桩基础，自2009年来，在丹麦、英国和荷兰的海上风电场单桩基础中的灌浆连接段都出现竖向滑移式的病害。因此，需要采用各种修补措施，减轻疲劳损伤累计并提供足够的轴向承载力。

目前对产生竖向滑移原因的研究尚无定论，但黏结强度不足会造成竖向滑移，主要有以下原因：

(1) 内在的缺陷孔洞等。

(2) 不同材料之间的性能差异。

(3) 表面涂层和填充物之间的相互作用及分离。

(4) 剪力键的缺失。

## 9.2　既有灌浆连接段病害的处理方法

对受病害影响的灌浆连接段采用不昂贵和永久的修复措施对未来的运营至关重要。确定合适的修复手段时需要考虑到海上施工的困难性，同时还需考虑极限状态和疲劳状态下的荷载情况，如竖向的轴向应力影响，以及由于弯矩引起的应力组合情况。

修复手段不得影响既有的薄壁系统，并需满足以下条件：

(1) 适合海上安装。

(2) 具有抗疲劳性能。

(3) 可操作性。

(4) 易于维护。

(5) 耐久性（腐蚀、海洋生物附着）。

(6) 成本低。

有些情况下需要使修复后的结构与未损伤结构的寿命应相当。因此，修复技术起主导作用。修复技术可分为两类，即在灌浆连接段的底部安装修复装置减小荷载或在顶部采取其他措施。

### 9.2.1　连接段底部措施

在底部等距离安装支座的修复方案，如图 9-1（a）所示。在连接段钢构件的下方安装，首先需要清除表面的灌浆材料及防腐层，然后将支座定位并完全焊接好。如果该部分位于水下，则需要昂贵的水下焊接方法，相应的防腐蚀措施也应完善。支座通常由竖向角焊缝与单桩进行连接，如有需要，水平焊缝也需添加，并且应该是环形连续的焊缝。相关焊接分类可参考欧洲规范 3：钢结构设计第 1～9 部分（EN 1993-1-9）。

### 9.2.2　连接段顶部措施

与底部修复相比，在顶部进行修复，其安装及防腐具有较多的优越性。与可能位于水下的底部修复相比，顶部修复施工质量及维护条件也更加有利。图 9-1（b）、图 9-1（c）给出了可能的顶部组合修复方法。可采用在钢结构上焊接栓钉并浇筑配筋混凝土的方式来传递荷载，也可在下部焊接钢板兼作模板。

需要注意的是，焊接栓钉时要避免输入的热量过大，以免损害钢管外的防腐层。由于混凝土的保护，不需要额外的防腐措施。混凝土的疲劳设计需参考相关规范，如欧洲混凝土规范（CEB / FIP Model Code 90）。栓钉等节点分别参考欧洲规范 3：钢结构设计第 1～9 部分（EN 1993-1-9）。

图 9-1（c）所示修复方案采用交叉钢梁，用以优化荷载分配，采用焊接方式，需要注意防腐及与疲劳相关的问题，如果需要在过渡段使用衬垫材料优化荷载分布，需要注意其耐久性。

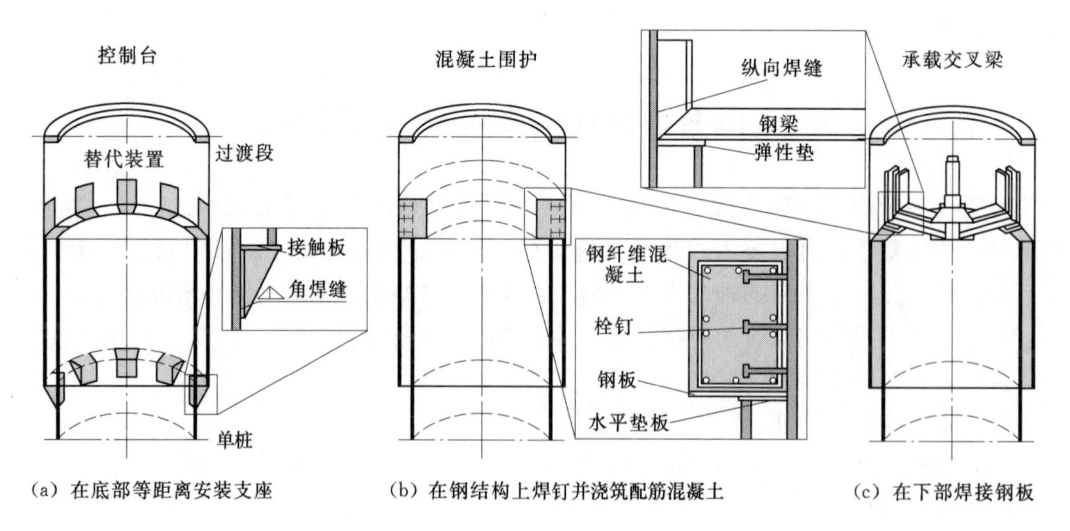


图 9-1　无剪力键灌浆段的修复方案

# 9.3 灌浆连接段的监测

德国海洋水文局（BSH）规定在建的风电场需要对10%的风电基础安装监测系统。英国风电管理部门在灌浆连接段出现病害后，也对在役风机基础进行监测。风机基础监测通常包括冲刷监测、灌浆材料监测、倾斜监测、荷载监测、加速度监测、风电机组位置监测、海洋气象监测。对于计算结果不充分或者未能给出明确安全储备的风机基础，需要依据欧洲规范7：岩土工程设计：第1部分：总体要求［DIN EN 1997－1（EC－7－1)］（德国，2008）和建筑地基-土方和地基的安全验证（DIN 1054）（德国，2008）进行观测，对于每个具体的风电场，通常需要增加其他监测内容。

德国还规定对于风机基础的监测提案需要提交给BSH，至少包含传感器的细节及相关数据；传感器位置；安装、调试及校准传感器；维护方案；数据处理；数据分析及监测方案执行的相关文档。监测的内容中与灌浆连接段相关的主要有灌浆连接段钢结构腐蚀、灌浆连接段的位移、灌浆连接段应变的测量、桩的位置、螺栓力的测量及监测数据的采集。

## 9.3.1 灌浆连接段钢结构腐蚀

腐蚀是一种局部现象。根据不同的原因，腐蚀可以分为电偶腐蚀、点蚀、杂散电流腐蚀、微生物腐蚀、晶间腐蚀、浓差电池腐蚀（缝隙）、热电腐蚀等。但是在大部分项目中，只有总体的平均锈蚀率能够得以测量，对于特定的腐蚀测量则非常困难。

## 9.3.2 灌浆连接段的位移

灌浆连接段通常长达数米。对于连接段的监测，目前还没有可靠的测量准则。大部分项目中是测量连接两端的相对位移，如套管与桩之间的水平相对位移和竖向相对移动。可以采用已有工业中的标准位移传感器，但需要注意海洋环境对传感器及测量原理的影响。对于导管架和三桩结构型式，灌浆连接段通常在水下20～50m，目前还没有标准的测量解决方案，相关公司正在研发此类传感器。相对位移测量装置概念如图9－2所示。

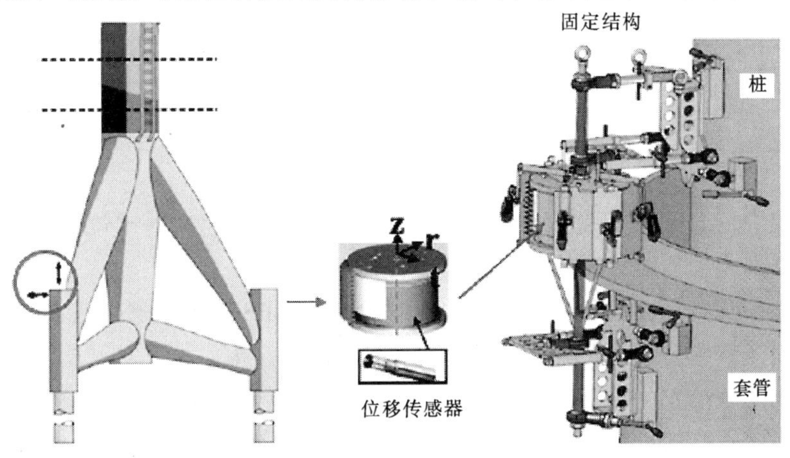


图9－2 相对位移测量装置概念图

由于环境恶劣，初步试验显示还需要继续研究更好的系统。图 9－3 所示为某监测设备服役近两年后的腐蚀状况（2010 年 8 月 11 日安装，2012 年 6 月 22 日拆除）。

图 9－3　某监测设备服役近两年后的腐蚀状况

## 9.3.3　灌浆连接段应变的测量

应变片可以用来测量构件的弯矩、扭矩和轴向力。连接方式为有温度补偿的半桥，全桥更佳。对应变片封装的胶材和敷材需要考虑到长期性能。通常在受弯的 $x$ 方向和 $y$ 方向组成两个全桥，受扭的测量形成一个全桥。粘贴应变片时，构件表面的保护层需要磨去，露出金属基材。贴好的应变片需要做好保护措施，以防水的侵入。图 9－4 所示为典型应变片的安装。

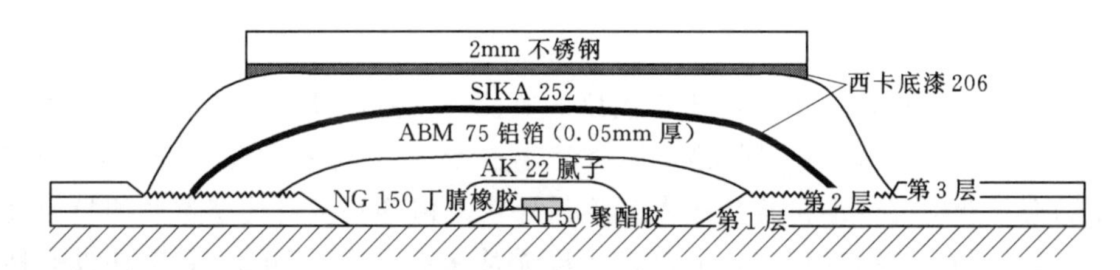


图 9－4　典型应变片的安装

一些特殊设计的应变片可以用来测量焊接节点的疲劳损伤程度，如 Strainstall 公司的 Crackfirst$^{TM}$技术。

## 9.3.4　桩的位置

位于土壤中桩的定位非常困难，特别是水下三桩和导管架基础位置的测量。目前，大部分项目都是测量基础的倾斜，间接给出桩的位置。

GPS 设备可以应用在桩位置的测量中，实时动态 GPS 系统能够提供高精度的位置及潮汐信息，此类系统需要建立测量点与基站之间的通信。

突然变化的风浪方向以及风力发电机组系统启动和停机时，风机基础会倾斜并影响系统的工作寿命。打桩时一个重要的指标就是垂直度，传统的测量垂直度或倾斜的方法是在打桩的间隙采用手持式的倾角测量仪。该测量仪能够测量相对偏差。通常要求连续

测量时能够区分0.05°，且此精度要有20年的保证，而大部分倾角测量仪的长期性能达不到要求。

风力发电机组是高度非线性的，风载作用下细长的结构动力反应非常快速并振动，其频率在0.1～10Hz之间，倾角测量仪的采样频率应该在50Hz之上。

### 9.3.5 螺栓力的测量

螺栓力的测量可以采用超声测量系统，该方法的优点是无需对螺栓本身进行改造。另一种方法是采用应变片测量，优点是廉价，但是需要对螺栓进行改造。这些应变片与温度补偿片共同组成全桥测量系统。当然应变片和改造后的螺栓都需要封装。

### 9.3.6 监测数据的采集

为了避免外界的干扰，监测系统应该与被测量的部位尽量接近。通常集成在灌浆连接段的内部工作平台。数据采集平台如图9-5所示，注意Z4和Z5是应变片位置。由于空间的限制，相关系统应尽量集成在封闭的采集箱内，并尽可能在岸上组装完成。相关人员进入现场操作时，通常需要通过轮船到达，并沿构件内外的梯子通行，安全至关重要，人员在抵达前需要进行培训。

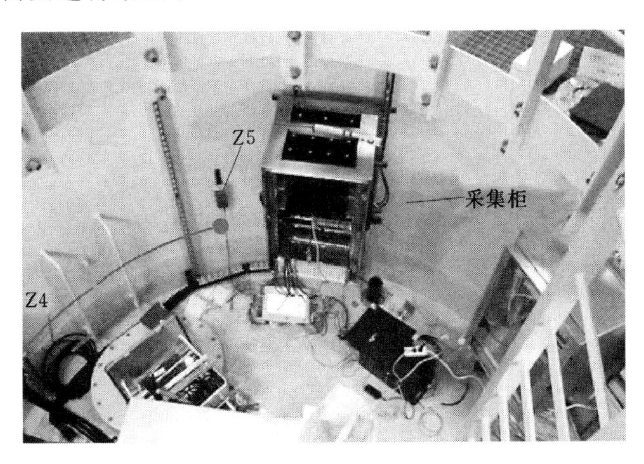


图9-5 数据采集平台

采集的数据需要进行分析和评估，这需要与风电场的运营方进行协调，通常嵌入运营方的数据采集与监视控制系统（SCADA）。

## 参 考 文 献

[1] Schaumann P, Lochte - holtgreven S, Lohaus L et al. Durchrutschende Grout - Verbindungen in OWEA - Tragverhalten, Instandsetzung und Optimierung [J]. Stahlbau, 2010, 79 (9): 637 - 647.

[2] Krieger J, Bendfeld J. Foundation Monitoring for Offshore Windfarms [C]//Proceedings of EWEA Offshore. Frankfurt: 2013: 10.

[3] Link M，Weiland M. Structural Health Monitoring of the Monopile Foundation Structure of an Offshore Wind Turbine [C]//Proceedings of the 9th International Conference on Structural Dynamics，EURODYN. Porto：2014 (July)：3565-3572.

[4] Scholle N，Lohaus L. Offshore Measurement System for Relative Displacements of Grouted Joints [C]//Proceedings of the 9th International Conference on Structural Dynamics，EURODYN. Porto：2014：3565-3572.

[5] Faulkner P，Cutter P，Owens A. Structural Health Monitoring Systems in Difficult Environments - Offshore Wind Turbines [C]//6th European Workshop on Structural Health Monitoring. 2012：1-7.

## 本书编辑出版人员名单

总 责 任 编 辑　陈东明

副总责任编辑　王春学　马爱梅

责 任 编 辑　张秀娟　李　莉

封 面 设 计　李　菲

版 式 设 计　黄云燕

责 任 校 对　张　莉　梁晓静　吴翠翠

责 任 印 制　帅　丹　孙长福　王　凌